루이스 칸 : 철학같은 건축
Louis Kahn Architecture as Philosophy

저자 John Lobell
번역 이효원

MGHBooks

목차

역자의 글 04
 0.1. 서문 08
 0.2. 소개 14

1. 철학 같은 건축 18
 1.1.
 1.2. 보자르 20
 1.3. 근대건축 22
 1.4. 그들이 의미하는 것 23
 1.5. 20세기 중반 건축 27

2. 칸 분석 28
 2.1.
 2.2. 기념비성의 거부 30
 2.3. 기념비성의 복원? 31
 2.4. 기념비성을 대신 질서 32
 2.5. 시설의 예술로서 건축 36
 2.6. Form과 Design 37
 2.7. 재료 40
 2.8. 어휘로서 건물 41
 2.9. 존재-의지 44
 2.10. 다른 근대 건축물 45
 2.11. 본질주의 47

3. 칸의 건축에 나타난 주제 48
    3.1.
    3.2. 평면 50
    3.3. 구조 및 설비 64
    3.4. 시공 71
    3.5. 빛 78
    3.6. 로마 80

4. 다섯 개의 건물 82
    4.1. 알프레드 뉴튼 리처드 의학 연구 빌딩 84
    4.2. 솔크 생물학 연구소 106
    4.3. 도서관, 필립스엑서터 아카데미 124
    4.4. 킴벨 미술관 142
    4.5. 예일 영국 미술 센터 164

5. 결론 182

칸과 당대 이론과의 관계 188
루이스 칸에 관하여 196
작품 목록 1926-74

0.

역자의 글

루이스 칸의 철학 같은 건축

이 책은 루이스 칸을 다룬 책 중 단연 쉬운 책이다. 부제 'Architecture as Philosophy' 에서 엿볼 수 있는 칸의 '초월적이며, 영적인' 문장을 다루고 있지 않아서 쉽다. 이 책은 칸의 공간구성과 형태, 그리고 최종적으로 그것을 구성하기 위한 구조와 디테일에 대해 상세하게 쓴 책이다. 그 과정을 한순간도 놓치지 않고, 자신의 개념을 밀어붙이며, 디테일에까지 자신을 '갈아 넣은', 칸의 태도를 다룬 책이다. 그래서 부제를 '철학으로서 건축'이 아니라 **'철학 같은 건축'**으로 했다. 이 결정은 둘을 놓고 고민하던 차에 동료 유우상 교수의 강력한 지지가 도움이 되었다.

곳곳에 영어를 그대로 쓴 부분이 있다. Order, Form, Room이 대표적이다. 쉬운 단어여서, 우리의 관념이 분명하게 있어서, 칸 고유의 정의와 차이가 있다고 생각했기 때문이다. 이 셋은 칸의 일생을 작품과 철학의 세 시기로 구분했을 때, 각 시기의 중심개념이다.[1]

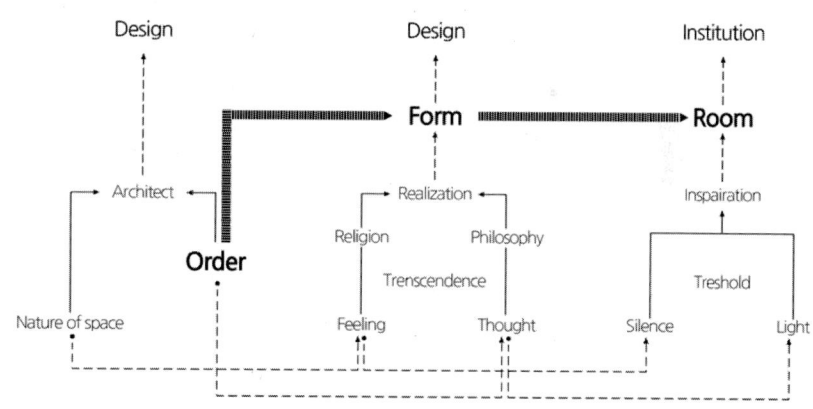

Order는 자연에 항상 있는, 파생된 질서다. 물질과 물질 사이에 볼 수 있는 디테일에서부터 우주의 질서라는 모든 단계까지 광범위한 규범을 포괄 한다. 아치가 벽돌의 Order를 가장 명확하게 드러낸다.

Form은 일반적으로 사용하는 2, 3차원의 모양이 아니다. Form은 실체가 아니고, 형태 본질의 파악이다. Order를 담고 있다. Form은 '무엇'이고, Design은 '어떻게'이다. Form은 개인의 것이 아니고, Design은 건축가 개인의 것이다. 예를 들어 '의자'를 떠올려보자. 나무의자, 가죽의자, 다리가 넷인, 혹은 셋인 의자 다양한 의자가 있을 수 있다. 의자를 설명해보라고 하면 '앉을 수 있는 무엇' 정도로 답할 수 있다. 길가의 바위가 앉을 수는 있는데, 의자는 아니다. 앉을 수 있지만, 의자와

1. 이효원, 루이스 칸의 건축사유와 개념체계, 전남대 박사논문, 1997. 8.

역자의 글

의자가 아닌 것을 구분하게 하는 것이 바로 의자의 Form이다. 그 Form의 깨닫게 하는 것이 시작^{beginning} 혹은 0권$^{Volume\ Zero}$이다. 이 둘은 역사적 선례가 아니라 인간 고유의 열망이다. 칸이 꽤 자주 사용하는 desire를 '열망' 혹은 '욕망'으로 번역하는데, 이 책에서는 욕망으로 했다.

칸이 가장 빛나던 말년의 개념이 침묵^{silence}과 빛^{light}, 그리고 Room이다. 침묵은 건물에 대해 생각해내기 전에 존재하는 잠재력의 영역이며, 빛은 가능한 실현의 영역이다. 칸은 건축이라고 하는 문제를 단순히 물적인 존재로 보는 것이 아니라 인간의 마음속에 있는 존재하고자 하는 의지, 혹은 표현하고자 하는 의지로부터 나타나는 것이라고 생각했다. 침묵과 빛으로부터 시작하여 Room에 이른다.

Room은 다음과 같이 정의된다. 1)Room은 '고유한 특성'을 가져야 한다. 이 고유한 특성은 이전의 Order나 Form에 비해 '장소의 의미'를 가진 공간의 본질에 관련된 것이다. 2)그 특성을 갖기 위한 형태적 규범으로서 독특한 빛과 구조를 가져야 한다. Room이 표명되는 시기의 빛의 유입방법은 주로 천창을 통한 것이었다. 3)Room 각각은 그 고유한 특성을 갖는 완결된 요소로서 위계를 가지고 전체를 형성하며, 그 전체는 다시 완결성을 띠어야 한다. 4)완결성을 가진 전체를 형성하기 위한 연결의 공간도 Room이어야 한다. 회랑과 통로도 그렇다.

침묵과 빛, Room과 함께 빠져서는 안 되는 개념이 시설^{institution} [2]이다. 칸은 '모든 건축가는 건물을 만들기 전에 시설에 관한 인간의 감각을 고려해야 하며 건물의 배후에 있는 신념-인간의 독창성과 생활방식에 관한-을 알지 못하고는 건물 자체도 이해할 수 없는 것이다'라는 주장했다. 제도라고 해석할 수 있고, 칸의 말에서도 시설보다는 제도라 하는 것이 더 옳을 때도 있긴 하다. 이에 관하여 김광현 교수의 글이 이 개념을 가장 잘 설명하고 있다.

> 종묘는 합리적인 기능의 산물도 아니며, 그렇다고 형태의 연상작용을 통해 의미가 전달되는 건물도 아니다. 종묘는 절대적인 신의 집도 아니며, 죽은 이를 기념하는 묘지도 아니다. 아무런 제약도 받지 않고 무한히 뻗어가려는 조형 속에는 국가의 안녕을 바라는 염원이 담겨 있고, 광활한 공간에는 이 땅에서 죽은 조상을 만나 뵈려는 의지가 펼쳐져 있다. 그러기에 종묘의 건물들은 깊은 그림자를 드리우고, 하늘과 땅과 건물로만 압축된 장대하고 강건한 침묵의 공간을 나타내야 했다. 종묘는 이런 목적을 위해 필요했던 '시설'이다.[3]

2. institution을 해석하는데 있어서 일반적으로 인간의 '제도'로 해석되고 있으나 前田忠直은 '시설'로 해석하여 설명하고 있다. 前田忠直, 建築·問い·空間-ルイス·カーンの思惟に於ける, 日本建築學會編研究協議會資料集, 建築と製作-最近の建築家研究を通して, 1987.10. Court의意味-ルイス·カーンの思惟に於ける, 日本建築學會計劃系論文報告集, 1989.7.

3. 김광현, 건축과 시설, 이상건축, 1998. 3.

짚고 넘어가야 할 것은 각 시기에 따라 건축하는 방식도 바뀌고, 각 시기마다 사용하는 개념과 어휘가 바뀌었다는 사실이다. '트렌튼 커뮤니티 센터와 수영장 샤워실'은 1954-59의 프로젝트인데, 개념 Room은 1971년에 이르러서야 사용된 문장이다. 비슷한 이유로 킴벨미술관을 설명하면서, '건축이 구조와 빛에 의해 형성된 방들의 연속이다'라고 설명하는 것도 오류다. 침묵과 빛도 말기의 개념이다. 이런 곳이 적지 않게 있다.

칸은 먼저 트렌튼 커뮤니티 센터와 수영장 샤워실에서 처음으로 불명확한 자유로운 평면을 거부하고, 구체적인 방^{Room}을 강조했다. 그는 "나는 평면이 방들의 사회라고 생각한다. 진정한 평면은 방들이 서로에게 이야기하는 것이다."고 말했다.

본서 P51, <3.2.3.의미 부여자로서 평면>에서 인용

로스트 타일$^{lost\ tile}$ 거더, 빔, 스터코, 멀리언 같은 용어도 원어 그대로 사용했다. 구조와 구법에 관한 용이와 이해는 순천대 홍종국 교수가 도와주었다. 길이의 단위도 피트^{feet}를 그대로 사용했다. 미터로 바꾸었을 때 소수점이 어색해서다. 오래된 제자 윤영일 박사와 이제 연구생이 된 문형주가 글 전체를 꼼꼼하게 읽어주었다.

1993년 여름, 뉴 헤이븐 예일영국센터의 '빛으로 폭발하는' 입구 중정을, 2009년 봄 솔크연구소 중정의 '황홀한 광경'을 잊을 수 없다. 박사논문의 주제도 칸으로 했고, 두 권의 책도 번역했다.[4]

많은 이들이 좋아하고 경탄하는 건축가를 공부하는 것이 좋았다. 2023년 초 MGHBooks 유정오 대표가 복사본 한 권을 보내 의사를 물었다. 분량이 많지 않은 책의 번역도 1년 반이 걸렸다. 맡기고, 기다려주어 감사드린다.

칸에 대한 근대와 현대의 전이적 건축가니, 생산주의에 영향을 끼쳤니 하는 평가에 동의하지 않는다. 그렇다고 그런 평가에 꼬치꼬치 반박할 생각도 없다. 단 몇 공간으로 큰 감명을 준 것으로 충분하다. 이 책을 통해 그 감명과 칸의 태도를 이해하게 되길 바란다.

4. Urs Büttiker, 루이스 칸-빛과 공간 시공문화사, 2002, Romaldo Giurgola, 루이스 칸-작품과 프로젝트, MGHBooks, 2009

0.1.
서문

건축은 정신의 진정한 각축장이다. 건축은 시대의 역사를 기록하고, 시대에 이름을 붙였다. 건축은 시대를 따른다. 건축은 시대의 내적 구조의 결정체이며, 서서히 형태를 드러낸다. - 미스 반 데 로에[1]

철학은 지적인 방식으로 세계, 우리 자신, 그리고 세계 속 우리의 위치를 이해하려는 시도다. 하지만 이런 이해는 예술 일반, 특히 건축의 역할이 아닐까? 실제로 예술, 특히 건축은 철학적 이해를 넘어 직접적인 경험을 구현하고 경험을 제공한다. 파르테논신전은 독립된 기둥과 비례를 통해 자연 속의 인간, 사회 속의 개인 사이의 인본주의적인 차이를 묘사할 뿐만 아니라 구현했다. 그 앞에 서 있던 그리스인들은 그 차이를 경험했다. 샤르트르 대성당은 기독교 신앙을 묘사하고 구현했다. 볼트 아래에 서서 스테인드글라스를 통한 빛을 받은 중세 기독교인들은 신이 자신의 영혼을 어루만지는 것을 경험했다. 팔라디오Palladio의 빌라 로톤다는 "인간은 만물의 척도"라는 르네상스의 개념을 묘사하고 구현했다. 돔 아래에 선 거주자는 세계의 척도로서 x, y, z 좌표를 경험했다. 그리고 미스의 시그램 빌딩은 20세기 중반의 산업 조직을 묘사하고 구현했다. 유리와 대리석으로 된 로비에 들어선 그 시대의 "조직화된 인간"은 그 세계의 힘을 경험했다.

칸은 이런 이해와는 다르게 "예술은 하늘에 떠 있는 추상적인 무엇인가가 아니라 오로지 작품으로만 존재한다.", "건축은 존재하지만, 존재감을 가지지 않는다. 오직 건축의 작품만이 존재감을 가진다."라 했다.[2]

이에 따르면 이 책의 부제에 "건축" 대신 "건물"을 사용했어야 할지도 모른다. 그럼에도 불구하고 앞에서 말한 건축에 대한 이해 때문에 칸에게 양해를 구하며 '철학 같은 건축'이라는 부제를 택했다. 우리는 의자에 앉아 철학을 읽고, 건물 안에서 태어나며 살고 죽는다. 우리의 문화를 건물에 담고, 그 안에서 즐거움을 얻는다. 우리는 건물 안에서 배우고, 연구하며, 우리의 회사를 운영한다. 우리는 건물을 경험하고, 건물 안에 존재한다. 그래서 이 책의 부제는 아마도 "경험으로서 건물"이어야 했을 것이다. 하지만 건물이라 했을 때의 단점때문에 "철학 같은 건축"을 유지했다.

지금은 건축의 황금기다. 전 세계 도시에 스타 건축가들의 아름답고 도전적인 건물들이 지어지고 있다. 하지만 무언가 놓치고 있지는 않은가? 근대주의 건축의 이상, 즉 세대에 걸쳐 진보적 건축을 주도해 온 프로그램의 명확성, 재료에 대한

1. Moisés Puente, ed. Conversations with Mies van der Rohe (New York: Princeton Architectural Press, 2011), 9.

2. John Lobell, Between Silence and Light (Boston: Shambhala, 2008), 48

서문

존중, 구조에 대한 집중, 디테일에 대한 경외심 같은 원칙들은 어떤가? 오늘날 이런 원칙들은 보기 어려우며, 우리가 누구이고 세계와 어떤 관계가 될 수 있는지 묻는 건축은 찾기가 어렵다. 칸은 이 모두를 고민했으며, 그의 건축은 우리를 더 큰 문제와 맞닥뜨리게 할 수 있다.

우리 시대는 근대적인 문화, 사회, 그리고 우리 자신에 대한 접근 방식 등에서 전통과 충돌한 시기다. 전통에서 정체성과 안정감, 뿌리를 찾을 수 있다. 하지만 진보, 개성, 창의성의 면에서는 어떤 대가를 치르게 될까? 모더니즘은 우리에게 이성, 과학, 기술, 풍요를 주었다. 또 근대는 존재의 감각이 확 떨어지는 시기라는 점과 인간을 자연의 우연적 사고의 결과로 보는 진화론의 개념으로 정의하는 시대이다. 하지만 세 번째 선택이 있다면 어떨까? 누군가는 과거를 딱 고착된 것이 아니라 잠재력을 가진 원천이자 우리 개인과 건물에서 나타나는 "존재 의지"의 전형으로 본다. 존재 의지를 구체화하는 것은 칸의 접근 방식의 핵심이지만, 이 접근 방식은 건축을 넘어선 것들과 우리 세계, 우리 자신에게도 적용된다. 우리는 이 생각을 이 책 내내 전개해 나갈 것이다.

나는 이 책을 왜 쓰는가? 루이스 칸이 1974년 사망했을 때 나는 그의 철학에 대해 쓴 짧은 글을 잡지사에 보냈다. 그들은 나의 글을 거절했다. 칸이 철학을 가지고 있다는 생각조차 거부했다. 그가 중요한 이유는 그의 건물들 때문이라 주장했다. 내가 쓴 글을 동료에게 보여주었더니 "당신은 논증을 제대로 하지 못했다"고 했다. 그가 옳다는 것을 깨닫고, 칸의 철학을 위한 논증을 펴기 위해 나섰다.

칸은 많은 글을 쓰진 않았지만, 그의 강의 대부분이 기록되어 출간되었다. 그는 시적이며 신비적인 용어로 말하며. "질서"Order, "시작"Beginnings, "침묵과 빛"Silence and Light을 언급했다. "이 건물은 무엇이 되고 싶은가?"와 "벽돌, 무엇을 원하는가?"와 같은 질문을 던진다. 많은 사람들은 이런 말을 신비로운 시라 치부했다. 심오하게 들릴 수도 있지만, 그게 도대체 무슨 뜻일까?

그 의미를 설명하기에 내가 가장 이상적이었다. 나는 칸이 가르쳤던 펜실베니아대학에서 7년간 건축을 공부했고, 그가 사망하기 직전 프렛 대학에서 열린 그의 마지막이자 가장 중요한 강연에 참석했다. 프렛은 내가 재직했던 곳이고, 이 글을 쓰고 있는 곳이기도 하다.

게다가, 신비주의적이거나 영적인 사상도 내가 이해할 수 있는 내용이었다. 나는 도교에 빠져 있었고, 태극권 스승인 쳉 만칭^{Cheng Man-Ch'ing}교수와 함께 도덕경을 공부했다. 나는 서양에 온 최초의 티베트 불교 스승인 초감 트렁파^{Chogyam Trungpa}와 함께 불교를 공부하기도 했다. 그리고 신화학자 조셉 캠벨^{Joseph Campbell}의 강의를 빠지지 않고 들었다. 내가 공부하고 있는 전통들과 칸의 철학 사이에 많은 유사점이 있다는 것을 발견했기 때문에, 만약 누군가가 칸의 말을 이해하고 그것들을 건축인들이나 일반 대중에게 설명해야 한다면 나여야 한다고 느꼈다.

그래서 1979년 "침묵과 빛 사이: 루이스 I. 칸의 건축에서 정신(Between Silence and Light: Spirit in the Architecture of Louis I. Kahn)"이라는 책을 썼다. 이 책에서 나는 칸의 이상적인 강연을 제시하고, 그것이 무엇을 의미하는 바를 설명했으며 그의 가장 중요한 건물 몇을 간략하게 소개했다. 이 책은 이후 계속 출판되어 전 세계 건축가들과 건축학과 학생들에게 알려져 있으며 존중받고 있다.

"침묵과 빛 사이"는 칸의 말을 통해 제시된 그의 철학에 중점을 두었다. 그러나 칸은 건축을 통해 자신의 철학을 드러낸다. 그 내용을 다룬 것이 바로 이 책이다. 칸이 건물에 자신의 철학을 드러낸다는 것은 무엇을 의미할까? 우리는 건물이 "기능"해야 하며, 그 안에서 일어날 활동을 수용해야 한다는 것을 이해라고 있다. 하지만 만약 그것이 심오한 건축 작품이라면, 그 기능의 의미, 건물이 담고 있는 시설^{institution} 속에서 우리 삶에서 어떤 역할을 하는지, 나아가 세상에서 어떻게 존재해야 하는지를 알려줄 것이다.

프랭크 로이드 라이트는 "모든 위대한 건축가는 필연적으로 위대한 시인이다. 건축가는 자신의 매 시간, 매일, 그리고 시대의 독창적인 해석자이어야 한다."고 했다.[3]

학교는 교실 등을 갖추어야 하지만, 교육이 무엇을 의미하는지 알려주는 곳이어야 한다. 다른 말로 우리가 그 건물을 사용할 때 교육의 의미를 경험할 수 있어야 한다. 건축가가 이렇게 할 방법은 무엇일까? 여러 방법이 있다. 건물의 외관을 통해 많은 사람이 건축을 인식하고 판단한다. 하지만 현대건축에서 잃어버린 것은 더 세밀한 수준에서, 건물이 어떻게 조립되는지를 보여주는 것이다. 나중에 언급하겠지만, 오늘날 일부 건축가들은 극적인 효과를 스케치한

3. Frank Lloyd Wright, The Future of Architecture (New York: Horizon Press, 1953), 242

서문

다음 실제 시공을 위해서는 엔지니어에게 의존한다. 하지만 그것은 소설가가 줄거리를 쓰고 다른 사람이 글을 완성하는 것과 같지 않은가? 문학은 단어로 만들어지고, 건물은 공간과 재료, 구조로 구성된다. 이것이 바로 건축가가 우리가 새로운 경험을 하게 하기 위해 사용하는 것들이다. 칸은 이 아이디어를 제시하는 데 이상적인 인물이며, 이것이 이 책의 의도다.

이 책에서 집중하는 다섯 개의 건물을 왜 선택했는지 궁금할 수 있다. 칸은 수백 개의 디자인과 수십 개의 완성된 건물을 만들었는데, 목록은 이 책 끝에 있다. 이들 대부분은 칸에 관한 다른 책에서 자세히 다루어져 있으며, 대부분 훌륭한 사진들을 싣고 있다. 이 책은 칸의 작품을 조사하기 위한 것이 아니라, 그가 어떻게 설계하고 어떻게 건물을 구성하는지에 대해 논의하기 위한 것이다. 다섯 개의 건물이 그것을 가장 잘 보여준다고 생각한다. 왜 이 세 건물이 빠졌는지 궁금할 수 있다. 예일대학 미술관은 칸의 성숙한 아이디어가 암시되어 있지만 완전하게 실현하지 못했다. 트렌튼 수영장의 탈의실과 샤워실은 역사적 사례로부터 형태를 착안하는 칸의 접근 방식에서 중요한 역할을 하며 리처드연구소에서 완전히 꽃을 피웠다. 방글라데시의 국회의사당은 가장 웅장한 건물로 칸이 사망해 다른 이들에 의해 완성했다. 이 세 건물 다 중요하지만 이 책에서 다루는 내용을 전개하는 데에는 필요하지 않다.

우리가 자세히 살펴볼 다섯 개의 건물은 다음과 같다;

1960년 완공된 필라델피아에 있는 펜실베이니아대학 앨프리드 뉴턴 리처드 의학 연구소(Alfred Newton Richards Medical Research Building, 이하 리처드연구소)는 구조와 설비, 재료의 전례 없는 명확성을 보여주는 칸의 첫 번째 중요한 건물이다. 1965년 캘리포니아 라 호야에 있는 솔크 생물학 연구소(Salk Institute for Biological Studies, 이하 솔크연구소)는 리처드연구소를 넘어 건물에 정신적인 측면까지를 부여하였다. 1972년 뉴햄프셔 엑서터에 있는 필립스 엑서터 아카데미 도서관(Phillips Exeter Academy Library, 이하 엑서터 도서관)에서 칸은 로마의 형태를 다루는 방식을 사용한다. 1972년 텍사스 주 포트워스에 있는 킴벨미술관(Kimbell Art Museum)은 로마의 저택을 연상하게 한다. 1974년 코네티컷 뉴헤이븐에 있는 예일 영국 예술 센터(Yale Center for British Art, 예일영국센터)에서 칸은 19세기 산업 프레임이 영국의 장원을 포괄하도록 만들었다.

0.2.
―
소개

건축의 황금기 – 지금은 건축의 황금기다. 올림픽 경기장을 건설하는 국가들, 건축가의 명성을 원하는 개발자들, 그리고 관광객을 끌어들이기 위해 박물관과 국제적인 관문인 공항을 건설하는 도시들의 수요 속에 스타 건축가들이 있다.

혁신적인 구조와 과감한 형태, 혹은 그냥 높이만으로도 두드러지는 건물들이 전 세계에 생겨나고 있다. 프랭크 게리Frank Gehry의 빌바오 구겐하임 미술관은 휜 티타늄으로 된 건축이 이름도 들어보지도 못했던 도시를 세계적인 문화 중심지로 만들 수 있음을 보여주었다. 이어서 톰 라이트Tom Wright의 부푼 돛 모양의 두바이 버즈 알 아랍 호텔, 자하 하디드Zaha Hadid의 볼프스부르크 페노 사이언스 센터, 헤르조그 & 뮤롱Herzog & de Meuron의 강철로 엮어 '새 동지'처럼 보이는 베이징 올림픽 스타디움, OMA의 대담한 베이징 CCTV 본사, 산티아고 칼라트라바Santiago Calatrava의 독특한 구조를 가진 뉴욕의 세계무역센터 교통 허브, 아드리안 스미스Adrian Smith/SOMSkidmore, Owings & Merrill의 0.5마일 높이의 순수한 대담함을 보여주는 두바이 부르즈 칼리파 등이 뒤를 이었다. 이 모든 것은 혁신적인 건축가, 함께 일하는 능력 있고 인내심 있는 엔지니어, 그리고 모험심이 강한 고객들에 대한 찬사이다.

우리는 건물만이 아니라 도시 전체가 마치 버섯처럼 솟아나는 것을 보고 있다. 두바이는 소규모 무역과 진주를 캐는 마을에서 불과 40년 만에 인구 200만의, 세계에서 가장 높은 빌딩(이 글을 쓰는 시점에서 기록이 계속 바뀌고 있다)과 가장 붐비는 공항을 가진 글로벌한 경제 중심지가 되었다. 35년 전 중국이 "개혁개방" 정책을 펴던 당시 센젠은 작은 마을이었다. 이후 인구는 1,500만 명을 넘어서고 경제 규모는 여러 유럽 국가와 경쟁할 정도로 성장했다. 그리고 중국에는 12개 이상의 도시가 규모와 성장률 면에서 센젠과 경쟁하고 있다. 중국의 이런 도시들이 대규모 제조업이나 기술의 중심지인 반면, 중동의 도시들은 자부심의 표현이다. 스타 건축가들에 의해 각기 다른 모양의 거대한 건물군을 만들어 낸다.

새로운 것에 대한 오늘날의 관심은 점점 더 커져 가는 옛 것에 대한 인식과 존중으로 어느 정도 균형을 이룬다. 경제적 이익과 시민의 자부심의 발로로, 몇 십 년 전만해도 밀어버렸을 오래된 중요한 건물들을 보존하고 복원하는 지역 사회가 있다. 그리고 부자들은 철거했을 주요한 건축가들의 주택을 구입하여 복원하고 있다. 세계 최대 산업 중 하나인 관광업은 많은 도시를 지원하며, 신구를 막론한 건축물이 주요 동력으로 작용하고 있다.

서문

건축가들은 항공우주산업에서 가져온 고성능 파라메트릭 소프트웨어를 채택하여 이색적인 형태의 복잡성을 다룰 뿐만 아니라, BIM 소프트웨어를 통해 상호 작용하여 시공자와 소유주, 유지보수 담당자가 건물의 시공 과정은 물론이고 장기적인 관리도 조정할 수 있게 되었다.

오늘날의 건설 현장은 언뜻 보기에는 수십 년 전과 다를 바 없어 보이지만 실제로는 매우 다르다. 건축가, 엔지니어, 시공자, 제조업체 간의 소프트웨어 통합은 건물 구성요소가 정확하게 맞물리도록 보장한다. 3D 프린팅은 이색적인 형태가 시제품에서 건설 자재가 될 수 있게 한다. 복합소재는 경량화와 내식성의 증가를 가져왔다. 건물 전체에 배치된 감지기가 건설과 유지보수에 관한 정보를 제공한다.

a.

학생들은 건축학교로 몰려들고, 스타 건축가들이 나온 학교를 높이 평가한다. 이 학생들은 고급 CAD 소프트웨어를 사용하며, 학교는 컴퓨터가 학생들을 "만들기"에서 너무 멀어지지 않도록 목공과 금속 작업 장비뿐만 아니라 밀링머신, 레이저 커터, 3D 프린터, 심지어 로봇까지 있는 작업실을 제공한다.

그 분야를 뒷받침하는 건축이론은 언어학에서 컴퓨터로 옮겨갔다. 컴퓨터 아키텍처에 대한 최근 콘퍼런스에서 발표된 제목들에 포함된 아래와 같은 단어들을 발견할 수 있다. virtual standardization, hyperbody research, immaterial limits, affective space, algorithmic flares, bi-directional design process, voxel space 등이 있다. 물론 이전에 언어학적인 방식으로 건축이론을 할 때도 전문용어는 많았다. 그리고 컴퓨터 아키텍처는 몇 가지 흥미로운 의미를 지니며, 이는 건물이 알고리즘으로 생성될 수 있을 뿐만 아니라 전 세계가 그렇게 생성될 수 있다는 것을 포함한다. 요즘 학생들은 초기 조건과 규칙의 조합으로 건물이 스스로 생성되게 할 수 있다. 그리고 오늘날 몇몇 건축은 사회적 영향에 대해 새로운 관심을 보인다.

그렇다. 우리는 세계화와 기술의 힘을 통해 여러 단계로 확장된 것처럼 보이는 건축의 황금기에 있다. 하지만 우리가 무언가 놓치고 있는 것은 없을까? 프랭크 로이드 라이트, 미스 반 데어 로에, 르 코르뷔지에를 포함한 근대건축의 권위 있는 거장들을 돌이켜보면, 우리는 혹 그들의 작품 중에 오늘날 우리가 보지 못하는 측면이 있지 않을까 물어볼 수 있다. 앞서 언급했듯이, 명확한 프로그램에 대한 원칙, 재료에 대한 존중, 구조에 대한 집중, 디테일에 대한 경외심 같은 원칙들 말이다.

루이스 칸의 철학 같은 건축

a. Half-mile tall Burj Khalifa in Dubai by Adrian Smith/SOM
b. Burj Al Arab hotel in Dubai by Tom Wright
c. World Trade Center Transportation Hub in New York City by Santiago Calatrava
d. CCTV Headquarters in Beijing by OMA
e. "Bird's Nest" surrounding the Beijing National Olympic Stadium by Herzog & de Meuron
f. Phæno Science Center in Wolfsburg by by Zaha Hadid
g. Guggenheim Museum in Bilbao by Frank Gehry

이 책에서 우리는 칸의 작품을 살펴보며, 이러한 요소들뿐만 아니라 건축의 기본에 대한 뿌리 깊은 이해를 볼 수도 있을 것이다. 심지어 우리를 세상의 근원으로 이끌기도 할 것이며, 어떻게 존재하는지, 그리고 우리가 누구이며 이 세상에 어떻게 적응했는지를 보여줄 것이다. 이것들은 인문학, 철학, 과학, 심지어 종교에 맡겨질 것으로 생각할 수 있는 깊이 있는 문제들이다. 하지만 이런 문제들은 처음부터 예술, 특히 건축("예술의 어머니")에서도 다루어지지 않는가? 이 책에서 칸의 건물들이 이러한 문제들에 대해 무엇을 드러내는지 볼 것이다.

모든 프로젝트를 시작하며 "이 건물은 무엇이 되고 싶은가?"라고 묻는 건축가에게 어떻게 접근해야 할까? 철학으로서 건축이 의미하는 바를 깊이 있게 탐구하는 것을 시작으로, 칸이 거부한 기념비성과 그가 질서^{Order}라고 부르는 것으로의 전환, 그리고 침묵과 빛의 은유를 통해 바라보는 질서^{Order}에 대해 살펴볼 것이다. 그러고 나서 우리는 칸의 접근 방식이 르 코르뷔지에나 미스와 무엇이 다른지, 그리고 평면, 구조, 설비, 시공, 빛, 로마(칸이 끊임없이 회귀하는 시금석)와 같은 단어들로 칸의 작품을 살펴볼 것이다. 그런 다음 칸의 가장 중요한 다섯 건물을 살펴보고 그가 위에서 설명한 용어로 어떻게 "그것들을 함께 구성"하는지 알아볼 것이다.

1.0.

철학 같은 건축

1.1.

——

두 가지 접근 방식 – "전통"건축은 여러 종류가 있고, 심지어 신고전주의 건축에도 많은 종류가 있다. 보자르^{Beaux Arts} 건축은 이에 속하며, 그 안에서도 여러 가지 접근 방식이 있다. 그리고 칸이 가장 익숙했을 접근 방식인 국제주의 양식이라 알고 있는 근대건축에도 여러 종류가 있다. 그러나 이 책에서는 주요 범주로서 보자르건축과 근대건축이란 용어를 아주 단순하게 사용할 것이다. 1920년부터 1924년까지 펜실베이니아 대학교의 건축학과 학생이었던 시절과 건축가로서 초창기의 경력을 쌓던 시기, 미국에는 매우 이질적인 이 두 접근 방식이 경쟁하고 있었다.

1.2. 보자르

보자르는 19세기 후반 많은 미국 건축가들이 공부했던 파리의 학교인 에콜 데 보자르(Ecole des Beaux Arts)의 이름을 딴 것이다. 20세기에 지어진 대부분의 기념비적인 건물들은 이 양식이다. 칸이 학생이었을 때 건설 중이었던 필라델피아 파크웨이 박물관과 뉴욕 메트로폴리탄 미술관과 공립도서관, 그랜드 센트럴역 등이 이 양식이다. 이 건물들은 유럽의 기념비성, 견고함, 역사적 근원과 조응하는 건축이었다.

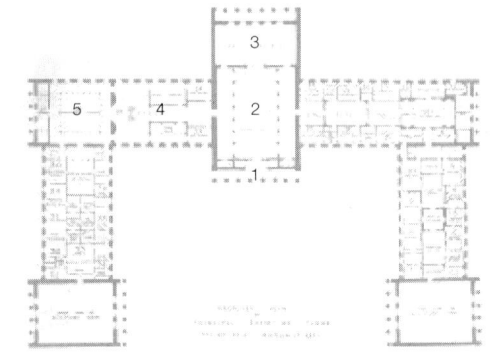

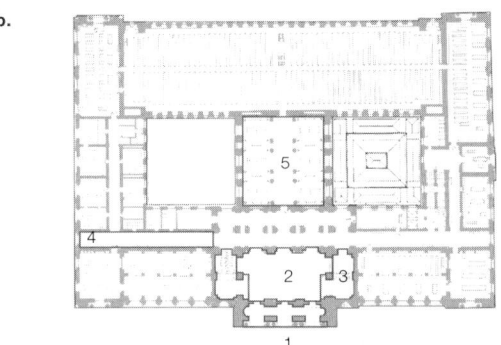

보자르 건축의 어휘는 르네상스와 바로크를 통해 확장된, 그리스 건축에 연원을 둔 로마 건축의 것이다. 오더는 도리아, 투스칸, 이오니아, 코린트가 있다. 그 형태는 아치, 볼트, 돔을 포함한다. 여기에 대부분 보자르 건물은 오랜 시간 다듬어진 다섯 가지 기본 요소들을 가지고 있다. 큰 계단과 기둥이 있는 현관과 현관홀을 통해 외부에서 내부로의 전환을 수행하는 출입구. 간혹 볼트나 돔으로 된 로비. 건물 내의 각 기능으로 연결하는 큰 계단. 동선을 위한 넓고 자연 채광이 있는 홀. 다양한 활동을 수용할 수 있는 대중소의 공간들 등이다.

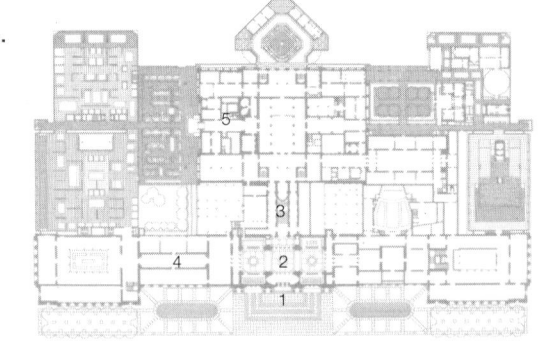

a. Philadelphia Mueum of Art
b. New York Public Library
c. New York Metropolitan Museum of Art
  1. Entrance   2. Lobby   3. Great stair
  4. Wide halls   5. Large, medium, and small spaces

건축가가 작업하는 구성의 프로토타입인 이 다섯 가지 요소는 당면한 건물의 요구에 대한 구체적인 디자인에서 명료하게 표현된다. 어떤 면에서 프로토타입 안에서 디자인하는 것은 매우 강력하다. 이 요소들 각각은 시간으로 거슬러 올라가며, 수 세기에 걸친 지혜와 비례와 마감, 조명, 동선 등을 세련되게 구현한다. 건축가는 요행으로라도 창의적이어서는 안 되고, 잘 확립된 전통을 따라야만 했다.

구성에 대한 프로토타입의 접근 방식은 보자르에서는 매우 강력했으며, 전형적인 예를 설명하는 것은 앞에서 언급한 다섯 가지 구성의 원칙을 반복하는 것이 대부분이다. 1941년에 완성된 존 러셀 포프 John Russell Pope의 워싱턴 내셔널갤러리를 예로 들어보자. 이 건물은 1978년 아이 엠 페이 I. M. Pei가 설계한 증축동 East Building과 구분하기 위해 West Building이라 알려져 있다.

루이스 칸의 철학 같은 건축

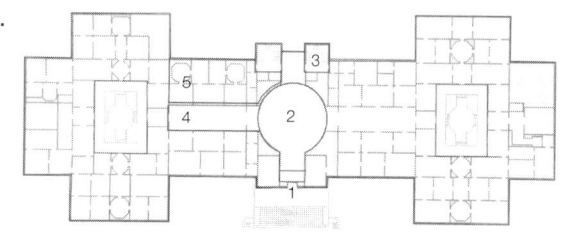

a. National Gallery, Washington DC, dome
b. National Gallery, entrance portico
c. National Gallery, plan: Five elements in a Beaux Arts building

건물 형태는 본질적으로 날개 두 개를 가진 판테온이다. 내셔널 몰 쪽의 매디슨 드라이브에서 접근하면 건물의 중요성을 알리는 거대한 진입 계단이 보인다. 계단 위에 서서 현관의 거대한 기둥 사이로 들어가면 기념비적인 문의 윤곽과 마주친다. 하지만 문이 열리는 부분은 주택의 현관문 정도의 크기다. 문 안에 들어서면 한때 코트 보관소가 있었던 현관홀을 지나 돔 아래의 거대한 로톤다로 이동한다. 이 건물의 가장 큰 공간에는 분수에 있는 장식적인 청동 조각 외에 전시품이 없다. 그것의 목적은 당신 이 예술품을 감상할 준비를 돕기 위한 것이다. 돔 아래에서 당신은 공간을 둘러보며 마음을 열게 된다. 이로써 거리에 있던 당신이 예술품을 감상하는 사람 으로 변화시킨다.

반대편 컨스티튜션 애비뉴에서 들어서면 외부 계단이 없고, 지상에서 바로 들어가 메인 층으로 이어지는 한 쌍의 대리석 계단과 마주하게 된다. 로톤다가 있는 가운데 돔에서 천창이 있는 두 개의 거대한 볼트가 뻗어있다. 이 홀 바깥쪽으로 크고 작은 갤러리가 있다. 당신이 이동하는 홀 바닥은 대리석이지만, 갤러리는 조용하고 편안한 작품 감상을 위해 바닥이 목재다. 갤러리의 천창은 홀보다 낮고, 몰딩은 그보다 더 아래에 있다. 벽에 있는 몰딩은 그림을 액자에 넣은 것처럼 집중할 수 있게 한다. 미술관에서 몇 시간을 보내 피곤하게 되면, 두 날개의 끝에 분수와 쉴 수 있는 의자가 있는 실내 정원이 있다.

근대건축은 이 다섯 요소로 구성하는 것을 거부하면서, 더 기능적인 개념을 위해 인간 사회의 특정한 전통적 개념도 거부했다는 것에 주목할 필요가 있다. 1939년 굿윈과 스톤 Goodwin and Stone 이 설계한 뉴욕 MoMA Museum of Modern Art 는 회전문만 지나면 인도에서 로비로 바로 진입하는 방식을 볼 수 있다. 뒤의 예일영국센터의 설명에서 칸이 보자르 건축의 5가지 요소를 근대적인 방식으로 어떻게 되살리는지 보게 될 것이다.

1.3. 근대건축

근대건축을 옹호하는 사람들은 민주화, 산업화, 새로운 건물유형, 그리고 새로운 산업재료와 시공 방법이 더 이상 보자르 건축의 역사적이고 전형적인 접근 방식으로는 감당하지 못할 근본적인 변화를 불러온다고 생각했다. 공장, 학교, 병원, 커뮤니티 센터, 공공주택, 특히 고층 오피스 빌딩은 전례 없이 새롭거나 다시 정의된 건물유형이었다. 강철, 철근 콘크리트와 대형 유리판을 통합하는 엔지니어링 역량에 대한 전례도 없었다.

이 새로운 상황에 대응하기 위해, 근대건축가들은 과거의 해법을 적용하기보다 당시의 상황을 분석했다. 19세기 중반의 건축가이자 이론가인 비올레 르 뒥 Viollet-le-Duc 은 "건축에는 진실해야 할 두 가지 필수적인 방법이 있다. 프로그램에 진실해야 하고, 건설 방법에 진실해야 한다."고 했다.[4]

모더니스트들에게 프로그램은 건축의 시작이다. 행위들을 목록으로 만들고 각각의 요구 사항과 필요 면적을 제시한다. 이후 설계자는 다이어그램을 통해 행위 각각을 서로 연결하고, 대지와 행위들의 관계를 설명한다. 그런 다음 다이어그램은 필요 면적으로 작성되고 구조 시스템의 프레임으로 바꾼다. 외부 마감을 하는 것이 마지막이다.

Model of the Bauhaus building

1926년 발터 그로피우스는 독일 데사우에 바우하우스 새 교사를 설계했다. 이 건물은 모더니스트가 건축 설계에 어떻게 접근하는지를 보여주는 대표적 사례다. 그는 건물의 주요 행위를 워크숍, 강의실, 행정 사무실과 주거용 스튜디오로 규정 했다. 그로피우스는 이 공간들을 위해 건물의 단면을 만들고 그 각각에 필요한 공간의 종류와 면적을 제시했다. 개방적이고 유연한 대공간인 워크숍(공장의 개방된 내부를 연상하게 하여 예술과 디자인을 산업과 관련시킴), 선형으로 나눌 수 있는 강의실과 사무실(다양한 크기 허용), 그리고 주거용 스튜디오를 위한 개별 유닛(하늘의 집을 연상하게 함). 그런 다음 그 행위들 사이의 관계를 반영하고, 다른 행위들과의 관계를 고려하여 단면을 설계하고(예로 사무실은 그 외 다른 모든 공간을 지원하기 때문에 각 단면에 연결된다), 건물 내의 이동과 접근을 쉽게 한다. 그로피우스는 그 기능 각각에 적절한 구조 시스템을 선택하고, 용도를 반영하는 재료로 마감했다. 워크숍의 최대한의 빛을 위한 커튼월, 다양한 크기의 방을 만들 수 있는 강의실의 띠창, 개별 유닛의 개성을 강조하기 위한 주거용 스튜디오의 창과 발코니. 그로피우스는 건물 안에 신고전주의의 잔재인 대칭의 거대한 계단을 넣었는데, 오스카 슐레머 Oskar Schlemmer 는 근대적인 비대칭을 표현하기 위해 계단에 여러 색의 페인트를 칠했다.

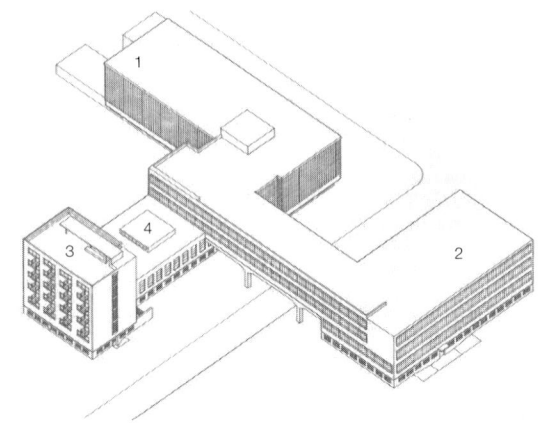

The Bauhaus building
1. Workshops   2. Classrooms
3. Residential studios   4. Administrative offices

4. J. R. Curtis, Modern Architecture Since 1900, 3rd ed. (London: Phaidon Press, 1996), 27.

1.4. 그들이 의미하는 것

보자르와 근대건축을 바라보는 관점은 둘을 단순히 환원하여 대비하는 것이 아니라, 인간으로서 우리가 누구인지에 대한 극단적으로 다른 두 개념을 어떻게 표현하는가이다.

보자르 건축의 어휘는 르네상스와 바로크를 통해 해석된 그리스, 로마의 어휘다. 이 어휘의 사용은 실용적인 정당성을 가지고 있었다. 높은 수준으로 발전했고, 잘 적용되었으며, 폭넓게 이해되었다. 그러나 이 건축이 우리의 정체성이 역사적이라 암시하는 것을 피할 수 없었다. 우리는 과거에 뿌리를 두고 성장해 왔으며, 19세기 말과 20세기 초 유럽인과 미국인들이 연결하고 확장하기를 원했던 과거에 뿌리를 둔 존재였음을 시사한다. 이는 우리가 일리아드와 오디세이의 후손이며, 그 이야기 위에 우리의 이야기가 세워 졌다는 것을 암시한다. 플라톤과 아리스토텔레스 학문으로부터 우리의 학문이 구축되었음을 의미한다. 그리스와 르네상스의 인본주의와 사람이 무엇인지에 대한 우리의 감각 또한 그렇다. 우리의 법은 로마법에 기반을 두고 있고 우리의 시민 사회는 로마 사회를 모델로 삼았다. 르네상스의 이상화된 인간 형상에 대한 개념에 기반을 둔 예술 문화, 레오나르도 다 빈치의 발전된 기계에 대한 꿈과 뉴턴의 급진적인 천문학적 비전을 실현한 과학적 문화 등 우리는 이탈리아 르네상스와 영국 바로크의 문화적 유산의 후예다. 이 모든 것이 고전적 질서에서 추론할 수 있는 것처럼 보인다. 그것이 그들이 의미한 바이며, 그것이 그들이 선택된 이유다. 그리고 그것은 건축에만 있는 것은 아니었다. 19세기 후반과 20세기 초반 우리는 우리를 여전히 역사에 뿌리를 둔 존재라 이해하고 있었다. 그러나 의구심이 없지는 않았다.

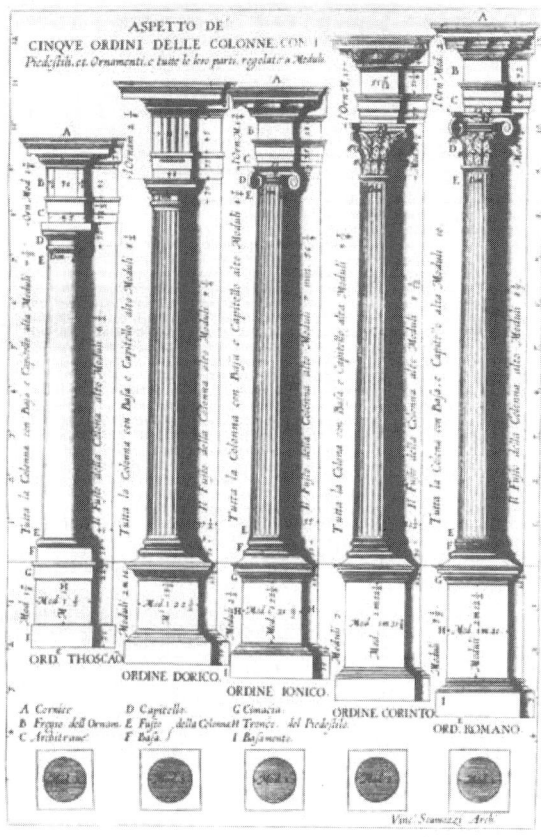

The classical orders

근대적 상황은 종교, 전통, 과거에 기반을 둔 것이 아니라 이성, 관용, 탐구의 자유에 뿌리를 둔 개인과 사회의 계몽주의적 이상을 완벽하게 실현할 기회를 제시해 주었다. 20세기가 되면서 일부 유럽인들과 미국인들은 "만약 우리가 더 이상 역사적인 뿌리를 가진 존재가 아니라면 어떻게 될까?"라고 묻기 시작했다. 만약 우리가 로마제국이 1500년 전에 종말을 맞이했다는 것을 인식한다면? 기독교가 일요일과 아이들에게는 괜찮았지만 물질세계를 이해하기 위해서는 자연과학이, 인간세계를 이해하기 위해 사회과학이 필요하다면? 만약 비유클리드 기하학과 집합론이 유클리드 기하학과 뉴턴의 미적분학을 능가하고, 양자론이 뉴턴과 라플라스의 인과율을 부정한다면? 만약 우리의 예술이 이탈리아에만큼이나 아프리카나 일본에 빚지고 있다면? 만약 우리의 언어학적, 현상학적, 실용주의적 철학이 소크라테스에서 나온 것이 아니고, 우리의 법률이 로마법만큼이나 계몽주의에서 파생된 것이라면? 우리 사회가 시민의 미덕이 아닌 개인주의의 하나라면? 인본주의가 그리스-유대교-기독교 전통만큼 우리의 영적인 성질을 기반으로 한다면? 그리고 만약 미국인들이 유럽에서만큼이나 아시아, 아프리카, 아메리카에서 이주해 왔다면? 이것이 근대건축가들의 주장이었다. 그들은 이 모든 것이 사실인지, 우리가 새로운 보편적 인류로 함께 할 것인지 논쟁했고, 그렇다면 역사적이고 유럽적인 것이 아닌 보편적인 어휘로 말하는 건축이어야 한다고 주장했다.

이 대비된 시각은 내셔널갤러리와 바우하우스 교사뿐만 아니라 그 시설 자체에도 적용된다. 1937년 설립한 내셔널갤러리는 은행가이자 전 재무부 장관, 미술품 수집가인 앤드류 멜론이 공사비용을 내고, 그와 다른 부유한 수집가들이 주로 유럽 거장들의 작품으로 구성된 초기 전시품을 기증했다. 멜론은 소장품과 건물을 통해 미국의 근원이 유럽의 유산 아래 있음을 분명하게 했다.

1919년 독일에서 건축가 발터 그로피우스가 설립한 바우하우스는 근대건축과 디자인에 큰 영향을 끼쳤다. 그로피우스의 비전은 예술가와 건축가가 본질적으로 산업 디자이너가 되는 새로운 유형의 교육을 통해 예술, 디자인, 건축을 산업화 시대에 적합하게 하는 것이었다. 과거에 얽매이게 될까 봐 미술사를 교육과정에 넣지도 않았다. 고전적인 선례를 공부하는 대신에 학생들은 점, 선, 면, 입체, 질감, 색과 같은 형태의 기초를 공부했다. 또 그들은 새로운 재료와 제작 과정을 공부했다. 그 결과는 과거보다는 바로 그 당시의 상황과 관련된 제품들이었다. 찻잔 세트, 전기스탠드, 의자와 같은 많은 제품은 거의 100년이 지난 지금 보기에도 여전히 신선하고 현대적이다. 지금 애플의 아이폰은 이 디자인 철학에서 비롯된 것이다.

그래서 역사적 선례에서 비롯된 보자르와 그 디자인에 대한 거부는 양식뿐만 아니라 우리가 역사적인 근원에 의해 정의된다는 개념에 대한 거부다. 기능, 재료, 구조에 기반을 둔 근대건축의 부상은 전통은 없고, 모든 환경은 새로운 것이며, 디자인은 항상 처음부터 시작해야 한다는 주장이다. 우리는 과거가 아니라 과학과 이성으로 설명할 수 있는 물질에 내재되어 있다. 1914년 미래주의 건축선언(Manifesto of Futurist Architecture)에서, 안토니오 산텔리아^{Antonio Sant'Elia}와 마리오네티^{F. T. Marinetti}는 "건축은 전통에서 벗어났다. 모든 것이 혁명적이다. 집은 우리보다 더 오래가지 못한다. 그래서 모든 세대는 자신들만의 도시를 건설해야 할 것이다." [5] 라고 했다.

보자르와 근대건축의 다른 두 비전의 충돌은 두 개의 체스 세트에서 볼 수 있다. 우리가 요즘에 사용하고 있는 고전적인 체스 세트는 이전의 선례들을 바탕으로 1849년 나다니엘 쿡^{Nathaniel Cooke}이 디자인한 것으로 당대 위대한 선수의 이름을 따 스턴튼 세트^{Staunton set}라 불린다. 이 체스 기물은 왕관이 있는 킹과 퀸, 주교관을 쓴 비숍, 말머리를 한 나이트, 성을 말하는 룩, 보병인 폰과 같이 중세 사회의 구성원을 묘사한다. 이렇듯 스턴튼 세트는 우리를 과거로 이끈다.

5. Antonio Sant'Elia and Filippo Tommaso Marinetti, "Futurist Architecture," in Programs and Manifestoes on 20th-Century Architecture, ed. Joseph Conrads (Cambridge, MA: MIT Press, 1970), 35.

a. Staunton chess set
b. Bauhaus chess set

철학 같은 건축

체스가 중세의 전쟁과 밀접한 관련이 있긴 하나 매우 추상적이며, 체스의 규칙은 과거를 그대로 따른 것이 아닌 기물들이 어떻게 움직일 수 있는지에 뿌리를 두고 있다. 이에 대응하여, 바우하우스의 목재 워크숍 책임자인 요제프 하트윅 Josef Hartwig은 1922년 바우하우스 체스 기물을 디자인했다. 그 기물은 과거 형태에서 벗어나 현재의 게임 규칙을 예시한다. "퀸" 머리의 둥근 면은 어떤 방향으로도 움직일 수 있음을 나타내고, "비숍"의 대각선 십자가는 그것이 대각선으로 움직일 수 있음을 나타낸다. 두 가지를 유의하라. 우리는 "퀸" 등에 따옴표를 붙여야 하고, 이 기물들을 달리 뭐라고 불러야 할지 모른다는 점이다. 그리고 이 체스 세트는 이제 아무도 사용하지 않는데 이는 바로 근대건축의 한계를 보여주는 것이다.

이 근대적이고 역사적인 상태를 좀 더 자세히 살펴보자.

20세기까지 나타난 인간의 개념은 무엇인가? 찰스 다윈, 카를 마르크스, 지크문트 프로이트 같은 19세기와 20세기 초 인물들의 위대한 지적 업적으로 요약할 수 있다.

다윈의 자연 도태에 따른 진화론은 우리가 유인원과 공통 조상을 공유하는 자연적인 동물이며, 그들과 약간 다를 뿐이라 말한다. 우리는 기계론적 우연에 의해 인간 상태에 도달했고 결국 다른 무언가로 진화할 것이다. 우리의 지능과 의식은 신성한 본성에서 나온 것이 아니라 신경 프로세스에 대한 진화적 압력의 결과이다. 마르크스의 통찰력은 역사적 시기의 본질이 한 개인이나, 시대의 정신이 아니라 생산의 물질적 수단의 결과임을 말해준다. 마르크스는 자연과학이 우리에게 자연에 대한 이해와 통제를 가져다준 것처럼 그의 과학적 사회주의는 이제 우리에게 사회, 심지어 역사에 대한 이해와 통제를 가능하게 한다고 주장한다. 프로이트의 무의식 이론은 우리의 정신적 과정이 리비도의 압력, 초자아에 의한 억압, 그리고 사회적으로 생산적인 승화를 통한 해방 같은 기제들과 유사하다고 말한다. 우리의 동기는 인류의 고상한 진보가 아니라 사회적 제약 아래서 생물학적 충동의 충족이다.

그래서 인간은 자연과학과 자연의 관계처럼 사회과학을 통해 이해할 수 있고 통제할 수 있는 자연 그대로의 동물이다. 그리고 건축에서 합리주의의 이상이 그로피우스, 르 코르뷔지에, 미스의 모더니즘에서 완전히 실현되기 전에도, 그 씨앗은 건축 이론에서 훨씬 이전에 있었다. 1753년 로지에 Abbé Laugier는 "건축에 관한 에세이(Essai Sur L'Architecture)"에서 구조 결정론을, 앞에서 말한 1863-72년 비올레 르 뒤크는 건축이 프로그램과 건설 방식에 따라 진실해야 한다고 주장했다. 로지에와 비올레 르 뒤크에 주장에 반응하여 오스카 슐레머는 1923년 제1회 바우하우스 전시회에서 다음과 같이 썼다. "이성과 과학같은 '인간의 가장 위대한 힘'은 섭정이며, 엔지니어는 무한한 가능성의 침착한 실행자이다. 수학, 구조, 기계화는 그 요소들이며, 권력과 돈은 강철, 콘크리트, 유리, 전기 등 이 근대적 현상의 독재자이다…"[6]

따라서 칸이 보자르를 버리고 마주한 근대건축은 역사적 기반에서 벗어난 계몽주의의 합리주의에서 비롯된 것으로 이해할 수 있다. 그것은 기능주의에 기반을 둔 건축으로 장식이 없고, 그 안에 담긴 시설의 의미에 관심이 없다.

---

6. Romaldo Giurgola and Jaimini Mehta, Louis I. Kahn (Boulder: Westview Press, 1975), 217.

1.5. 20세기 중반 건축

1950년대와 1960년대 미국에서, 칸이 중요한 작품을 시작했을 시기 근대 건축에는 몇 가지 흐름이 있었는데, 지배적이었던 것은 엄밀하게 프로그램이 된 기능을 특징으로 하는 국제주의 양식이었다. 직선 형태와 반듯한 면, 장식의 완전한 제거, 과거에 대한 어떤 언급도 없는 양식이다. 균일성과 개방된 공간을 만들기 위해 구조 그리드를 강조한다. 특히 강철과 유리 같은 경량의 재료를 찬양한다. 거기에 국제주의 양식은 사회적 문제에 초점을 맞추었다. 이상적인 건물유형으로 학교, 커뮤니티센터, 공공주택 등이 포함되었다. 근대건축의 거장들에 의해 이런 종류의 훌륭한 건물들이 지어졌는데, 가장 유명한 것이 미스의 시그램 빌딩이다.(유럽 사회주의 노동자 주거를 위해 개발된 양식이 미국 기업들의 대표적인 스타일이 되었다는 점에서 아이러니다.) 그러나 1950년대 후반에 이르러서는 이 건축이 실체가 없고 만족스럽지 못하다는 생각이 확산되었고, 1960년대와 70년대에 이르러서는 "근대건축의 실패"를 다룬 많은 책이 나왔다.

미노루 야마사키^{Minoru Yamasaki}는 세계 무역 센터 타워에 뾰족한 아치를 써서 고딕을 연상케 했다. 폴 루돌프^{Paul Rudolph}는 예일대학교 예술/건축학부 건물^{Yale Art and Architecture Building}에서 망치로 잘게 쫀 노출콘크리트 표면으로 마감했다. 에로 사아리넨^{Eero Saarinen}은 뉴욕 케네디 공항의 TWA 터미널에서 날아가는 새를 표현했다. 그리고 영국의 젊은 건축가들의 모임인 아키그램^{Archigram}은 플러그인 시티^{Plugin-City}를 포함한 일련의 드로잉으로 기술을 찬양했다. 이 모든 접근 방식은 근대건축에 풍요로움을 주었지만, 칸은 무언가 빠진 것이 있다고 느꼈다.

2.0.
―

칸 분석

2.1.

불만 – 앞 장의 끝에, 근대건축에 대한 칸의 불만을 언급했다. 그 불만은 무엇이었을까?

1930년대 칸은 학교에서 배운 보자르 건축의 접근 방식을 버리고 국제주의 양식으로 작업을 시작하면서 근대건축의 사회적 프로그램에 집중했다. 그는 대공황 시기 사회 문제에 대해 글을 쓰고 건축가들을 조직했다. 주택, 유태교 회당, 정신건강센터, 노조 본부를 포함한 그의 초기 건물들은 보통의 기준으로 보더라도 평범했다. 1952년에 시작한 그의 밀 크릭Mill Creek 공공 주택 프로젝트는 유사한 프로젝트들과 마찬가지로 성공하지 못했고, 결국 철거되었다.

그리고 1950년대 중반에 칸은 사회적인 관점에서 생각하는 것을 멈추고, 문화적 관점과 더 높은 차원의 영역에서 생각하기 시작했다. 그는 "건축(architecture)"이라 부르는 것 대신 "**건축**(Architecture)"을 언급하기 시작한다. 회사 이름을 Louis I. Kahn and Associates에서 Louis I. Kahn, Architect로 변경했다. 칸은 예일 미술관과 트렌튼 수영장 탈의실, 그리고 실현되지 않은 프로젝트인 트렌튼 유대인 커뮤니티센터 프로젝트에 새로운 접근 방식의 씨앗을 심었다. 이 씨앗들은 필라델피아에 있는 펜실베이니아 대학의 리처드연구소에서 꽃을 피우게 된다.

2.2. 기념비성의 거부

칸의 변화를 여러 측면에서 볼 수 있지만, 기념비성에서 시작해보자. 앞에서 많은 근대건축에서 "비-실체성"을 언급했다. 이러한 비실체성은 경량의 새로운 재료뿐만 아니라 모더니즘의 개념적인 기반에서 비롯되었다.

The Philadelphia Museum of Art

기념비성을 우리가 가치를 부여한 과거의 건축을 형상화한 것으로 정의할 수 있다. 판테온에 나타난 로마의 용맹함과 시민적 미덕과 같은 것들처럼 우리 안에 계속 살아있기를 바라는 것들을 형상화하는 것도 기념비성이다. 이 때문에 판테온 같은 포르티코와 돔을 가진 내셔널갤러리로 다시 태어난다고 생각할 수 있다. 기념비성에 대한 거부는 더 이상 관련성이 없는 과거를 미화하지 않는 근대건축의 특징이다. 문화 및 건축 비평가 루이스 멈포드는 "만약 그것이 기념비라면 근대적이지 않고, 만약 근대적이라면 기념비가 아니다."라고 했다.[7]

보자르의 기념비적인 건물은 고전 어휘를 사용하고, 그 시설에 구체화함으로써 유럽 문화를 기념했다. 많은 모더니스트들은 시대에 뒤떨어진다고 느꼈다. 게다가, 1930년대와 1940년대의 전체주의 정권은 특히 고전적인 형태를 통해 표현된 기념비성에 연결되어 있었고, 이는 치명적인 국가주의의 주장과 권위주의에 대한 찬양이었다.

7. Lewis Mumford, The Culture of Cities (New York: Harcourt, Brace and Company, 1938), 438.

2.3. 기념비성의 복원?

1940년대에 이르러 몇몇 건축가들은 기념비성에 대한 반대를 의문시하기 시작했다. 당시 2차 세계대전의 한 가운데에 있었고 미국과 유럽 동맹국들은 생명과 재산을 희생하고 있었다. 무엇을 위해서? 물론 생존을 위해서도 그렇지만, 그 너머에는 깊이 간직된 가치들을 위해서이기도 하다. 그렇다면 우리의 건축에 그런 가치들을 표현해야 하지 않을까?

바르셀로나 출신의 건축가이자 도시 디자이너인 세르트^{José Luis Sert}, 프랑스 예술가 레제^{Fernand Léger}, 스위스 건축사학자 기디온^{Sigfried Giedion}은 1943년에 쓴 에세이 "기념비성의 9가지 요점"에서 다음과 같이 썼다;

기념비는 인간이 자신의 이상, 목표, 행동을 상징하기 위해 만든 인간의 랜드마크다... 기념비는 인간의 가장 높은 문화적 요구를 표현한다. 그것들은 인간의 집단적인 힘을 상징으로 번역하려는 영원한 요구를 만족시켜야 했다. 가장 생명력있는 기념비는 이 집단적인 힘, 즉 사람들의 감정과 생각을 표현한 것들이다.[8]

그러나 이러한 "가장 높은 문화적 요구"는 정확하게 무엇이고, 그것들은 어떤 어휘로 표현되어야 하는가?

칸도 보자르 건축의 시대에 뒤떨어진 기념비성을 거부하는 것은 옳지만, 근대건축이 20세기의 조건을 반영하는 새로운 기념비성을 발견하는 데는 실패했다고 느꼈다. 1944년 그는 다음과 같이 썼다. "건축의 기념비성은 구조물에 내재된 영적인 품질로 정의될 수 있으며, 이는 영원성을 느끼게 하여 더하거나 바꿀 수도 없음을 전달하는 품질이다."[9]

그는 그리스인들을 위한 파르테논 신전이 이 역할이었지만, 이후 우리의 상대주의적 시대에는 그와 같은 강도의 단 하나의 목적을 허용하지 않는다고 주장했다. 그는 우리가 새로운 시설의 중요성을 인식하고 새로운 구조 재료를 사용하기 시작하면서 그러한 목적을 찾게 되리라 낙관했다. "하지만 우리는 아직 학교, 공동체, 문화센터와 같은 사회적 기념비에 완전한 건축적인 표현을 제시하지 못하고 있지 않는가?"[10]

물론 커뮤니티센터가 그를 새로운 기념비성으로 이끌지 않으리라는 것도 결국에 칸은 깨달았다.

8. Sert, Léger, and Giedion, "Nine Points on Monumentality," in Joan Ockman, ed., Architecture Culture 1943 1968 (New York: Columbia Books of Architecture/Rizzoli, 1993), 29.

9. Louis I. Kahn, "Monumentality," in Ockman, 48.

10. Ibid., 48

2.4. 기념비성을 대신 질서 Order

매우 창의적인 행동에서 종종 그렇듯이, 칸은 그의 딜레마를 뒤집어 해결했다. 1950년대 중반 그는 기념비성에 대한 언급을 완전히 중단하고 대신 질서를 언급하기 시작했다. 그는 자신이 찾던 좀 더 심오한 표현으로서 질서를 바라 보았다. 칸이 말하는 질서는 만물의 근본이 되는 원리와 존재 의지를 통해 사물이 생겨나는 과정을 의미했다. 그는 이 과정을 직접적으로 설명할 수 없어 침묵과 빛 Silence and Light 이라는 시적 은유를 사용한다.

> 침묵, 즉 측정할 수 없는 이것은 존재하고자 하는 욕망과 표현하고자 하는 욕망이며 새로운 필요의 근원이다. 빛, 즉 측정할 수 있으며 이미 만들어진 사물의 척도인 의지와 법칙에 의해 존재하는 것들의 부여자이다. 침묵과 빛은 예술의 성소이며 그림자의 보고인 영감이 시작된 곳에서 만난다.[11]

> Silence, the unmeasurable, Desire to be, Desire to express, the source of new need, meets Light, the measurable, giver of presence, by will, by law, the measure of things already made, at a threshold which is inspiration, the sanctuary of art, the Treasury of Shadow.

따라서 침묵은 예를 들어 건물에 대해 생각을 해내기 전에 존재하는 잠재력의 영역이다. 빛은 실현의 영역이며, 예술은 잠재력으로부터 실현에 이르는 무언가를 가져오는 수단이다. 하지만 그 시점에서 건물은 아직 실현되지 않았다. 발현되기 위해서 빛이 응축되고 우리가 곧 응시하게 될 물질이 된다.

'시작' beginning 으로부터 건축을 다시 인식하기 위해 노력하면서, 칸은 인간으로서 우리가 누구인지도 다시 생각한다. 모더니즘의 유물론적 개념이 불충분하다고 느끼고, 칸은 인간이 자연에 의해 만들어지지만 자연 그 자체는 아니라고 말한다. 우리는 자연의 일부이며, 그 범위 안에서 과학에 의해 측정 가능하고 이해될 수 있다. 그러나 우리는 의식과 욕망을 통해 인간으로서 자연 이상의 존재다. 그는 인간의 이 부분을 측정할 수 없다고 말한다.

칸에게 있어 우리의 요구는 타고난 개성(selves)을 정의하지만, 우리의 욕망은 우리 인간 자신을 정의하고 우리의 잠재력을 말한다. 우리는 동물들처럼 먹어야 하고 은신처가 필요하다. 그러나 우리는 성취하고 공헌하기를 원하며 자신 스스로를 정의하고, 그래서 자기 생각을 내놓기를 바란다.

11. Lobell, 20

우리는 음악가나 영화제작자, 건축가가 되길 원한다. 많은 욕망이 있지만, 칸은 그것들이 세 가지 큰 욕망(또는 영감) 아래에서 조직될 수 있다고 말한다.

세 가지 위대한 영감은 배우려는 영감, 만나려는 영감, 행복을 위한 영감이다. 그들은 모두 존재하고자 하는 의지, 표현하고자 하는 의지를 돕는다. 이것이 말하자면, 삶의 이유다. 인간의 모든 시설은 그것이 의학, 화학, 역학, 건축이던 간에 궁극적으로 인간이 존재하게 하는 힘은 무엇인지, 그리고 인간이 존재할 수 있게 한 수단이 무엇인지를 찾아내려는 인간의 욕망에 답하는 것이다.[12]

12. Ibid., 44

Top: to be to make The one light

Right (top-down): Man luminous The one light lumin ous

Bottom (upside-down): Eternity is of two Brothers

Left (bottom-up): The one desires To be to express The one

flaming prevailance

Spending to-the emmergance of Material

The provoking luminous

Groups to lights a wed dances

2.5. 시설의 예술로서 건축

우리의 욕망을 충족시킬 수 있는 최고의 기회를 보장하기 위해 우리는 시설을 만든다. 칸은 학교의 예를 들었다.

> 나는 학교를 배우기 좋은 공간의 환경이라 생각한다. 학교는 자신이 선생이라는 것을 알지 못하는 한 남자가 학생이라는 것을 알지 못하는 몇 사람들과 그의 깨달음에 관해 이야기하면서 시작되었다. 그 학생들은 자신의 아이들도 그런 사람의 이야기를 듣기를 바랐다. 공간들이 세워졌고 최초의 학교가 되었다.[13]

그 사람들이 다시 모이거나 아이들이 배울 기회를 얻기를 원했다. 그래서 그 경험을 확실히 하기 위해 학교를 지었다. 학교는 시설이다. 그러므로 배우고자 하는 욕망이 우리에게 학교와 실험실, 도서관 등을 주었다. 함께 만나고 싶은 욕망은 우리에게 마을 광장, 강당, 커뮤니티센터를 주었다. 그리고 행복에 대한 욕망은 우리에게 영적인 깨달음의 장소를 제공한다.

칸은 그 시설이 관료주의적 한계로 고통받고 있다는 것을 인식하고 있지만, 허무주의적일 수 있는 한계 때문에 시설들을 버리기보다는, 그것들을 개선하기 위해 지속적으로 싸워야 한다고 말한다. 그래서 시설은 욕망에서 성장하고 욕망은 우리의 인간성을 정의한다.

칸에게 건축은 시설의 예술이다. 생각해 보면, 우리는 모든 건축물이 시설을 위한 것임을 깨닫게 된다. 거주 시설인 주택, 교육시설인 학교, 과학시설인 실험실, 종교시설인 교회 등이다. 건축의 "예술"은 건축가가 시설에 부여한 통찰에 있다.

학교의 경우, 건축가는 다음과 같은 질문을 할 수 있다. 교육이란 무엇인가?, 아이가 자신의 문화에 들어간다는 것은 무엇을 의미하는가? 교육은 개인에 답하는 것인가, 사회에 답하는 것인가? 교육은 전통으로 되돌아봐야 하는가, 아니면 새로운 요구를 따라야 하는가? 좋은 건축가들은 이런 질문들과 씨름하며 그들의 건물은 그들의 깨달음을 담고 있다.

> 학교의 존재-의지는 나무 밑에 있던 사람의 상황 이전에도 있었다고도 할 수 있다. 그래서 마음의 시작으로 돌아가는 것이 좋은 이유는 어떤 확립된 행위의 시작이 가장 놀라운 순간이기 때문이다.[14]

그 질문은 물론 어렵기에 진정으로 위대한 건축가는 드물다. 칸이 존재 의지를 탐구하고 그가 발견한 것을 건물의 구성방식으로 표현한 것이 그를 위대한 건축가로 만들었고, 그의 건물 중 몇을 위대한 건축물로 자리 잡게 한 이유다. 그것이 우리가 이 책에서 살펴보는 것이다.

2.6. Form과 Design

근대건축의 설계 접근 방식으로 바우하우스 건물을 설계한 그로피우스의 방식을 예로 들었다. 그로피우스는 프로그램으로 시작한다. 이 프로그램은 건물에서 일어날 각 행위의 특성을 규정하고, 이러한 활동들을 설명하며, 각 행위에 필요한 공간의 양과 질에 주목하고, 그 행위들 서로의 관계를 설명한다. "이 건물은 무엇이 되고 싶은가?"라는 질문으로 시작하는 칸의 접근 방식과 완전히 다르다. 그 답, 즉 건물의 존재-의지는 건물의 Form을 이끌어낸다.

> 형태는 체계의 조화, 질서의 감각, 그리고 한 존재를 다른 존재와 구별하는 것을 포함한다. 형태는 분리할 수 없는 요소들로 구성된 본질(nature)의 실현이다. 형태는 모양이나 치수를 갖지 않는다. 들리지도, 보이지도 않는다. 그것은 존재감이 없고, 그 존재는 마음에 있다. 당신은 형태를 실제로 존재하게 만들기 위해 본질에 의지한다.[15]

뉴욕 로체스터에 있는 퍼스트 유니테리언 교회와 학교(1959-69)의 경우처럼 Form은 진술일 수도 있고 다이어그램일 수도 있다. 칸은 일련의 동심원을 그리는 것으로 시작했다. "먼저 성소가 있고, 성소는 기도하려는 사람들을 위한 곳이다. 성소를 둘러싼 회랑이 있고, 이 회랑은 확신을 갖지 못한 자들을 위한 곳이다. 밖에는 예배당의 존재감을 느끼고 싶은 사람들을 위한 마당이 있다. 그리고 마당에는 벽이 있고, 벽을 지나가는 사람들은 마당에 그냥 눈짓만 한다."[16] 이 분석 과정은 칸에게 때때마다 맞이하는 상황에 따르기 이전, 예배당의 원형적인 본성인 Form을 부여한다. 건축가의 창의적인 의지 아래 그 상황들에 따라 Design으로 이어진다.

위에서 모양이 없고, 차원이 없으며, 지각할 수 없고, 실체가 없는 Form에 대한 칸의 분석을 인용했다. 그리고 그는 아래와 같이 말을 이었다: "당신은 Form을 실제로 존재하게 만들기 위해 그 본질(nature)에 의지한다."[17] 건물의 Form을 확립하면 칸은 Design으로 옮겨간다.

> Form이 Design에 앞선다. Form은 "무엇"이고, Design은 "어떻게"이다. Form은 개인에 속하지 않지만, Design은 디자이너의 것이다. Design은 요소들을 마음속의 존재에서 실체를 가진 존재로 만드는 형상을 갖게 한다. Design은 상황에 따른 행위이다. 건축에서, Design은 특정한 행위에 좋은 공간의 조화를 특징짓게 한다.[18]

13. Ibid., 47.
14. Ibid.
15. Ibid., 47.
16. Ibid., 28.
17. Ibid.
18. Ibid.

Design은 Form의 추론된 추상적인 개념을 클라이언트, 대지, 노동, 재료, 예산과 같은 실제의 환경에 적용하는 것을 포함한다. 그 둘 사이에는 지속적인 피드백이 있다. Form은 다이어그램일 수 있으며, 이 다이어그램은 상황에 딱 맞지 않을 것이기에 수정해야만 한다. 수정 내용이 Form를 훼손하면 Form은 작동하지 못한다. 새로운 Form을 찾고 그 프로세스를 다시 시작해야 한다.

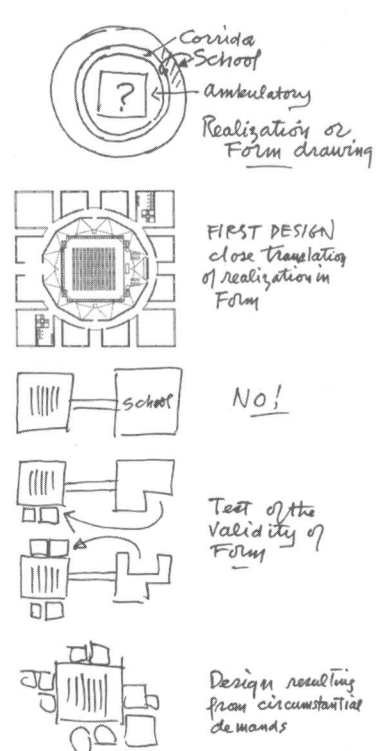

Kahn's Form and Design diagrams for the Rochester First Unitarian Church and School

루이스 칸의 철학 같은 건축

The Indian Institute of Management

2.7. 재료

궁극적으로 건물은 재료로 지어진다. 칸은 이를 응축된 빛이라고 설명하고, 건물이 봉사하는 시설에 접근할 때와 같은 강도로 재료에 접근했다. 재료가 응축된 빛이라는 칸의 은유는 초월적인 영역("침묵과 빛"에서 빛)을 일상의 빛 혹은 햇빛과 결합했기 때문에 특별히 강력하다. 그는 건축가의 도면에 있는 검은 선은 빛이 반사되는 곳이 아니라 벽이 될 도면의 일부분이라고 말한다. 그리고 벽이 빛이 있는 곳에 있으며, 빛은 벽에서 멈추어 응축되고 물질material이 되는 곳이다.

> 나는 자연 속의 모든 물질, 즉 산과 개울과 공기와 우리는 소모된 빛으로 이루어져 있다고 말했다. 그리고 물질이라 불리는 구겨진 덩어리는 그림자를 드리우며, 그 그림자는 빛에 속한다.[19]

시설의 존재 의지인 질서가 있듯이 모든 물질에도 각각 존재 의지의 질서가 있다. 예로 벽돌에 관한 칸의 유명한 말이 있다.

> 벽돌을 생각하고 그 질서에 대해 이야기한다면, 당신은 벽돌의 본질에 대해 생각해야 한다. 당신이 벽돌에게 "벽돌, 무엇을 원해?"라고 물을 때, 벽돌은 "난 아치가 좋아"라고 답한다. 벽돌에게 "아치는 비싸고 개구부 위에 콘크리트 인방을 사용할 수 있는데, 어떻게 생각하는지?" 묻는다면 벽돌은 "난 아치가 좋아"라고 대답한다.

> 당신이 사용하는 재료를 존중하는 것이 중요하다. "우리는 많은 재료를 가지고 있으니 이 방법으로도 할 수 있고, 저 방법으로도 할 수 있다"고 말하듯이 다루지 마라. 그건 진실이 아니다. 벽돌을 존중하고 영광스럽게 여겨야 한다. 벽돌을 하찮은 일에 사용하여 그 특성을 잃게 하지 말아야 한다. 예로 벽돌을 충전재로 사용할 때 그렇다. 나도 당신도 그렇게 했다. 벽돌을 그렇게 사용하면 벽돌이 마치 하인처럼 느껴지게 된다. 벽돌은 아름다운 재료다. 벽돌은 많은 곳에서 아름다운 작업들을 해왔으며, 여전히 그렇다. 벽돌이 로마를 건설했다.[20]

2.8. 어휘로서 건물

칸의 접근 방식은 다음 장에서 자세히 살펴보겠 지만, 그 전에 다른 두 근대건축가와 비교해보겠다. 근대건 축가들은 보자르를 거부하면서 근대건축의 구조와 시공의 정직성을 천명했다. 그렇게 하는 것이 새로운 산업재료를 명확하게 표현하는 것이라 주장했다. 그 것이 새로운 산업재료로 지어진 것을 명확하게 표현 했다고 주장했다. 하지만 우리가 볼 수 있듯이 그들 이 항상 그렇게 건설한 것은 아니었다.

이 책의 서두에 뉴욕에 있는 산티아고 칼라트라바의 세계무역센터 교통허브(2016)를 비롯해 최근 몇 개의 상징적인 건물을 언급했다. 만약 당신이 구조에 대한 감각이 있다면, 당신은 그 건물을 따라 흐르는 힘과 형태를 만들어 가는 힘을 느낄 수 있을 것이다. 그러나 프랭크 게리의 구겐하임 빌바오, 자하 하디드의 페노 과학센터, 그리고 헤르조그 & 드 뮤롱의 베이징 올림픽 스타디움인 "새의 둥지"와 같은 주요 프로젝트들은 어떻게 지어지고 구조가 작동하는 방법에 대해 단서를 제공하지 않는다. 그리고 베이징에 있는 OMA의 44층짜리 CCTV 본부는 시방서를 들여다보지 않고는 어떻게 세워졌는지 알 수가 없다. 그것은 일부러 넘어질 것처럼 보이게 설계된 것이다.

근대건축의 초기부터 가장 중요한 원칙은 구조와 재료가 그대로 드러나야 한다는 것이고, 역사 속에 최고의 사례들도 그랬다. 파르테논 신전은 대리석으로 만들어졌고, 내부 벽은 지붕의 목재를 받치고 기둥은 엔타블러처와 페디먼트를 받치고 있었다. 카라칼라 대욕장은 벽돌로 둘러 싸인 콘크리트로 만들 어졌으며, 대리석으로 마감되었고, 우물천장 구조 의 콘크리트 볼트를 볼 수 있다. 하지만 뉴욕의 옛 보자르 양식인 펜스테이션(McKim, Mead & White, 1910)에 이르면 이 건물은 카라칼라 대욕장과 매우 비슷하게 보이지만 실제로는 철골 건물이었다. 우물 천장 구조는 콘크리트가 아니라 매달린 패널이었고, 근대건축가들에게 조롱받았다. 그들은 미스의 강철, 르 코르뷔지에의 콘크리트와 같이 새로운 산업기술의 구조와 재료를 옹호했다.

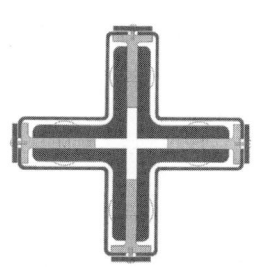

Barcelona Pavilion column detail

그러나 이 건축가들의 건물들을 주의 깊게 살펴보면 그들은 산업 자재와 건설의 개념을 표현하지만, 실제 재료나 시공에서는 그렇지 않음을 알 수 있다. 근대건축의 두 아이콘인 바르셀로나 파빌리온과 빌라 사보아는 이런 괴리를 잘 보여준다. 이들을 칸의 엑서터도서관과 비교해보면 르 코르뷔지에와 미스 는 산업화의 이미지를 보여주지만, 그들의 건물이 실제로 어떻게 지어졌는지는 드러내지 않는다. 반면 칸은 그의 건물이 어떻게 지어지는지 드러냈다. 그의 시대의 건축 방식을 기념하기 위해서가 아니라 시대의 초월성을 투영하기 위해서다.

오늘날 바르셀로나 파빌리온으로 널리 알려진 독일 파빌리온은 1929년 바르셀로나에서 열린 국제 박람회를 위해 미스가 설계한 것이다. 이 건물은 유리, 강철, 광택이 나는 석재와 개방된 비대칭의 유동적인 공간으로 유명하다. 바르셀로나 파빌리온을 처음 보면 자유롭게 배치된 대리석 칸막이벽과 얇고 평평한 지붕 슬래브를 지지하는 8개의 십자형 크롬 기둥의 그리드를 볼 수 있다. 그러나 바르셀로나 파빌리온의 실제 구성은 우리가 보는 것과는 많이 다르다. 기둥은 네 개의 직각 부품을 볼트로 결합한 것이다. 미스는 이 기둥을 얇은 크롬 도금 강판으로 덮고 평평한 나사로 고정하여, 그것들이 마치 첨단기술로 만들어진 단일

부재로 보이게 했다. 오토 바그너를 포함한 다른 초기 근대건축가들은 복합 기둥을 표현하고 결합하는 리벳 패턴을 디자인 요소로 활용했다. 미스의 십자형 기둥은 그의 디자인을 지배하는 데카르트 좌표를 상징하지만 구조적으로 비효율적이다. 이는 I-빔처럼 기둥의 바깥 가장자리가 아닌 중심에 모멘트를 집중시키기 때문이다.

바르셀로나 파빌리온에서 볼 수 있는 얇고 평평한 지붕 슬래브도 기만적이다. 그것은 실제로 16인치나 되는 강철 거더와 빔의 프레임이다. 가장자리를 얇아지게 하여 눈으로 보기에 훨씬 더 얇아 보인다. 또 강철 그리드의 하부는 매끄럽게 보이도록 플라스터로 마감했다.

마지막으로, 칸막이벽은 대리석과 다른 고급 석재로 마감한 석조 블록이다. 오토 바그너Otto Wagner, 마르셀 브로이어Marcel Breuer, 칸과 같이 재료의 정직성과 건설의 투명성의 원칙을 신봉한 건축가들은 석재 마감 공사에서 얇은 판재임을 모서리에서 보여주었다. 반면 미스는 벽의 끝 부분에서 단일한 석재로 마감한 것처럼 보이도록 결이 모서리를 따라 흐르게 했다. 이는 화려한 분위기를 풍기지만 정직성은 희생되었다.

이 방식으로 하는 것을 거부하고, 심지어 엄밀하게 시험하기까지 한 다른 아이콘이 1931년 프랑스 푸아지에 지어진 르 코르뷔지에의 빌라 사보아다. 처음 보면 수평창을 가진 격자의 기둥이 지지하는 흰색의 상자다. 내부에서는 흰색의 벽과 평평한 천장이 보인다.

기둥은 '로스트 타일'lost tile 공법으로 시공된 2개 층의 콘크리트 슬래브를 지지한다. 대형 구조용 타일이 거푸집 위에 격자 형태로 배치되며, 그 사이에 공간이 있다. 이 공간에 철근을 배치하고 콘크리트를 부으면 구조용 빔이 된다. 거푸집을 제거하면 타일은 제자리에 남아 빔과 수평을 이룬다. 플라스터와 페인트로 마감하면 매끄러운 천장으로 보이지만, 구조적으로는 와플 슬래브이다.

주 바닥층 슬래브는 기둥 선 바깥으로 캔틸레버로 뻗어나며, 가장자리 보를 지지한다. 이 빔은 긴 수평창 아래의 벽을 지지한다. 긴 수평창 위 벽의 단면은 두 겹의 콘크리트 블록으로 구성되어 있으며, 그 사이에 공기층이 있고, 외부 표면은 스터코로, 내부는 플라스터로 마감되었다. 이 벽 부분은 지붕 슬래브로 지지되는 가장자리 빔에 철 막대에 매달린 콘크리트 상인방에 의해 지지된다. 이 구조를 건물을 보고서는 전혀 알 수 없다.

Barcelona Pavilion, Mies van der Rohe.

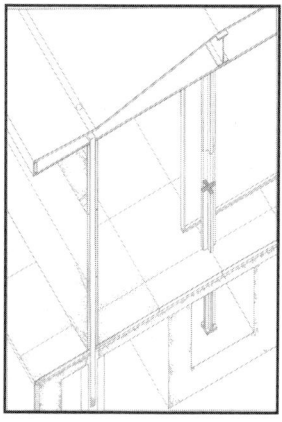

Villa Savoye, Le Corbusier.

Exeter Library, Louis Kahn.

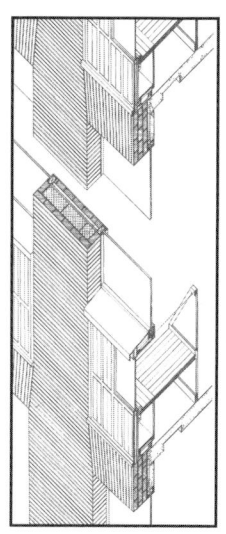

2.9. 존재-의지

요점은 칸의 건설에 대한 접근 방식이 미스나 르 코르뷔지에보다 더 정직한가가 아니다. "정직함"은 근대건축의 엄격한 기능주의에 기초한 잘못된 개념 으로 일종의 변형된 개념이다. 예로 미스의 시그램 빌딩에 외벽의 청동 멀리온에 대한 오래되고 어리석은 논쟁에서 볼 수 있듯이 그것이 바람에 지지하기 위해 필요하면 설치하면 되고, 필요치 않으면 했다면 용납할 수 없는 장식물로 간주된다. 그래서 미스는 배신자로 취급된다. 앞에서 보았듯이 근대건축의 가장 중요한 두 아이콘인 바르셀로나 파빌리온과 빌라 사보아는 어떻게 지어졌는지 완벽히 정직하게 표현되지 않았다. 이는 두 건축가가 다른 의도를 가지고 있기 때문이다. 미스와 르 코르뷔지에는 산업화된 세계에 집중하고, 그 세계에서 산다는 것이 무엇을 의미하는지 탐구했다. 상대적으로 칸은 건물이 들어선 시설, 건물 자체, 그리고 재료의 존재 의지의 표현인 '질서'에 관심이 있었다.

미스에게 정밀한 외관은 산업화의 결정적 특성이었다. 그는 매우 정확하게 만든 거울 크롬 기둥을 통해 산업 생산의 완벽함에 대한 잠재력을 표현했다. 다만 당시에는 그가 원하는 수준의 기둥을 만들 수가 없어서 따로 제작했어야 했다. 그가 사용한 대리석 슬래브는 그 당시 톱의 절삭력을 표현하며 얇은 평지붕은 평판 슬래브의 가능성을 암시한다.

르 코르뷔지에가 산업화를 규정하는 결정적인 특성은 표준화와 일체식 구조다. 그는 빌라 사보아의 로스트 타일과 창문의 치수를 같은 시기 다른 건물들에 동일하게 사용함으로써 이를 표현했다. 표준 모듈이라 할 수 있다. 가장자리 보와 석조 벽을 스터코로 마감하여 일체식의 외관처럼 보이게 했다.

바르셀로나 파빌리온과 빌라 사보아는 모두 산업 시대의 경험을 보여주지만, 사실 이들은 손으로 지은 것이다. 그렇다고 유효하지 않다는 것은 아니다. 산업 생산에 관한 에세이는 만년필로도 쓸 수 있으며, 꼭 오프셋 인쇄로 되어야만 유효한 것은 아니다.

칸의 구조적 표현은 산업화에 대한 것이 아니다. 그는 산업 세계에서 산다는 것이 무엇을 의미하는지 우리에게 알려주기 위해 산업 건설 기술을 보여주지 않는다. 오히려 그는 벽돌, 콘크리트, 다른 재료들이 자신들의 질서, 즉 존재 의지를 우리에게 말하게 하고, 이를 통해 우리 자신의 질서에 대해 말하려 한다.

칸이 20세기에 건축을 하고 있어서 그의 재료들은 보통 산업적이지만, 항상 그렇지는 않다. 엑서터 도서관의 바깥 벽돌 부분은 고대 로마에서 만들어질 법한 것이고, 칸은 그가 벽돌을 사용한다는 사실을 표현해서 우리가 그 유산에 대해 알리려고 한다. 그는 "벽돌이 로마를 건설했다"고 말한다.

2.10. 다른 근대 건축물

근대건축은 기능주의와 경제성에 초점을 맞추었다. 칸의 방식은 건물이 봉사할 시설의 존재 의지에서 시작해 재료의 존재 의지를 묻는 것으로, 근대건축의 접근 방식과 근본적으로 다르다. 이 방식은 칸만의 것은 아니었다. 사실 칸은 초기 모더니즘의 원칙을 확립하는 데 이바지한 이론과 작업을 한 중요한 건축가들과 함께했다. 선구적인 근대건축가 루이스 설리번은 다음과 같이 쓰고 있다. "독일은 정체성에 있어서는 진짜다. 그 섬세한 메커니즘 안에는 힘에 대한 의지가 있다. 이는 기능으로, 궁극적으로 형태로서 완전하게 표현하는 것이었다."[21]

THE GERM: THE SEAT OF POWER
The Germ is the real thing; the seat of identity. Within its delicate mechanism lies the will to power: the function which is to seek and eventually to find its full expression in form.

Sullivan's seed germ diagram

프랭크 로이드 라이트는 "명예란 무엇인가? 규칙의 집합이 아니라 명예의 본질이다. 벽돌의 명예는 무엇일까? 벽돌을 벽돌답게 만드는 그 속성이다"[22] 라고 말했다. 그리고 국제주의 양식으로 분류되지만 영적인 건축가로도 평가받는 미스도 "건축은 공간으로 번역된 시대의 의지다"[23] 고 글을 남겼다. 칸이 "존재-의지"와 "형태"라 부르는 것을 설리번은 "힘에 대한 의지"와 "형태", 라이트는 "명예", 미스는 "의지"라 부른다.

이러한 개념들은 칸, 설리번, 라이트, 그리고 미스만의 것이 아니라, 재료에 대한 관점에서 실제로 근대건축에 넓게 퍼지게 되었다. 모더니스트들이 보자르에 반대한 것은 시대에 뒤떨어진 역사적 어휘뿐만 아니라 재료 사용의 둔감함도 있었다. 앞서 언급한 로마 카라칼라 대욕장의 콘크리트 볼트는 콘크리트를 항상 압축 상태로 유지하면서 그 안의 힘의 흐름을 반영하여 형태를 만들었다. 그러나 뉴욕의 구 펜스테이션에서는 동일한 볼트를 사용하는 것처럼 보이지만, 단지 모양뿐이다. 지붕은 철골 프레임이었고 "볼트"는 철골에 매달린 패널이다. 게다가, 석회암 기둥은 속이 비어 있었고 내부에 철골이 있었다.

모더니스트들은 재료의 본질을 표현해야 한다고 주장했다. 인장력이 강한 강철은 얇고 가늘게 만들 수 있다. 따라서 현수교는 강철의 훌륭한 표현이다. 반면 콘크리트는 압축력에 가장 잘 작용하며, 육중하다. 실제로, 콘크리트에 관한

21. Louis H. Sullivan, A System of Architectural Ornament(New York: Eakins Press, 1967), unpaginated

22. Frank Lloyd Wright, Genius and the Mobocracy (New York: Duell, Sloan, and Pearce, 1949), 3.

23. Philip Johnson, Mies van der Rohe(New York: Museum of Modern Art, 1947), 191.

근대건축의 거장 네르비Pier Luigi Nervi가 그의 요트를 콘크리트로 만든 것은 보통 생각지도 않는 재료로 다른 무언가를 할 수 있다는 것을 증명하기 위한 것이었다.

그래서 칸, 설리번, 라이트, 미스는 인간, 시설, 건물, 재료들 속에 있는 본질적인 특성이 자신을 표현하려 한다는 본질주의적 입장을 제시하고 있다. 본질주의Essentialism는 오늘날은 대개 거부되고 있다. 이 거부의 주요 이유는 학문 영역과 지적인 영역에서 유물론이 지배적이기 때문이다. "존재-의지"가 정확히 무엇인지, 어디에 존재하고, 어떻게 작동하는지와 같은 질문을 통해 조롱받고 있다. 또 어떤 집단 내에서 본질적 특성이 존재한다는 개념도 거부되고 있다. 예를 들어, 생물학에서 우리는 한때 호랑이가 호랑이라는 종의 일원이며, 그 종의 모든 구성원이 동일한 본질적 특성인 정체성을 공유한다고 생각했다. 실제로 우리는 여전히 호랑이라는 용어를 "저기 있는 저 호랑이"와 "호랑이는 위험한 동물"이라는 뜻으로 사용하는 경향이 있다. 그러나 오늘날 우리는 한 종이 본질적 특성을 가진 실체가 아니라 단지 DNA 패턴의 일시적인 집합일 뿐이며, 이 집단의 구성원은 과거와 현재, 미래의 다른 생물들과 연속성을 가지며 존재할 것으로 생각한다.

우리는 이 "존재-의지"에 대해 생각해야 하는 것은 무엇일까? 우리가 "이 건물은 무엇이 되기 원하는가?"라는 질문에 대해 어떻게 생각해야 할까? 어떻게 아직 존재하지도 않는 건물이, 아직 설계되지도 않은 건물이 무언가를 원할 수 있을까? 우리는 도토리를 "참나무가 되고 싶은" 대상으로 생각할지도 모른다. 우리는 도토리 안에 참나무를 만들기 위한 지시 코드를 포함한 DNA가 있다는 것을 알고 있다. 그래서 그 경우에 우리는 "되기를 원한다"는 것은 DNA의 암호화에 대한 은유라고 말할 수 있다. 그러나 이 건축가들은 DNA가 없는 물질인 벽돌, 강철, 콘크리트 등에 대해 말한다.

사실 설리번은 어떻게 무생물인 강철이 의지를 가질 수 있는지 묻는다. 그는 당연히 그럴 수 없다고 답한다. 하지만 건축가의 창의성과 상호작용할 때 그것은 의지를 가질 수 있다. 우리는 창작 과정에서 작품이 어떻게 주도하는지를 말하는 수많은 예술가와 작가들을 생각할 수 있다. 그렇기 때문에 사회과학이 본질주의를 거부했다고 하더라도. 이런 식으로 말하는 건축가와 예술가들보다 우리가 더 잘 안다고 선언할 수 있다. 그래서 우리 스스로 본질주의를 거부할 수 있지만, 그것 없이는 이렇게 말하는 건축가와 예술가가 자신들이 무엇을 하고 있다고 생각했는지 완전히 이해할 수 없다는 점을 인정해야 한다.

2.11. 본질주의

칸의 접근 방식을 이해하는 여러 방법 중에 하나가 기념비성이라고 말했다. 칸이 처음에는 다른 근대건축가들과 함께 기념비성을 거부했고, 다음에는 다시 되살리려 시도했으며, 종국에는 대신해서 질서로 전환한 과정을 보았다. 다시 기념비성을 살펴보자.

이집트, 그리스, 로마 같은 고대 문화를 생각해보자. 오늘날 우리가 거부하는 많은 것들이 있겠지만, 이 문화 속에는 인간의 조건과 존재 자체에 대한 시적 통찰이 깃들어 있다. 이제 그 문화들 중 하나가 건설한 피라미드, 파르테논, 판테온과 같은 기념비적인 건축물을 생각해보자. 이 건축물은 그 문화의 가치를 구현하고 있을 것이다. 그 중 일부는 오늘날 우리가 거부하는 가치일 수 있지만, 그 안에는 우리가 여전히 소중히 여기는 시적 통찰의 실들도 함께 짜여 있을 것이다.

보자르와 다른 복고 양식은 과거 문화의 거대한 건축물을 재현하면서 그 문화의 시적 통찰이 이 재생품을 통해서도 나타날 것이라는 잘못된 생각을 했을 것이다. 아니면 더 가능성이 있기로는 이러한 과거의 문화에 그런 통찰력이 없었고 중요한 것은 구조물 그 자체였다는 견해도 있다. 그 결과 과거의 피상적인 웅장함은 드러냈지만 시적 통찰은 놓쳤다. 어떤 의미에서 칸의 Form이 특정 문화나 건축 양식으로부터 자유로운 시적 통찰이라고 말할 수 있다. Design을 통해 이러한 통찰은 실제 세계에서 드러나게 된다.

요약하자면, 칸은 모든 것들의 배후에 있는 질서로 시작해서 잠재력의 영역인 침묵과 실현의 영역인 빛이라는 두 영역을 포괄하는 건축에 대한 완전한 접근 방식을 제시하고 있다. 예술은 침묵에서 빛으로 사물을 가져오는 매개체 역할을 하며, 물질은 응축된 빛이다. (우리는 칸이 특정한 단계에 이르면 침묵과 빛의 영역이 엄격하게 구분되지 않는다는 것을 인식하고 있었음을 주목해야 한다. 그는 "나는 빛의 출현을 두 형제가 나타난 것으로 비유했지만, 두 형제도 아니고 심지어 한 명도 아니란 것을 잘 알고 있다"고 했다.)

인간은 욕망에 의해 정의되며, 우리는 욕망을 충족시키기 위해 시설을 만든다. 건축은 그 시설에 관한 예술이다. 칸은 설계과정을 "이 건물은 무엇이 되고 싶은가?"라는 질문으로 시작한다. 그 질문에 대한 대답은 건물의 존재-의지의 표현인 건물의 Form으로 이어진다. Design은 Form을 프로젝트 상황에 맞추는 과정이며, 구체적으로 실현된다.

칸의 방식은 전통주의와 유물론 사이의 제3의 길을 제시한다. 칸은 우리가 단순히 물질적 구성요소 이상이며, 역사적 과거에 뿌리를 두고 있는 것은 아니라고 말한다. 오히려 우리 고유의 본성, 즉 역사적인 것이 아닌 본질적으로 우리의 기원에까지 뻗어 있는 뿌리에 근원을 두고 있다. 이 입장은 사회과학과 자연과학의 유물론자들에 의해 거부되지만, 플라톤주의와 도교를 포함한 다른 전통들과 강한 유사점을 가지고 있다. 이 책의 끝에 다룰 조셉 캠벨의 원형적인 접근 방식과도 관련이 있다.

3.0.

칸 건축의 주제

3.1.

배경 – 칸의 다섯 개의 건물이 어떻게 구성되었는지, 존재 의지를 어떻게 표현 하는지 다음 장에서 볼 것이다. 그리고 그 건물들에서 우리의 경험에 대해 논의할 것이다. 그에 앞서 칸의 많은 건축물에서 나타나는 몇 가지 주제를 살펴보겠다.

예술가들은 종종 자기 경력 전반에 걸쳐 다룰 주요 문제들을 초기 중요한 작품에서 제시하곤 한다. 칸은 예외적이다. 인생 후반기에 이르러서야 미적 성숙에 도달했다. 1951년부터 1955년까지 3개의 프로젝트, 예일미술관(1951-53), 트렌튼 유태인 커뮤니티 센터(1954-59), 트렌튼 수영장 샤워실(1954-59)에서 그는 이후 경력 기간 동안 중심이 되는 일련의 주제를 제시했다. 이 주제들 중 일부는 이 프로젝트들에서 초기 단계에 불과했지만, 그의 철학과 함께 발전하여 리처드 의학연구소(1957-60)에서 만개하고 후속 프로젝트들에서 계속되었다.

이 주제 중 몇 가지는 르 코르뷔지에가 '건축을 향하여(Vers une architecture)'에서 자세히 설명한 '새로운 건축의 다섯 가지 원리'들 중 일부를 거부하는 칸의 입장을 중심으로 한 것이다. 다섯 가지 원리는 기둥(필로티), 자유로운 평면, 수평창, 평지붕(옥상정원), 자유로운 입면이다. 르 코르뷔지에는 콘크리트 건축 이전에는 무거운 하중에 견디는 벽을 사용하고 바닥보가 가능한 길이로 제한된 스팬 안에서 공간이 제한되었다고 언급했다. 그러나 가는 콘크리트 기둥의 도입으로 내부 벽은 바닥이나 지붕보를 지탱하는 하중을 견디는 역할을 하지 않게 되었다. 이 벽은 구조적 제약 없이 공간적 필요에 따라 배치할 수 있는 가벼운 칸막이벽이 될 수 있다. 외벽 역시 더 이상 하중을 견디지 않으므로 수평창과 자유로운 입면이 가능해졌다.

칸은 다섯 가지 원리가 근대건축의 비실체성의 주요 원천이라는 것을 깨닫게 되었다. 또한 칸은 건물을 지면에서 들어 올리는 르 코르뷔지에의 방식을 좋아하지 않았을 가능성이 크다. 이 아이디어가 공간을 개방적으로 만들기보다 어둡고 쓸모없는 공간을 만들고, 건물이 뿌리를 잃는다고 생각했다. 그럼에도 칸이 가장 반대한 것은 그리드로 된 구조 기둥과 자유롭게 배치된 칸막이벽을 사용하는 자유로운 평면이었다. 이는 구조가 공간을 조직하고 의미를 부여하는 능력을 약화시킨다는 것이었다. 칸은 기둥 그리드 자체를 거부한 것이 아니라 기둥이 건축적인 효과가 거의 없는 비물질적인 요소가 되는 것을 거부했다. 대신 그는 그리드를 수용하고, 기둥을 더욱 강화함으로써, 그리드를 구조적인 목적뿐만 아니라 건축적 목적으로 활용했다. 특히 그리드를 사용하여 방^{Room}을 만드는데 중점을 두었다.

이 책에서 칸 건축의 주제를 평면, 구조와 설비, 시공·건물은 그 건물을 만드는 기록이다, 빛, 로마까지 다섯 가지 범주로 나누었다.

3.2. 평면
3.2.1. 융통성 있는 평면에 대한 거부

보자르 건축에서 평면은 일련의 의미들을 담고 있었지만, 미리 정해진 전형적인 의미들이었다. 건물의 다섯 가지 요소, 입구, 로비, 대계단, 홀, 대·중·소 공간이 항상 있었다. 이 건물들의 차이는 프로그램에 대한 반응과 개선되는 정도였다. 근대건축에서 공간은 프로그램의 요구에 따라 결정되었지만, 1920년대부터 1950년대까지 공간들은 종종 융통성은 있으나 정의되지 않은 채로 있었다. 이것을 르 코르뷔지에는 "free"로, 미스의 경우에는 "universal"이라 명명하였다. 이상적으로는 사용자가 칸막이벽을 자유롭게 이동할 수 있게 하는 것이었다. 하지만 실제로는 명확하지 않은 공간 경험을 낳는다. 1950년대 초 몇 건축가들은 공적 공간과 사적 공간을 구분함으로써 그들의 집에서 더 큰 차별화를 추구했다. 칸은 여기에서 더 많은 차별화를 위해 그가 '봉사 받는 공간'과 '봉사하는 공간'이라 부르는 것들로 구별하기 시작했다.

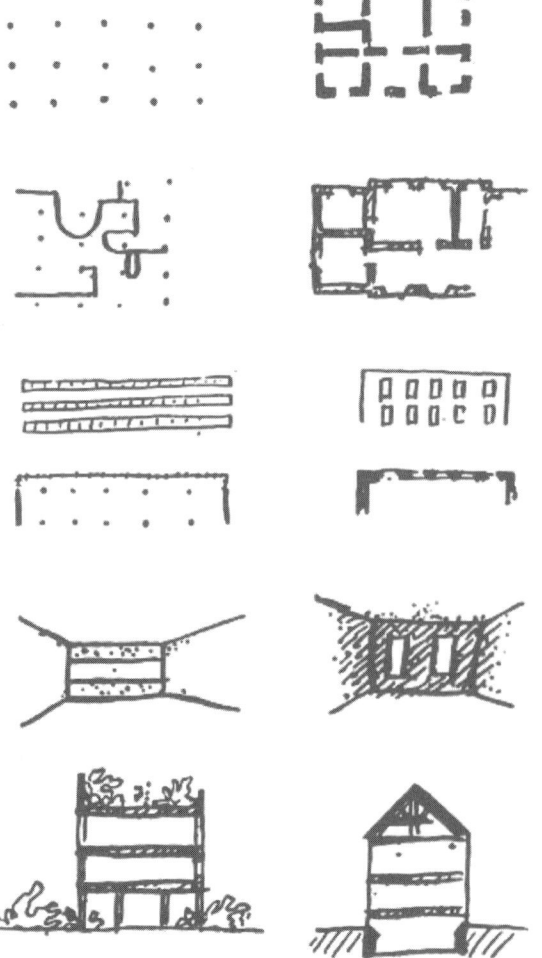

Le Corbusier's Five Points of a New Architecture, new on the left, old on the right

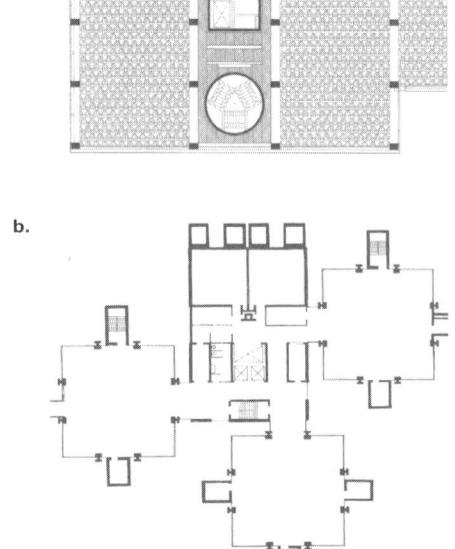

a. Yale University Art Gallery
b. Richards Laboratory

3.2.2. 봉사 받는 공간과 봉사하는 공간

칸은 예일미술관을 설계할 때, 필요에 따라 공간을 변경할 수 있도록 스프링이 달린 포고 스틱pogo stick 으로 지지되는 이동식 칸막이를 사용하여 융통성 있는 공간을 만들었다. 이 방식은 성공적이지 않았다. 예일 대학교의 관리자들은 다른 건축가를 고용하여 고정된 칸막이벽을 설치했다. 그러나 칸은 미술품이 전시될 융통성 있는 공간과 계단실, 엘리베이터, 화장실 등의 공간을 구분했다. 예술품을 위한 공간을 '봉사 받는 공간', 나머지 공간을 '봉사하는 공간'이라 명명했다. '봉사 받는 공간'은 그 건물의 중심 활동이 이루어지는 공간이며, '봉사하는 공간'은 설비 등 기능적 역할을 위한 공간이다.

예일미술관에서, 칸의 '봉사 받는 공간'과 '봉사하는 공간'에 대한 표현은 초기 단계이며, 건물을 경험하는 방식보다는 평면도에서 더 잘 드러난다. 이 아이디어는 리처드연구소에서 완벽하게 표현되었는데, 이곳에서 파빌리온의 '봉사 받는 공간'은 창고, 계단, 덕트, 엘리베이터가 있는 '봉사하는 코어' 주위에 있고, 계단과 배기 덕트가 포함된 '봉사하는 타워'로 둘러싸여 있다.

솔크연구소에서 칸은 '봉사 받는 공간'과 '봉사하는 공간'의 차별화를 계속 이어가며, '봉사하는 공간'을 실험실 위에 별도의 층으로 배치했다. 그러나 솔크연구소 이후 칸은 이 구분보다는 '의미 부여자로서 평면'에 관한 좀 더 큰 주제에 집중했다.

c. Yale University Art Gallery
d. Richards Laboratory

3.2.3. 의미 부여자로서 평면

보자르 건축에서는 평면은 건물 내 활동들의 의미를, 반면 근대건축은 활동들의 공간적 요구를 반영한다. 칸은 보자르가 다루었던 의미를 역사적 참조 없이 재현코자 했다. 시설에서 활동들이 서로 관계를 형성하고 서로 "대화"하며 평면에서 그 의미를 전달하도록 한다. 이런 의미를 창출하기 위해, 칸은 먼저 트렌튼 커뮤니티 센터와 수영장 샤워실에서 처음으로 불명확한 자유로운 평면을 거부하고, 구체적인 방Room을 강조했다. 그는 "나는 평면이 방들의 사회라고 생각한다. 진정한 평면은 방들이 서로에게 이야기하는 것이다."고 말했다.[24]

리처드연구소의 평면에는 주요한 역할을 하는 파빌리온과 지원 역할을 하는 서비스 코어와 서비스 타워가 있다. 파빌리온 안에서 칸은 과학의 두 가지 측면, 자연의 측정과 측정의 결과를 이론으로 해석하는 문화적 행위를 식별하고 탐구했다. 그는 각 파빌리온의 내부를 실험을 통한 측정을 위한 곳과 창가 주변의 빛이 드는 공간에서 과학자들이 생각하고 노트를 작성하는 해석을 위한 곳으로 의도했다. 이 아이디어의 실현은 뒤에서 논의할 것이다.

솔크연구소에서 칸은 측정하는 장소로서 실험실과 해석하는 장소로서 과학자의 연구실로 구분하는데 성공했다. 그러나 솔크연구소에서 칸은 이보다 훨씬 더 나아간다. 이 건물은 신체, 마음, 사회, 문화, 영혼을 묘사한 만다라가 되어, 건물의 각 부분에서 이루어지는 활동을 수용하는 것은 물론 각각의 의미, 그것들이 어떻게 연관되어 전체를 구성하는지, 그리고 이를 통해 우리가 인간 전체성 을 경험할 수 있도록 돕는다.

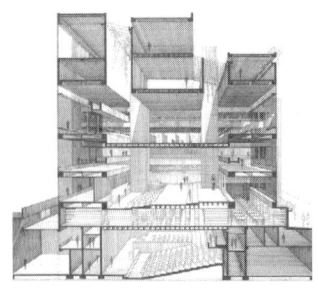

Art and Architecture Building
by Paul Rudolph

폴 루돌프는 1958년부터 1962년까지 예일대학교 예술/건축학부 빌딩을 설계했다. 이때 칸은 리처드 연구소를 설계하고 있었다. 이 건물은 다양한 레벨을 가진 여러 층으로 유명했고, 그 단면은 건축의 3차원적 특성을 표현해서 평면만큼이나 중요하다. 그러나 칸에게 평면은 의미의 핵심 전달자이자 형태를 디자인으로 실현realization하는 주요한 수단이다. 단면은 부차적이다.

a.

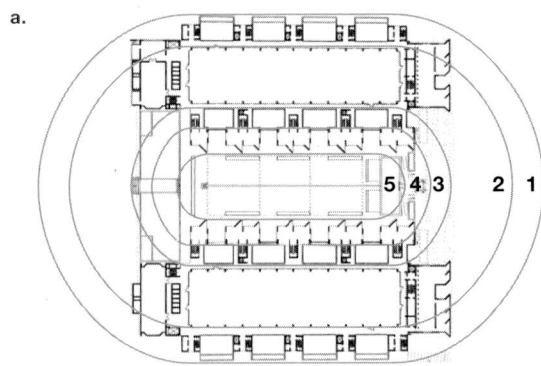

b.

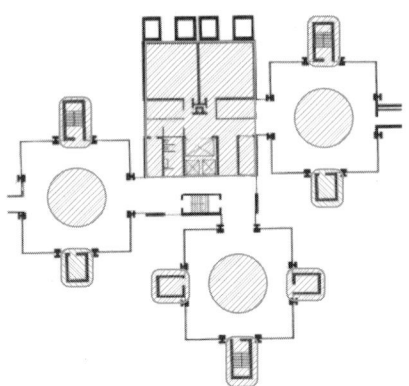

a. Salk Institute
  1. Services - body
  2. Laboratories - mind
  3. Walkways - body
  4. Studies - culture
  5. Courtyard - spirit
b. Richards [diagram served, servant, lab, window

23. Lobell, 36

3.2.4. 관계적 위계(Relational Hierarchy)

건축에서 위계는 일반적으로 건물 내 활동의 상대적인 중요성을 설정하는 한 가지 방법이다. 무슨 활동이 공통적이고, 무엇이 다른지 규정한다. 달리 말하면 그 활동들이 얼마나 유사해서 동일한 건물에 있어야 하는지, 얼마나 다르기에 다른 종류의 공간을 필요로 하는지를 나타낸다.

보자르 건축에서 질서는 과거의 뿌리를 둔 전통과 지배적 위계 dominance hierarchy라고 부르는 형태의 위계를 통해 달성된다. 이 위계에서는 건물의 요소들이 위치, 특히 중심과의 관계에 의해 순위가 매겨진다. 이 접근 방식이 암시하는 것은 특정 활동(나아가, 그것에 참여하는 사람들)이 다른 활동보다 더 중요하다는 것이다. 그러나 실제로는 미국 보자르 건축은 꽤 민주적이었다. 뉴욕 구 펜스테이션의 중앙홀은 일상적인 출퇴근을 하는 노동자를 위한 공간이었다.)

르 코르뷔지에는 '새로운 건축의 다섯 가지 원리'에서 비위계적인 그리드를 만들었다. 이를 통해 콘크리트의 구조적 가능성뿐만 아니라 비위계적 사회를 옹호하고자 했다. 그러나 르 코르뷔지에의 자유로운 평면은 근대적인 공간을 만들어 냈지만, 관계에 대한 감각을 약화시켰다. 모든 공간은 내포된 활동으로 구분하기에 너무 비슷하거나 특성이 없었다. 그들의 관계에서 의미는 상실된다.

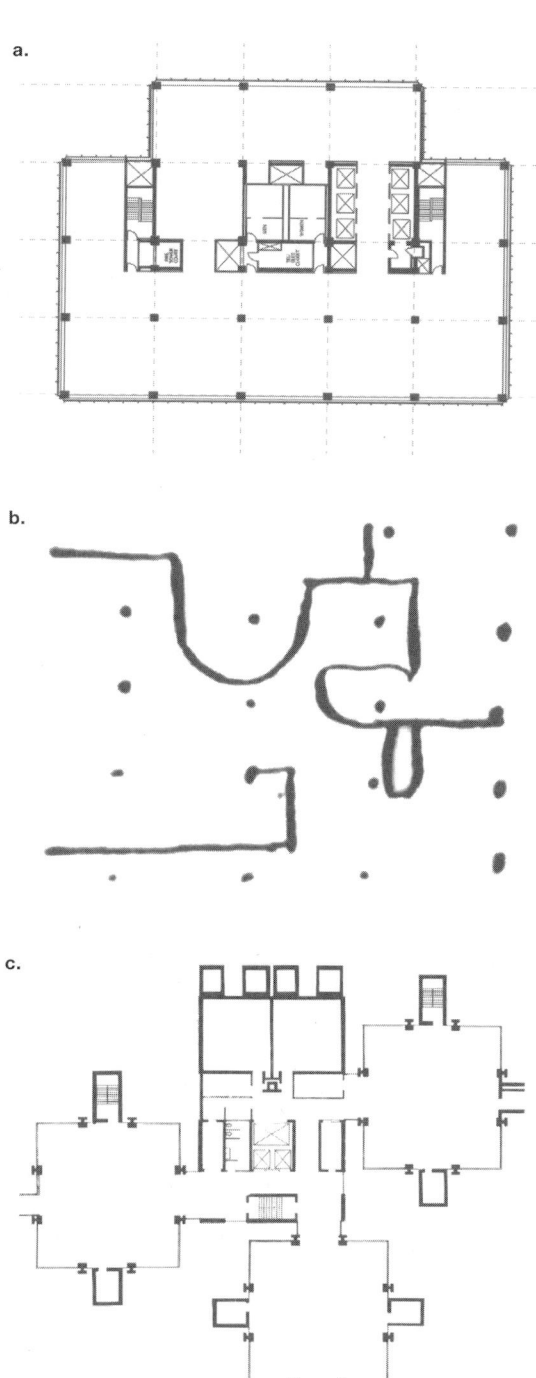

a. Typical floor of the Seagram Building
b. Le Corbusier's Free Plan
c. Richards plan

칸은 건축에 다시 질서를 도입하려는 노력의 하나로 위계를 받아들였지만, 보자르 건축의 지배적 위계와는 다른 형태였다. 이를 관계적 위계^{relational hierarchy}라고 부를 수 있는데, 각 활동의 순위를 매기기보다 범주화한다. 트렌튼 유태인커뮤니티센터에서 이 방식을 볼 수 있다. 그리드로 규정된 세 종류의 모듈이 평면에 있는 다양한 공간들에 집단 간 질서를 부여한다. 작은 사각형 모듈은 서비스 공간(옷장, 화장실 등)을, 직사각형 모듈은 복도를, 큰 사각형 모듈은 사무실로 사용된다. 대형 사무실, 체육관, 커뮤니티룸은 이들 모듈의 조합을 사용한다.

칸은 리처드연구소에서 다시 관계적 위계를 탐구했다. 파빌리온의 안쪽 부분은 측정 가능한 부분을 위한, 바깥 부분은 측정 불가능한 부분을 위한 공간이다. 중앙 서비스 코어와 서비스 타워는 이런 연구를 지원하는 서비스를 위한 공간이다. 또 칸의 건물들에서 중심성이 있는 공간들에서도 관계적 위계를 볼 수 있으며, 다음에서 자세히 논의하겠다.

기둥에서도 관계적 위계의 또 다른 예를 제공한다. 여기서 칸은 서로 다른 하중을 반영하여 세 가지 크기의 기둥을 사용하지만, 모두 같은 사각 시스템 안에서 기둥의 단면은 한 칸, 세 칸, 혹은 네 칸을 차지한다.

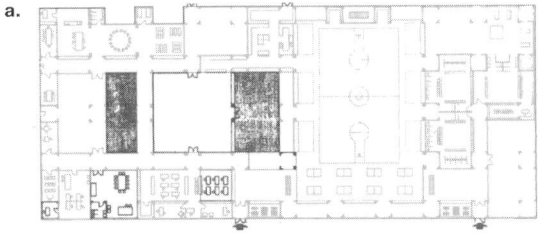

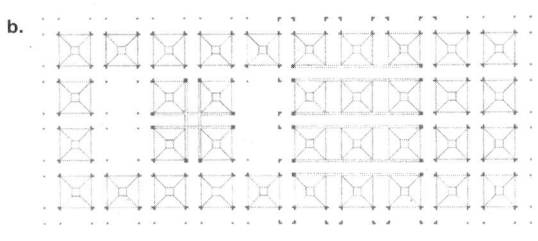

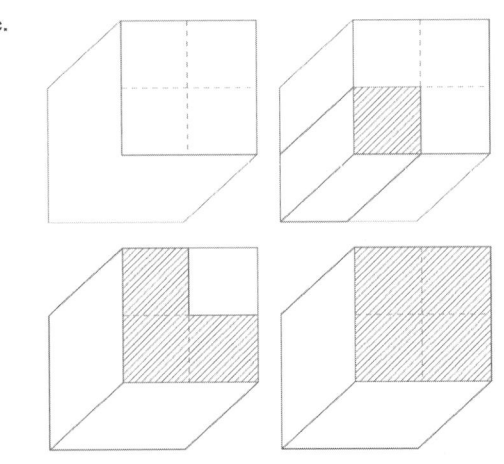

a. Trenton, rooms
b. Trenton, grid
c. Trenton, columns

3.2.5. 건물의 중심

르 코르뷔지에의 기둥 그리드는 단순히 위계를 없앴을 뿐만 아니라 특히 돔 형태의 중앙 공간을 포함한 건물의 중심을 제거하여 특권보다 민주주의를 다시금 옹호했다. 이는 샨디가르 의회동에서 의사당을 그리드 안에 배치하는 흥미로운 접근으로 이어진다. 그러나 건물의 중심이 항상 지배적 위계를 의미하지는 않는다. 르네상스 중앙집중식 교회의 경우, 건물의 중심은 인본주의적 의도를 가지고 있다. 라틴십자가 평면의 교회에서는 교회라는 시설이 아닌 신에게 직접적으로 접근할 수 있게 하기 위해서다. 칸은 이 인본주의적 의도를 로체스터의 유니테리언 교회 초기 계획에서 참조했다.

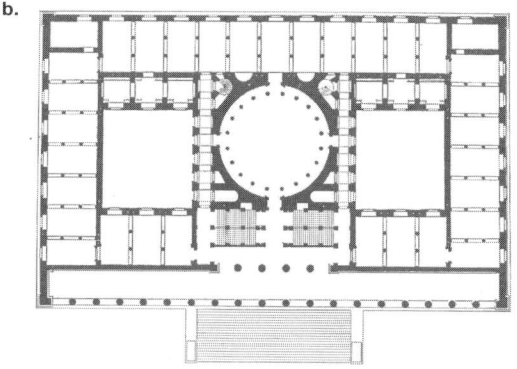

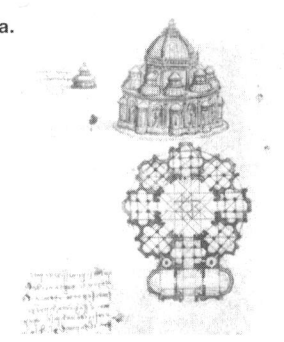

칸은 관계적 위계를 확립하는 추가적인 수단으로 중심 공간을 다시 도입했다. 예로 엑세터 도서관에서 중심은 서가로 들어서기 전에 방향을 잡도록 도와준다. 특권을 의미한다기보다 오히려 모두에게 속하는 무언가를 상징한다.

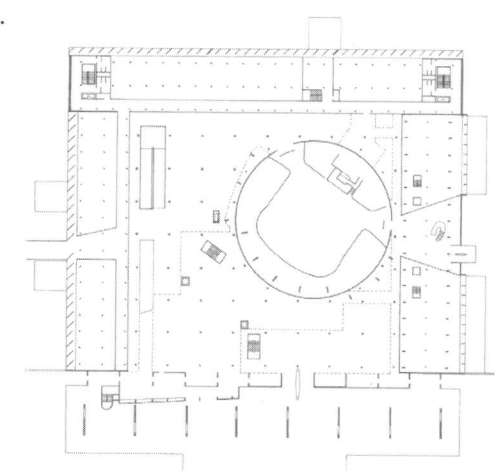

칸이 중앙집중식 건물들에서 그는 중심에서 바깥쪽으로 향하는 동심원을 형성하여 각기 다른 종류의 활동을 위한 공간을 배치했다. 예로 골든버그주택 Goldenberg House에서 중심 안뜰이 순환 동선으로 둘러싸여 있고, 그 다음에는 봉사하는 공간, 마지막으로 생활공간이 배치되어 있다. 거실이 위치한다. 브린모어 기숙사 Bryn Mawr dormitory에서는 입구, 식당, 라운지를 위한 세 중심 공간은 화장실과 계단을 위한 서비스 링, 그 다음으로 복도, 방 입구와 옷장, 그리고 방, 마지막으로 창문으로 둘러싸여 있다.

a. A central plan Renaissance church, drawing by Leonardo da Vinci
b. Altes Museum by Karl Friedrich Schinkel
c. Chandigarh Parliament Building by Le Corbusier
d. Dhaka Assembly Building

엑서터도서관 에서 중심 공간은 복도로 둘러싸여 있고, 그 다음에 서가와 서비스 공간, 또 다른 복도, 마지막으로 개인용 열람공간인 캐럴carrel이 배치되어 있다.

그러나 다카 국회의사당에서 칸은 중심이 특권을 갖는 고전적인 조직을 사용했다. 중심에 국가의 의회를 수용하고, 주변 공간에는 의원들을 지원하는 공간을 배치했다. 다카에서 칸은 지배적 위계를 적용했다.

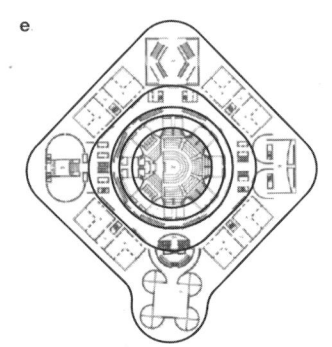
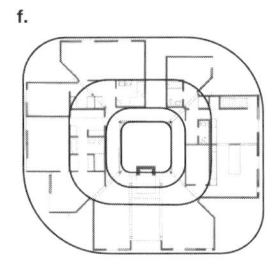
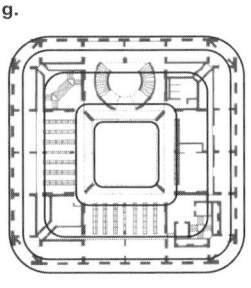
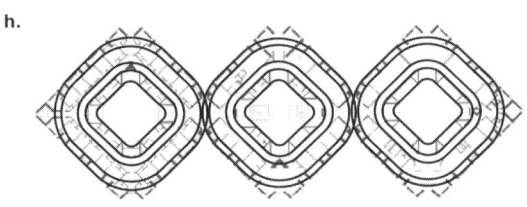
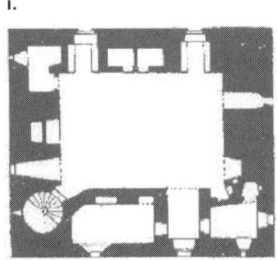

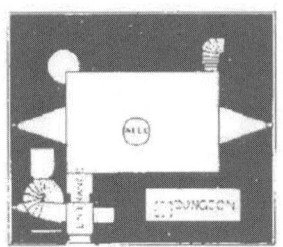
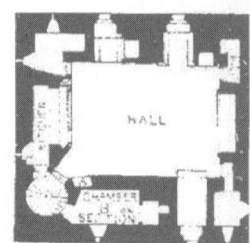

e. Dhaka Assembly Building
f. Goldenberg House
g. Exeter Library
h. Bryn Mawr Dorm
i. Scottish castle, plans.

3.2.6. 두꺼운 벽(Thick Wall)

르 코르뷔지에가 직접적으로 표현하지는 않지만, 그의 다섯 가지 원리 중 하나가 얇은 벽이다. 기둥이 건물을 지지하기 때문에, 전통적인 건축의 육중한 석재 벽은 더 이상 필요치 않게 되었다.

대부분의 근대건축, 특히 유리와 강철로 된 건축물들은 얇은 벽을 강조했지만, 1960년대 들어서면서 일부 건축가들이 전통적인 석조 건축의 실체적 힘을 재현할 방법을 찾고 있었다. 석조의 두꺼운 벽은 건물에 견고함을 부여하고, 내외부의 구분을 강조했으며, 창문에서는 실내 벽의 어둠과 유리의 밝음 사이의 전환을 제공했다. 에로 사아리넨은 예일대학 모스& 스타일스대학^{Morse and Stiles colleges} 기숙사에서 두꺼운 벽을 사용했는데, 두께감과 중세적인 느낌을 만들기 위해 콘크리트 벽에 1피트 두께의 골재를 사용했다. 하지만 칸은 이것이 건물의 필연적인 제작 과정에서 비롯된 것이 아니라, 픽처레스크한 표현에 불과하다고 생각했을 것이다.

앞서 언급했듯이, 칸은 경력 초기에 근대건축의 얇은 벽에 흔들렸지만, 항상 폐허의 두꺼운 벽에 끌렸다. 칸은 사무실 벽에 피라네시^{Piranesi}의 큰 로마 지도와 벽이 매우 두꺼워서 그 벽 안에 공간을 만들 수 있는 스코틀랜드 성의 평면도를 붙여 놓았다. 앞서 칸이 건물의 중심을 다시 도입한 것을 설명하면서, 그가 중앙집중식으로 조직한 건물에서 일련의 동심원적 공간을 만들었음을 지적했다. 이 동심원적인 영역은 칸이 두꺼운 벽을 사용하는 기회를 제공했다.

로체스터의 퍼스트 유니테리언 교회에서 칸은 근대건축의 얇은 벽을 사용하면서도 벽이 두꺼운 효과를 내기 위해 외벽을 안쪽으로 접는 방식을 사용했다. 브린모어기숙사에서도 외부 벽에 같은 방식을 사용하는데 바깥의 동심원 영역이 속이 빈 두꺼운 벽처럼 보이게 함으로써 스코틀랜드 성들의 현대적으로 재해석했다.

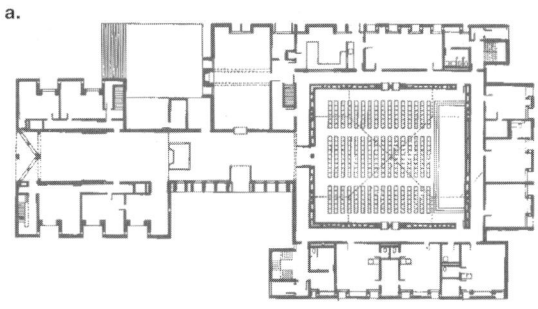

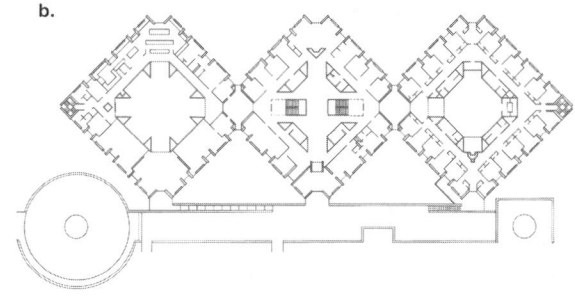

a. First Unitarian Church of Rochester
b. Erdman Hall, Bryn Mawr College

3.2.7. 입구

입구는 건축적 접근 방식을 잘 드러낸다. 어떻게 그럴 수 있는지 보기 위해 존 러셀 포프의 워싱턴 내셔널갤러리 서관, 굿윈과 스톤의 뉴욕에 있는 MoMA, 칸의 예일영국센터 등 이 세 개 박물관 입구를 살펴보겠다.

Museum of Modern Art

전형적인 보자르 양식의 내셔널갤러리 입구는 웅장한 계단 위에 있는 대칭의 파사드 중심에 위치하고, 페디먼트와 기둥으로 표시된다. 이 기념비적인 조합은 우리가 중요한 문화적인 건물에 접근하고 있다는 것을 알려준다. 또 이 시설이 정부나 우리 문화의 엘리트, 부유한 후원자들에 의해 제공되었다는 것도 암시한다. 마지막으로, 고전적인 질서를 통해 우리가 그리스와 로마의 문화적 후손이라는 것을 상기시킨다.

실내로 들어가면 먼저 외투를 검사하고 맡기는 로비^{foyer}(외투 보관소는 지금은 다른 곳에 있음)로 가고, 다음에 장식 조각만 있는 큰 로톤다로 들어간다. 예술을 감상하는 것은 매우 특별한 경험으로 마음을 열고 유혹에 넘어가기 쉬운 상태가 되어야 한다. 박물관, 갤러리, 도서관에서 우리가 거리에서보다 훨씬 더 조용히 말하는 것은 예술을 경험하는 동료 시민의 집중을 존중하기 위해서이다. 거리에서는 우리 자신을 보호하기 위해 방어적이다. 그러나 내셔널갤러리는 예술을 감상하기 전에 우리가 거리의 방어적인 상태에서 예술을 받아들이기 좋은 열린 상태로 전환할 수 있도록 도와준다. 계단을 오르고 기둥 사이를 오가면서 우리는 일상의 현실을 떠나 특별한 무언가로 들어가고 있음을 느낀다. 실내로 들어가 외투를 맡기는 과정에서 우리는 신체적으로 준비를 하고 로툰다는 심리적으로 준비할 수 있게 하는 공간이다. 따라서 내셔널갤러리의 입구는 박물관 외부의 일상적인 현실과 예술을 경험하는 것이 매우 다르다는 것을 전제로 한다.

1939년 굿윈과 스톤이 설계한 뉴욕 MoMA를 살펴보자. (이후 몇 차례의 개조와 증축이 있었고, 여기에서 설명하는 입구는 더 이상 존재하지 않는다.) 한 블록 위 메트로폴리탄 박물관이 대로에 면해 있거나 내셔널갤러리가 워싱턴 D.C,의 내셔널 몰에 면한 것과 달리, MoMA는 맨해튼의 샛길에 위치해 있다. 입구는 도로와 레벨이 같아서 거리의 쓰레기가 들어오는 것을 막을 단 하나의 계단도 없다.

유리 파사드는 1/2인치도 안 되는 두께로 실외에서 실내로 전환된다. 문은 백화점 입구에서 흔히 볼 수 있는 회전문이다. 실내로 들어가면 로비에서 전시를 알리고 관람객을 전시장으로 안내하는 역할을 할 뿐, 심리적인 변화를 돕기 위한 공간이 아니다.

1939년에 설계된 MoMA(이후 개조된 건물들 포함)는 우리에게 무엇을 말하고 있을까? 그것은 예술이 일상생활과 분리된 것이 아닌 일부라는 메시지다. 이는 근대 예술 상당수의 주요 주제이다. 예술을 감상하는 것이 백화점에서 옷을 사는 것만큼이나 특별한 일이 아니며, 예술이 민주적으로 우리에게 다가온다는 메시지를 담고 있다. 실제로는 MoMA가 부자 후원자들에 의해 설립되었다고 해도 마찬가지다.

이 두 접근 방식을 비교해 보면 오늘날의 입구는 건물에 들어가는 것을 외부에서 내부로 이동하는 단순한 기능으로 축소시켜서, 거리를 걷는 활동을 마치고 예술을 감상하는 다른 활동을 시작하는 데 필요한 다양한 변화를 수용하지 못한다. 이런 기능적 전환은 충분한가? 아마 그렇지 않을 것이다. 반면, 보자르의 방식은 이런 전환의 풍부함을 수용하지만 이는 특정한 서구의 문화적 전통과 역사적 맥락 속에서 이루어지며, 이는 더 이상 우리 시대에 완전히 적합하지 않을 수 있다.

보자르 건축이 다룬 공간적 경험을 근대 미니멀리즘의 어휘 안에서 해결하려는 칸의 노력은 예일 영국센터에서 찾을 수 있다. 건물의 모퉁이에 그리드 네 칸을 비워 입구를 만들었다. 입구에 접근하기 위해서는 건물 아래로 들어가 구조 시스템을 보게 되고, 이후 유리문을 통해 들어가게 된다. 건물 안으로 들어가면 낮고 어두운 공간이 아니다. 4개 층이 뚫린 하늘이 빛나는 입구 중정에서 폭발하는 감정을 느끼게 된다.

칸은 예일영국센터에서 보자르 건축의 요소를 근대의 방식으로 추상화한 공간 배열을 하지 않았고, 근대적인 방식으로 외부에서 내부로 전환하는 방식을 사용했다. 그는 구조 그리드 내의 요소만 사용하여 최소한의 근대적인 틀 안에서, 거리에 있는 상태에서 예술을 수용하도록 마음이 열린 상태로 전환하게 하는 모든 것을 제공한다.

이런 방식은 리처드연구소에서 처음으로 사용하였으며, 하나의 파빌리온에서 1층 벽을 없애 입구를 형성했다. 이 방식은 보자르가 수용했던 모든 전환 단계를 처리하되, 신고전주의의 전형적인 어휘보다는 원형의 어휘 archetypal vocabulary 를 사용하는 것이다. 이 접근 방식은 근대 미니멀리즘 안에서 작동하며, 이미 존재하는 4면의 쌍으로 된 기둥과 3면의 서비스 타워 같은 건물 요소들로 입구의 모든 구성 요소를 만들어낸다. 또한 칸은 입구를 통해 건물이 자신이 만들어지는 과정을 이야기해야 한다는 그의 또 다른 주제를 실현한다. 리처드연구소의 입구에서 파빌리온의 배치, 프리캐스트 콘크리트 구조, 공조 시스템의 일부를 볼 수 있다. 그는 이와 같은 방식을 예일영국센터뿐만 아니라 킴벨미술관에서도 사용했으며 그리드의 모듈을 제거하여 입구를 형성했다.

칸 건축의 주제

a.

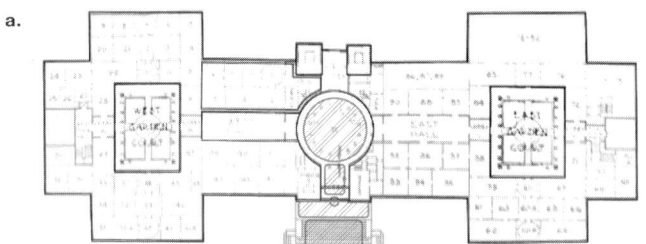

b.

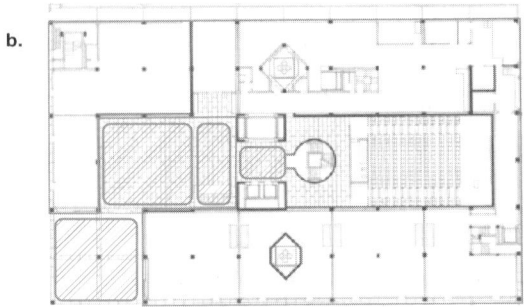

c.

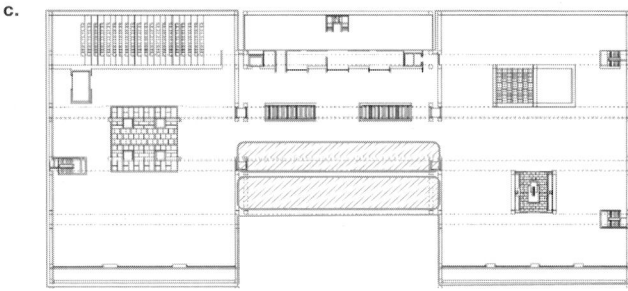

d.

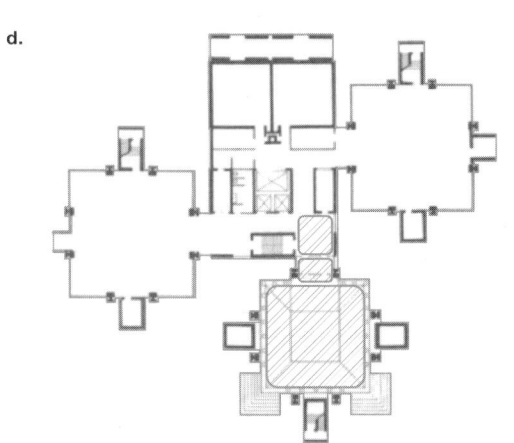

a. National Gallery
b. Yale Center for British Art
c. Kimbell Art Museum
d. Richards Laboratory

3.2.8. 건물의 전체성/모듈러 빌딩

근대 도시계획가들은 도시를 하나의 사물이 아니라 하나의 프로세스로 본다. 도시에 있어서 옳은 형태나 최종적인 형태는 없다. 끊임없이 성장하고 축소되며 변화한다. 심지어 새로운 도시를 처음부터 만드는 경우에도 이상적이고 계획된 결과를 달성하기 쉽지 않다. 근대 도시계획가는 먼저 건설 노동자를 위한 주택과 서비스 시설을 건설해야 하며, 이 주택이 나중에 완성될 도시의 일부가 되리라는 것을 주시한다. 그런 다음 도로, 상하수도, 전기, 광섬유와 같은 사회기반시설의 경로가 그려질 것이다. 그러나 모든 경로가 동시에 개발되는 것은 아니며, 다른 종류의 개발은 이미 진행된 경로를 따라가면서 수행한다.

이 사고를 건물로 확장할 수 있다. 많은 시설은 그들의 본성에 따라 성장하며, 이를 위한 건물들도 그 성장을 수용할 수 있어야 한다. 도서관이 가장 대표적인 예로서, 책과 정기 간행물을 계속해서 추가하거나 폐기하고, 새로운 기술을 지속해서 받아들여야 한다. 박물관도 마찬가지다. 이런 시설을 위한 건물들은 확장할 수 있어야 한다는 주장이 제기될 수 있으며, 많은 근대의 건물들은 비대칭이나 모듈화를 통해 성장의 가능성을 암시한다. 대조적으로 팔라디오의 빌라 로톤다로 대표되는 대부분의 고전적인 건물들은 성장의 가능성을 부정한다.

성장과 그 반대 개념의 이면에는 생성^{Becoming}과 존재^{Being}라는 상반된 철학적 입장이 있다. '생성'(혹은 변화)이 현실의 근본적인 구성 요소라고 주장하며 소크라테스 이전의 철학자 헤라클레이토스와 20세기 초 프랑스 철학자 베르그송$^{Henri\ Bergson}$이 있다. 반면 '존재'는 플라톤과 관련이 있으며 세상은 영원한 초월적 실재의 그림자에 불과하다고 주장한다. 칸의 입장은 '존재'에 가깝다. 그의 플라톤적 입장은 'Form과 Design' 개념에서도 드러나며 플라톤의 '형태와 현상'과 유사성을 보여준다.

칸은 동파키스탄(현재 방글라데시) 수도 다카의 계획을 하면서, 도시가 단계적으로 성장해야 한다는 개념을 거부했다. 그는 도시를 사람과 유사한 것으로 보았다. 도시의 각 부분, 즉 의사당(머리), 경기장(몸), 법원(양심), 모스크(정신)를 전체에 필수적인 요소로 보았다. 칸은 사람이 다리 하나로 태어나서 나중에 다른 다리를 추가하지도 않는다는 점을 주시했다. 칸의 주장을 이해할 수는 있지만, 실제 도시에서 실현 가능할지는 의문이다.

마찬가지로 칸은 자신의 몇 개 건물들을 완전한 전체로 보았으며, 특히 엑서터 도서관에서 두드러진다. 증가하는 장서를 소장하고 새로운 기술을 지속해서 통합해야 하지만, 칸은 엑세터도서관을 완전하고 독립적인 입방체로 설계했다. 확장을 위해 그가 한 일은 초기 설계 요구보다 더 많은 책장을 추가하는 정도였다.

반면, 칸의 건물 중 일부는 모듈식이며 성장 가능성을 시사한다. 킴벨미술관이 좋은 예다. 증축의 필요성이 생겼으나 건축계가 킴벨미술관 집행부의 증축 시도를 못하게 해서 결국 별도의 건물을 세웠다. 렌조 피아노가 설계했다. 또 다른 예로는 1959-65년의 생물학 건물이 추가된 리처드연구소가 있다.

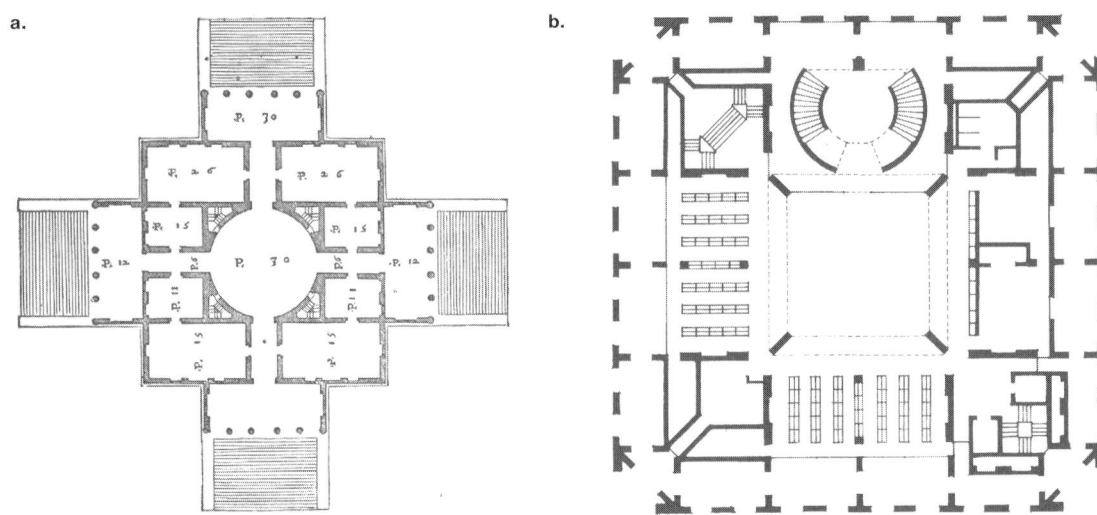

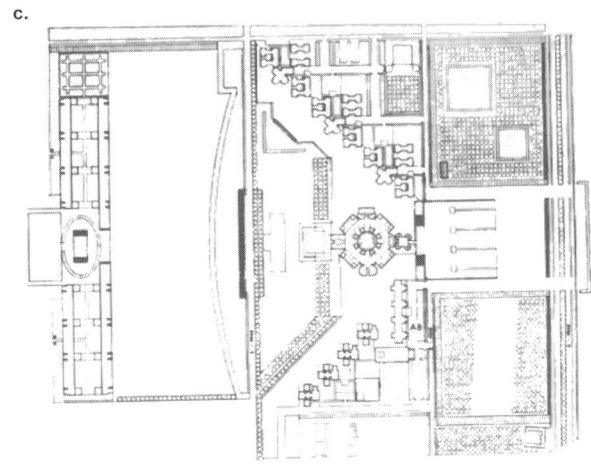

루이스 칸의 철학 같은 건축

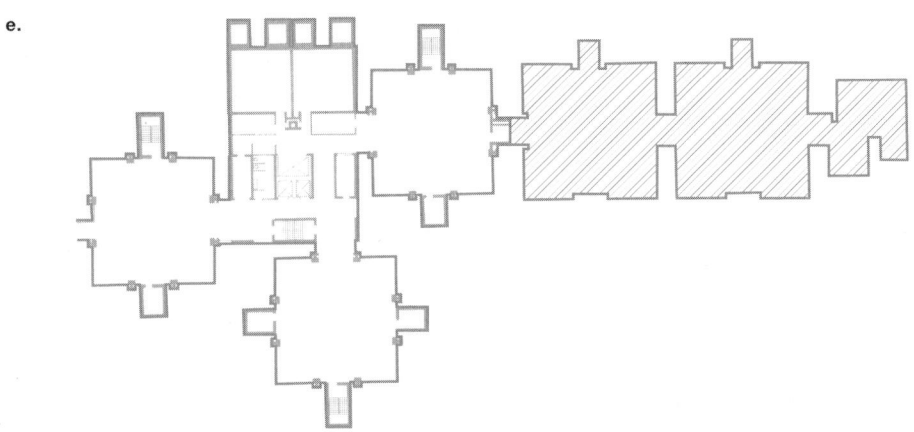

a. Villa Rotonda Plan
b. Exeter Library
c. Dhaka capital complex plan
d. Kimbell Museum
e. Richards Laboratory

3.3. 구조 및 설비

3.3.1. 칸에게 접근하는 한 가지 방법

칸에게 접근하는 여러 방법 중 하나는 그가 근대건축의 주요 프로그램을 완성했다고 보는 것이다. 역사적 양식을 거부한 근대건축은 공간, 구조, 재료의 정직한 표현에서 미학이 있는 건축을 요구했다. 그러나 이 이상은 대개 실현되지 않았다. 앞서 모더니즘의 가장 중요한 두 아이콘인 미스의 바르셀로나 파빌리온과 르 코르뷔지에의 빌라 사보아에서 어떻게 건설되는지, 주요 구조물들이 어떻게 작동하는지 알 수가 없다. 칸은 이 모더니즘의 결함을 보완하려 했다. 대부분의 근대건축에서 건물 코어나 매달린 천장 위에 숨겨져 있어 설비(난방, 환기, 에어컨 및 배관)가 어떻게 작동하는지 이해 하기 어렵다. 칸은 이러한 결점들을 개선하기 위한 노력으로 많은 건물에서 구조와 설비를 명백하게 드러냈다.

3.3.2. 생성자로서 구조

르 코르뷔지에의 '새로운 건축의 다섯 가지 원리' 중 두 가지는 기둥과 자유 평면이다. 콘크리트와 강철로 된 기둥은 내력벽을 대체했다. 이제 벽은 그리드와 무관하게 어디에나 배치할 수 있는 칸막이가 된다. 르 코르뷔지에에게 기둥은 평면에서 점으로 희미해지는 것이 이상적이었고, 천장은 들보를 숨기는 평평한 슬래브였다. 1950년대까지 사무소 건물은 긴 스팬의 강철 구조로서 기둥이 거의 없고, 천장에 구조와 설비를 숨겼다. 개방적이고 유연한 공간에 중점을 두었다.

칸은 미완성작인 건설되지 않은 트렌튼 유태인 커뮤니티센터를 펜실베이니아대학 건축대학의 동료들에게 발표하는 자리에서 르 코르뷔지에의 자유로운 평면을 거부한 것으로 유명하다. 칸은 기둥과 보를 통해 공간을 구분하는 방식에 중점을 두며 단면도를 그렸다. 이어 그는 침대 위에 한 사람을 그리고, 그 사람의 가운데를 지나는 그리드 선을 그었다. "당신은 두 방에서 동시에 잘 수 없다."고 말했다. 물론 가능하지만, 칸의 요점은 그렇게 해서는 안 된다는 것이었다. 구조 그리드는 중요한 의미를 지닌다. (칸의 펜실베이니아대학 동료 교수였던 로버트 게즈^{Robert Geddes}는 이 발표에 대해 "건축의 절대적인 최전선에 있다는 느낌이었다."라고 회고했다.[25]

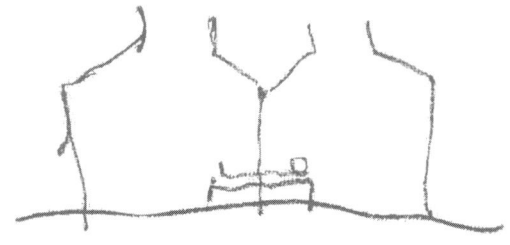

Kahn's diagram redrawn by John Lobell

26. Robert Geddes, interview with John Lobell, May 1980.

루이스 칸의 철학 같은 건축

칸이 재료에 대한 존중과 설비에 대한 인식이 다른 건축가들보다 뛰어났지만, "벽이 분리되고 기둥이 되었다."[27] 는 그의 말에서 보듯 칸은 구조에 경외심을 가지고 있었다. 구조는 우리를 지구와 연결하는 요소인 중력에 대한 건축가의 오마주다.

칸에게 기둥은 강력한 존재감을 가지고 있다. 기둥의 존재를 강조하기 위해 실제 구조적 요구보다 더 육중하게 만들곤 했다. 아들러주택^{Francis Adler House}(1954-55, 계획안)과 예일미술관(1951-53)에서 20층짜리 건물이나 지지할 기둥을 사용했다. 또 칸은 예일미술관의 사면체 장선, 리처드연구소와 솔크연구소의 비렌딜^{Vierendeel} 구조에서 보듯이 천장을 대담한 구조와 상당한 깊이로 만들었다. 둘이 합쳐지면 그의 기둥과 천장 구조는 평면을 조직하고 공간을 규정하는 강력한 요소가 된다.

비렌딜은 휨모멘트를 증가시키기 위해 상하현재가 지주와 분리되어 있다는 점에서 트러스와 유사하지만, 비렌딜은 대각선 부재를 사용하지 않는다. 사선으로 된 가새는 비렌딜에서 지주와 현재 사이에 강접합 된다. 솔크연구소에는 대각선 부재가 없어서 구조체 안에 설비 파이프와 덕트를 위한 충분한 공간이 있었다.

칸의 많은 건물에서 구조 다이어그램과 평면은 매우 유사하다. 트렌튼 유태인 커뮤니티센터와 같이 평면과는 독립적인 구조 그리드를 만들고 필요에 따라 그리드의 단위를 적절하게 선택하여 평면을 구성했다.

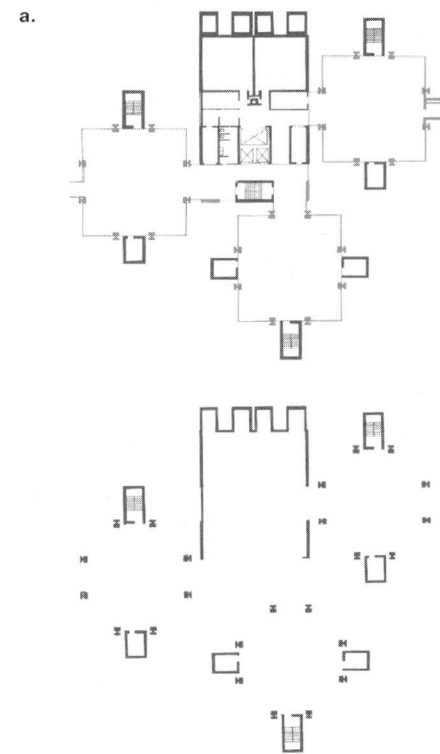

a. Richards Laboratory Plan/Structure

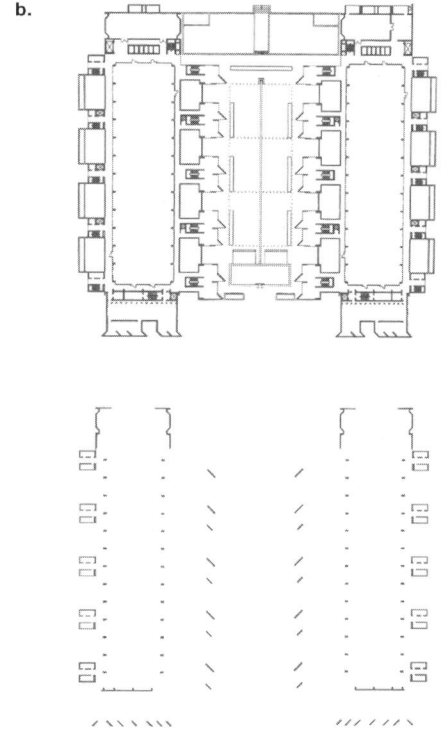

b. Salk Institute Plan/Structure

27. Lobell, 42.

칸 건축의 주제

a.
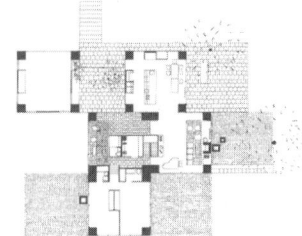

b.
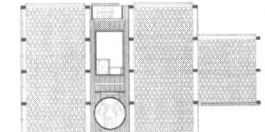

c.
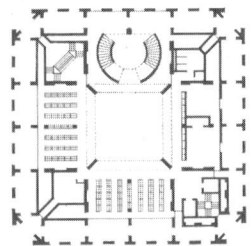

d.
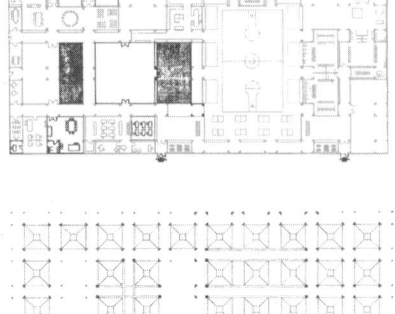

a. Adler House Plan/Structure
b. ale Art Gallery Plan/Structure
c. Exeter Library Plan/Structure
d. Trenton Jewish Community Center Plan/Structure

3.3.3. 그리드

그리드는 건축에 항상 있었다. 이집트와 그리스 신전의 기둥에서부터 고딕 대성당 볼트천장의 패턴, 르네상스 팔라조의 마당^{colonnaded courtyards}, 팩스턴의 수정궁에서 보이는 산업적으로 대량 생산된 기둥들의 바다, 근대 사무소 건물의 기둥 그리드까지 그 역사는 다양하다. 몇 보자르 건축이 복고 양식의 벽에 숨겨진 구조를 무시했지만, 칸이 교육받은 전통은 구조 그리드를 강조했다. 이는 그의 1924년 쇼핑센터를 위한 학생 프로젝트에서 잘 드러난다.

근대건축에서 균일한 그리드는 구조적으로 적절할 뿐만 아니라 산업 문화의 균일성과 민주주의의 평등을 나타낸다. 칸은 모더니스트의 그리드를 자신의 평면을 생성하는 구조 개념과 결합하여 그리드를 자신의 건축에서 강력한 도구로 사용했다.

전형적인 근대 건물, 예를 들어 고층 사무소 건물에서 그리드는 균일하며 개인이 조직에 종속되는 1950년대와 60년대 기업 문화를 대표한다. 그 시대의 IBM 직원 매뉴얼은 넥타이의 최소, 최대 폭뿐만 아니라 이상적인 아내의 자질도 명시되어 있었다. 반면 칸의 그리드는 이러한 기업의 상징보다 더 견고하며, 다양한 종류의 방을 생성하고 개인과 시설 사이의 평등한 상호작용을 나타낸다.

칸의 건축에서 그리드를 가장 강력하게 사용한 것은 지어지지 않은 트렌튼 유태인 커뮤니티 센터다. 여기에서 그는 각 방향으로 넓고 좁은 요소를 번갈아 사용하여 작은 정사각형, 큰 정사각형, 직사각형 세 종류의 모듈을 제공하는 그리드를 만들었다. 이것들이 다양한 공간을 가능하게 한다.

리처드연구소의 바람개비 그리드부터 킴벨미술관의 변형 그리드, 예일영국센터의 정사각형 그리드, 그리고 도미니카 수녀원의 불규칙하고 부분적으로 회전된 그리드까지, 대부분의 칸의 건물에서 그리드가 눈에 띈다.

칸 건축의 주제

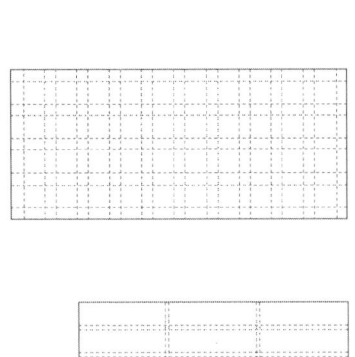

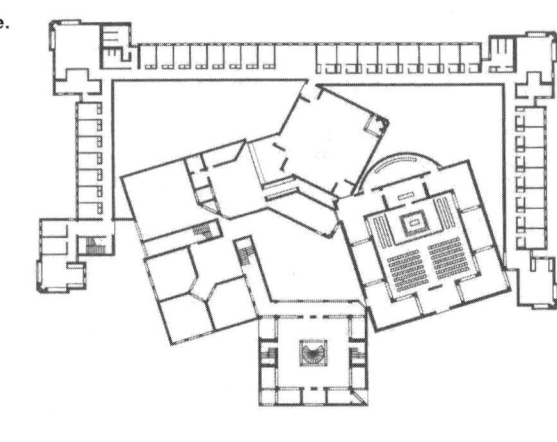

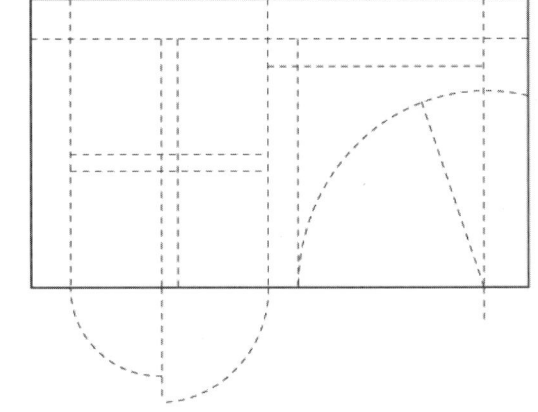

a. Shopping Center, Kahn student project, grid
b. Yale Center for British Art, grid
c. Trenton Jewish Community Center, grid
d. Kimbell Art Museum, grid
e. Convent of the Dominican Sisters plan
f. Indication of the grid

3.3.4. 구조와 동등한 설비 mechanical

근대건축의 기본 원칙은 건물의 미학이 공간, 구조, 재료의 정직한 표현에서 비롯된다는 것을 여러 차례 언급했다. 칸은 이 원칙에 따라 작업했지만 난방, 환기, 에어컨, HVAC 같은 설비도 공간, 구조, 재료만큼 중요하다고 생각했다. 건축가의 의도가 산업 문화를 표현하는 것이라면 강철, 유리, 콘크리트와 같은 산업 재료를 사용 하는 것으로 그 의도를 충족시킬 수 있다. 그러나 건물이 어떻게 만들어지고 어떻게 기능하는지를 밝히는 것이 칸의 의도라면 너무 뻔해 보이지만 설비의 기능을 표현하는 것 또한 중요해진다.

Seagram Building

시그램 빌딩의 코어에 설비 덕트와 소방 계단이 숨겨져 있는 데 비해, 칸은 프랭크 로이드 라이트의 라킨빌딩 Larkin Building처럼 리처드연구소의 바깥에 설비가 보이게 했다. 예일미술관에서 에어컨 덕트와 조명 박스를 콘크리트 천장 안에 끼워 넣었다. 스페이스 프레임처럼 보이지만 실제로는 사면체 가새가 있는 비스듬히 기울어진 콘크리트 장선이다. 칸은 매달린 천장 속에 설비가 들어가는 것을 피하고 싶었는데, 건물을 만드는 과정과 작업에 대한 정직한 표현을 그런 천장이 감추는 것이라 느꼈기 때문이다. 예일미술관에서 천장의 구조는 덕트가 한 방향으로만 배치하도록 하여 변경하려면 위층의 바닥을 뜯어야만 하는 문제가 발생한다. 리처드연구소에서 칸은 다시 천장을 노출한 채로 두지만 이번에는 비렌딜 구조를 사용했다. 그런 다음 설비 파이프와 덕트, 그리고 조명을 비렌딜의 빈 부분에 끼워 넣고 노출된 상태로 두었다. 비렌딜 구조는 덕트, 배관, 조명의 어수선한 부분을 시각적으로 정리한다.

솔크연구소에서 칸은 62피트의 긴 경간과 9피트의 춤을 가진 비렌딜 구조를 사용했다. 비렌딜 구조 상하부에 슬래브를 두어 실험실 공간의 바닥과 아래 실험실 공간의 천장을 만들어냄으로써 설비를 위한 확실하게 구분된 공간을 만들어냈다.

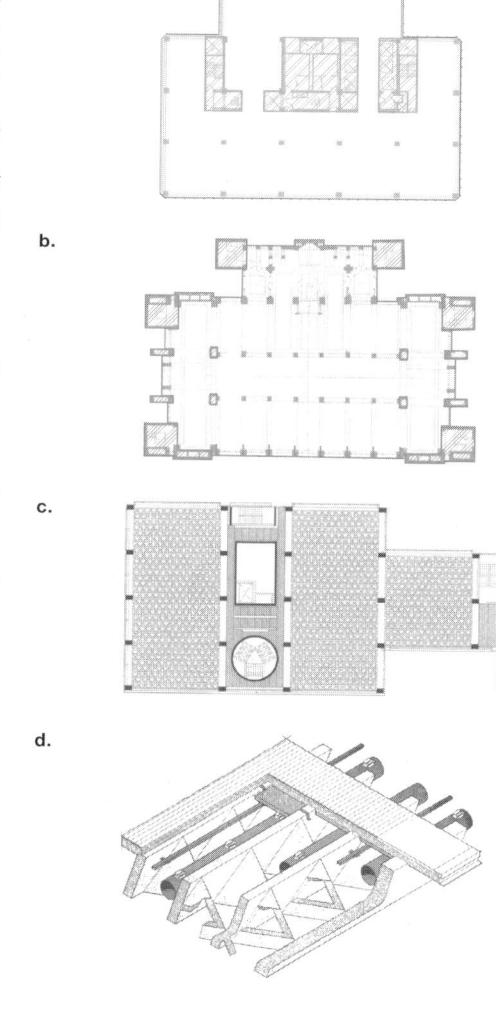

a. Seagram Building, plan
b. Larkin Building, plan
c. Yale Art Gallery, plan
d. Yale Art Gallery, mechanical embedded in ceiling

칸 건축의 주제

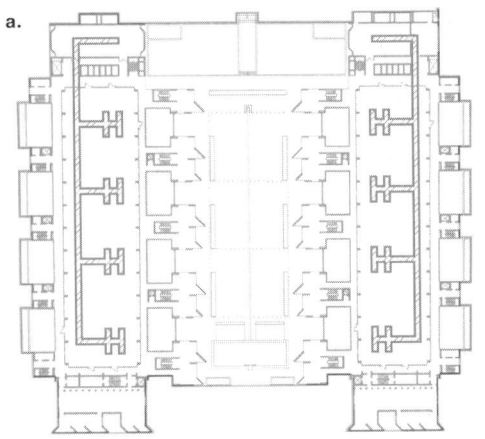
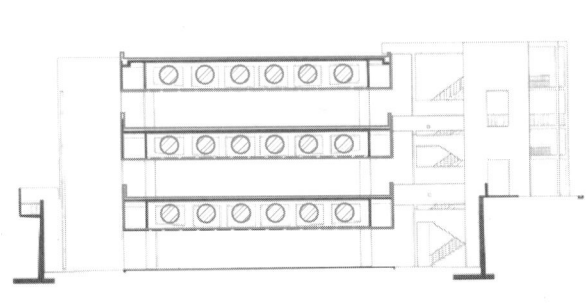
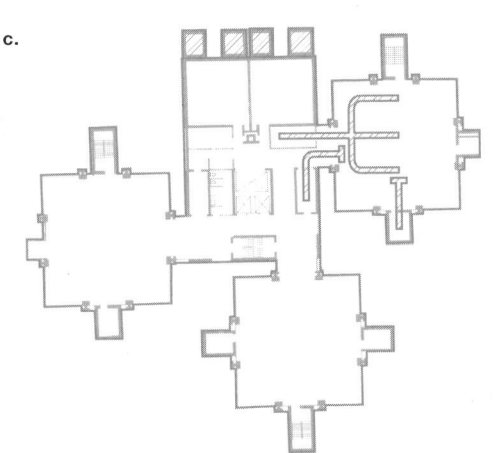
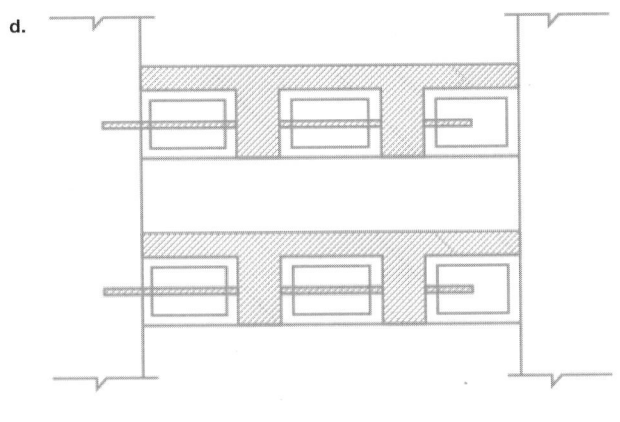

a. Salk Institute HVAC ducts
b. Salk Institute HVAC ducts in Vierendeels
c. Richards Medical Laboratory HVAC ducts
d. Richards Medical Laboratory HVAC ducts in Vierendeels

3.4. 시공

3.4.1. 재료의 본질

근대건축가들과 칸은 재료를 표현하는 데 관심을 공유했지만 이유는 달랐다. 근대건축가들이 산업 문화를 환기하려고 한 반면, 칸은 "자연이 용인하는 방식으로 재료를 사용하여 인간이 개입하지 않고는 자연이 만들 수 없는 것을 만드는 것"[27]을 추구했다. 각 재료가 자신의 본질이나 표현하려는 의지[will-to-express]를 드러내게 했다.

그래서 칸에게 있어 재료는 그의 개념, 질서를 표현하는 중요한 수단이었다. 그는 "만약 당신이 벽돌을 생각하고 그 질서에 대해 고려하고 있다면, 당신은 벽돌의 본질을 고려할 것이다. 당신이 벽돌에게 '벽돌, 무엇이 되길 원하니?'라고 묻는다. 벽돌은 당신에게 '아치를 좋아한다.'고 답한다. 당신이 벽돌에게 '아치는 비싸서 개구부에 콘크리트 인방을 사용할 수도 있는데 어떻게 생각해?'하고 물을 때, 벽돌은 다시 '나는 아치를 좋아한다.'고 말한다."[28]

정신과 물질에 관한 두 가지 전통이 있다. 하나는 정신이 외부로부터 온다고 여기는 성경의 전통이다. "여호와 하나님이 흙으로 사람을 지으시고, 그 코에 생기를 불어넣으시니 사람이 생령이 되니라."[29]

다른 하나는 아시아의 전통에 있는 만물에 영혼이 있다는 개념이다. 예를 들어 일본의 이세 신사에는 영혼을 해방시키기 위해 목재를 미완성 상태로 남긴다. 그 결과, 나무는 썩고 신사는 20년마다 다시 짓는다.

칸은 강철, 콘크리트, 벽돌, 나무 등 각각의 재료가 자신의 본질을 표현하려는 의지를 가지고 있다고 느끼는 일본의 입장을 취한다. 건축가는 그 표현이 이루어지도록 재료와 협력한다. 설리번과 라이트가 이 입장을 공유했다.

엑세터도서관에서 칸은 벽돌, 콘크리트, 나무, 트래버틴을 사용하며 각각은 그 특성에 맞게 명확하게 표현된다. 벽돌은 외부에 사용되어 날씨에 대응하면서 평평한 아치와 아래로 내려갈수록 넓어지는 기둥[Pier]을 통해 구조적 역할을 한다. 우리에게 많은 것을 알려준다. (사실 이런 기둥은 벽돌과 콘크리트 블록으로 만들어졌기 때문에, "조적"이라고 부르는 것이 더 정확할 것이다.) 칸은 별도의 마감 없이도 날씨에 견딜 수 있는 밀도가 높은 티크를 외부에 사용한다. 스팬이 긴 내부 공간은 노출 콘크리트이고, 사람들이 직접 만지는 표면은 나무, 콘크리트 계단은 트래버틴으로 마감되었다.

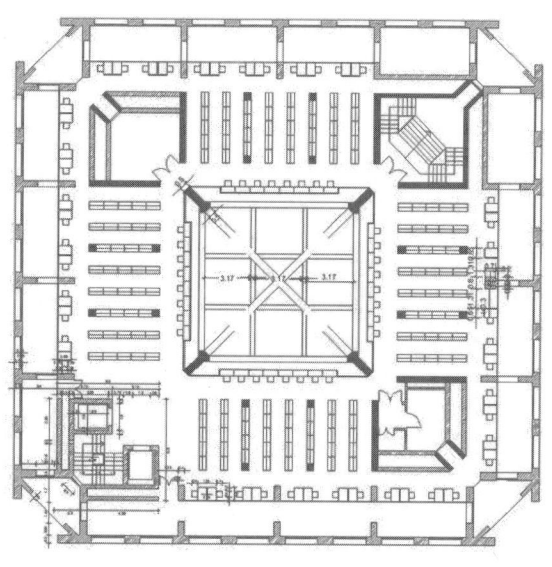

Exeter Library

---

27. Giurgola Mehta, 15.
28. Lobell, 40.
29. Gen. 2:7. 창세기 2:7

3.4.2. 통합을 넘어선 분절 Articulation Over Integration

건축에서 수많은 대립 중의 하나가 분절과 통합 이다. 분절은 건물의 핵심 요소를 식별하고 분리하고 표현하는 것을 추구하며, 칸이 자주 취하는 접근 방식이다. 통합은 건물의 다양한 요소들 사이의 통일성을 찾고 하나의 요소에 둘, 그 이상의 기능을 수용하는 방식으로 프랭크 로이드 라이트가 자주 취하는 접근 방식이다.

칸이 분절을 선호하는 예로, 리처드연구소에서 구조 기둥과 설비 타워를 구별했다. 이 두 요소는 매우 가까이 배치되어 있어서 기둥을 없애고 타워를 사용해 바닥판을 지지할 수 있었지만 그는 구조와 설비를 구별하여 명확하게 표현하기를 원했다.

반면에, 라이트는 존슨 왁스 연구 타워 Johnson Wax Research Tower 에서 설비(HVAC, 배관, 엘리베이터, 소방 계단)를 중앙 샤프트에 결합했다. 이 샤프트는 주요 수직 구조 요소이며, 바닥이 캔틸레버로 뻗어나간다. 그는 구조적이면서 나무의 영양분을 운반하는 나무의 줄기 비슷하게 만들었다.

분절하는 칸의 방식은 각 요소가 자신의 본질, 즉 질서를 표현하게 하고, 건물이 "건물을 만든 기록"이 되게 한다. 칸이 분절을 선택한 사례는 많이 있는데 특히 구조 프레임과 내부 벽을 명확하게 구분한 그의 건물 외관에서 일관되게 나타난다.

그러나 일부 경우에는 통합을 선택하기도 했다. 예일영국센터 최상층의 거대한 지붕보는 속이 비어 있고 공조 덕트가 안에 들어있다. 저층에서는 공조 덕트를 천장 아래에 매달아 분절했다.

a.

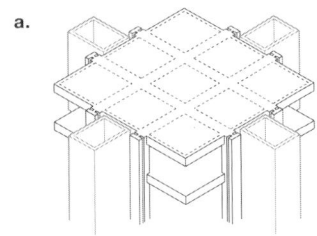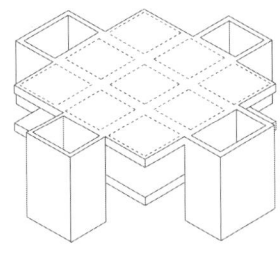

b.

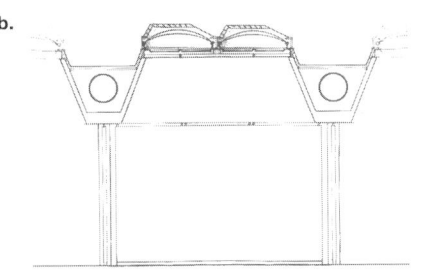

a. Richards Medical Laboratory
b. Yale British Art Center

3.4.3. 조적에 대한 선호 A Preference for Masonry

근대건축이 산업 재료인 강철, 유리, 철근콘크리트를 사용하여 건설하는 과정에서 어떻게 정체성을 찾는지 이 책의 여러 곳에서 설명했다. 실제로 미스를 강철과 유리에, 르 코르뷔지에를 콘크리트와 연관시킨다. 칸은 새로운 산업 재료에 대한 관심을 인정했고, 1944년 에세이에서 용접된 강철과 플라스틱의 사용을 반겼다.

그러나 칸의 건물에서 철은 거의 볼 수 없다. 대신 벽돌, 콘크리트 블록, 벽돌과 블록, 콘크리트, 프리 캐스트 콘크리트 등을 사용한 조적 건축을 볼 수 있다. (물론 그의 콘크리트에는 강철 보강재가 있다.) 조적은 칸이 앞에서 말한 근대건축의 비실체성을 극복하게 한다. 그리고 그것은 칸이 로마에 닿게 해준다. 이것은 뒤에 다루겠다.

칸은 건물의 형태^{Form}, "건물이 되고 싶은 것"의 실현^{realization}같은 "무엇"을 하는지는 공공적 이라고 말한다. 그것은 논의될 수 있으며, 비판 받기도 하고, 옳거나 틀릴 수 있다. 그것을 건물의 설계, 상황에 대한 대응과 같은 "어떻게" 하는지는 개인적이다. 건축가에게 달려 있고, 비판의 여지가 없다. 미스가 철을 선택하고 르 코르뷔지에가 콘크리트를 선택한다면 우리는 그들의 선택을 받아들여야 한다. 그래서 칸이 조적을 선호한다고 해서 다른 사람들에게 강요하지는 않을 것이다. 그는 "나는 미래의 건물들이 거대한 거미처럼 보일 것이라고 믿는다, 그것들은 고강도 강철로 만들어질 것이다. 하지만 나는 조적 건물을 짓는 것이 편안하다"라고 말한다.[30]

그러나 석조에 매료되고 로마와의 연관성에도 불구하고, 칸은 리처드연구소에서 프리캐스트, 프리 스트레스트, 포스트텐션 콘크리트를 사용하였고, 예일영국센터에서는 외벽 마감에 스테인리스강을 사용한 것에서 알 수 있듯이 재료 사용에서 꽤 근대적이었다.

---

30. Louis Kahn, lecture, Gallery of Modern Art, New York City, 1968.

칸 건축의 주제

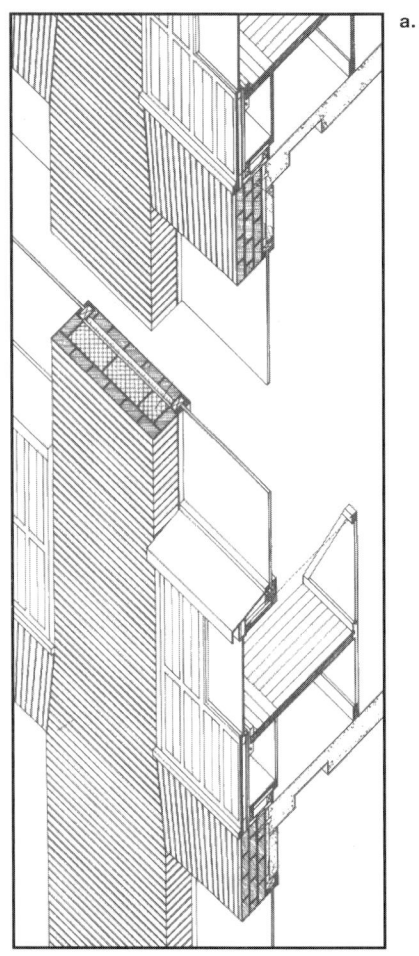

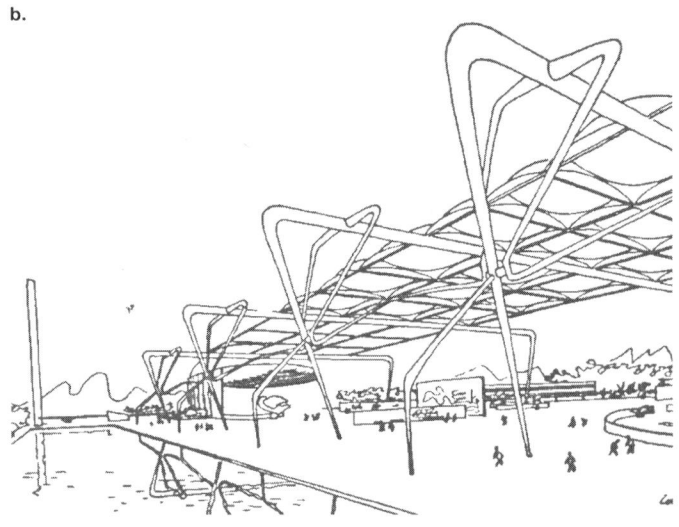

a. Exeter Library, masonry detail
b. Project for steel building, Kahn, 1940s

3.4.4. 디테일

우리가 미스를 연상하는 인용구 중 하나는 "신은 디테일에 있다"^{God is in the details}이다. 근대건축에는 시공 도면을 거의 종교적인 아이콘으로 간주할 정도로 명쾌한 상세도를 존중하는 전통이 있는데, 칸도 그 전통에 있다.

디테일은 건물의 각기 다른 요소들이 서로 결합하는 방식과 관련이 있다. 예로 유리벽에서 유리가 알루미늄 멀리언과 어떻게 만나는지, 합성고무는 그 둘을 어떻게 완충하는지, 철제 문틀이 콘크리트 블록 벽과 어떻게 만나는지, 조적 벽이 콘크리트 구조 프레임과 어떻게 결합하는지 등이다. 방수 같은 문제는 혹서기와 혹한기 다른 재료들의 팽창과 수축 비율의 차이에 따라 달라진다. 구성 요소가 어떻게 조립되고 건물의 미관에 어떻게 이바지할 것인지 모두 고려해야 한다.

건물 디테일에서 대부분 건축가는 표준적인 접근 방식을 사용한다. 이러한 접근 방식은 시간을 두고 입증되었기 때문에 편리하고 안전하다. 디테일이 잘못되면 어색해 보일 뿐만 아니라 누출, 균열, 유리가 깨지는 등 바람직하지 않은 일이 발생할 수 있다. 그러나 칸은 재료의 내재된 본질이 스스로 표현할 수 있도록, 그리고 건물이 어떻게 만들어졌는지를 보여주기 위해 모든 디테일을 새롭게 살펴보았다. 그는 모든 것을 '시작'으로부터 작업했다. 칸의 사무실에서는 어떤 힌지를 사용할지에 대해서도 질문이 제기될 수 있었다. 힌지가 지지할 문이 어떤 성격을 가져야 하는지 나아가 건축의 시작으로서 외부에서 내부로의 전환은 어떤 의미를 지니는지에 대한 논의로 이어질 수 있었다. 모든 것이 단순한 힌지의 선택에서 시작된다.

Salk Institute,
showing joints in concrete formwork

이 질문은 리처드연구소에서 새로운 문틀 단면으로 이어졌다. 솔크연구소에서 건물에 휴먼스케일을 적용하기 위해 거푸집 이음매와 폼타이 구성의 위치를 지정했다. 엑서터도서관에서는 주계단에 트래버틴 판재를 사용하여 그 계단이 콘크리트로 만들어졌음을 드러낸다. 그리고 킴벨미술관에서는 난간이 금속 강재가 아니라 판금임을 알 수 있게 했다.

매 사례마다 디테일의 명확함에 감동을 받는다. 엑서터도서관의 목재 패널이 서로 결합하는 방식이 그렇다. 또한 우리는 재료 자체가 각각의 전통, 완전성, 그리고 그 역할을 얼마나 잘 수행하는지에 대한 자부심을 느낀다. 칸은 "당신은 벽돌을 짧게 만들거나 열등하게 하는 작업을 하는 대신에, 벽돌을 존중하고 영광스럽게 여겨야 한다."고 말한다.[31]

칸은 디테일을 새로운 형태의 장식으로 보고 있다.

오늘날의 건축이 장식이 필요하다는 느낌은 어느 한 편에 조인트가 보이지 않았으면 하는, 즉 부재가 어떻게 조립되는지 감추려는 경향에서 비롯된다. 만약 우리가 밑바닥부터 위로 그리는 훈련을 하고, 콘크리트를 붓거나 기둥을 세우는 지점에서 도면의 연필을 멈추도록 훈련한다면, 장식은 시공의 완성도에 대한 우리의 애착으로부터 자연스럽게 진화할 것이고, 우리는 계속해서 새로운 시공법을 개발하게 될 것이다.[32]

Exeter Library, showing travertine as veneer on concrete on stair banister

31. Lobell, 40.

32. William Curtis, Louis Kahn: The Power of Architecture, trans. (Weil am Rhein: Vitra Design Museum, 2012), 57

3.4.5. 건물은 기록이다. The Building is the Record

Structural elements of Richards Medical Laboratory

보자르 건축이 역사적 기원을 경험하기 위해 복고 양식을 사용한 반면 근대건축은 산업 재료와 공법을 사용해서 산업문화를 경험하게 한다고 앞에서 설명했다. 엑서터도서관에서 보았듯이, 그리고 다음 장에서 자세히 다룰 다섯 건물에서 볼 수 있듯이, 칸은 이 둘 중 어느 것도 따르지 않고 대신 자신의 건물이 어떻게 구성되는지 표현한다. 칸은 "건물은 그 건물을 만드는 과정의 기록이다"라고 말했다.[33] 그러나 칸에게 건물이 어떻게 구성되는지는 단지 공학이나 경제성, 효율성의 문제가 아니다. 오히려 건물이 어떻게 지어지는가가 그의 건축적 의도를 전달하는 수단이다. 우리는 훌륭한 작가가 줄거리의 개요를 설명하고 단어 선택을 조수가 하게 하지 않는 것처럼 훌륭한 건축가도 건물의 이미지를 스케치한 다음 그 스케치를 실시설계 부서에 보낼 것이라 생각하지 않는다.

솔크연구소에서 칸은 콘크리트 벽의 폼 조인트를 통해 벽이 어떻게 만들어지는지 알려준다. 예일영국센터에서는 외부 콘크리트 프레임을 통해 내부 배치가 어떻게 될 것인지 알려준다. 리처드연구소는 칸의 건물이 건물을 만드는 과정의 기록이라는 개념의 가장 강력한 예다. 입구로 들어서면 그는 프리캐스트, 프리스트레스트, 포스트텐션 구조물이 어떻게 조립되는지를 우리에게 보여준다. 이를 위해 하나의 파빌리온의 벽을 제거하여 입구로 만들었다. 위에서 논의한 것처럼 그는 킴벨미술관과 예일영국센터에서 유사한 입구를 사용하여 건물에 들어서는 순간 건물이 어떻게 만들어지는지 알 수 있게 한다. 칸은 건축가일 뿐만 아니라 교육자이기도 했으며, 그의 건물들은 어떻게 건물이 만들어지는지 가르치는 교훈적인 성격을 가지고 있다.

이 책의 부제는 "철학 같은 건축"이다. 결론에서 논의하겠지만, 칸의 작품은 우리가 거주하고, 일하고, 문화를 경험하는 건물에 관한 것만큼이나 인간으로서 우리 자신에 관한 것이다. 가끔 그는 "건물은 그 건물이 만들어지는 과정의 기록이다"라는 말 뒤에 "사람은 그 사람이 만들어지는 과정의 기록이다"라는 말을 덧붙이고는 했다.[34] 그는 건물이 어떻게 만들어지는지를 보여줌으로써 감정이입해서 우리가 어떻게 만들어졌는지를 경험하고, 시간을 초월해 우리의 '시작'과 만나게 한다.

33. Louis Kahn, lecture, University of Pennsylvania, Philadelphia, 1962.

34. Ibid.

3.5. 빛

빛이 건축에서 중요한 것은 명확하다. 그리스 신전의 도리아 기둥은 지중해의 빛을 받기 위해 세로로 홈이 파져있다. 르 코르뷔지에는 "건축은 빛 아래에 볼륨들을 숙련되고 정확하고 장엄하게 모으는 작업이다."[35]고 말한다.

칸은 말한다.

건물의 평면도는 빛과 공간의 조화처럼 읽혀져야 한다... 각 공간은 그 구조와 빛의 성격에 따라 정의되어야 한다. 인공조명은 빛 속의 단 하나의 작고 정적인 순간이며, 밤의 빛이어서 낮의 시간과 계절의 경이로움에 의해 만들어진 분위기의 뉘앙스를 절대 따라갈 수 없다.[36]

우리는 집이나 직장, 방문한 건물에서 시간, 계절, 그리고 심지어 태양을 가린 구름의 변화와 같은 빛의 변화를 의식적이든 무의식적이든 알고 있다. 창문이 없는 사무실에 근무하는 노동자들이 외부가 완전히 단절되었다고 느끼지 않도록 게시판에 일기예보를 알려준다는 이야기를 듣는다. 창문이 있으면 더 낫다.

로마 판테온은 칸의 빛에 대한 접근에 중요한 영향을 미쳤다. 판테온에서 태양은 지붕의 둥근 창oculus을 통해 내부 표면에 부딪힌다. 그런 다음 반사되어 내부를 밝히며, 재료에 따라 빛이 반사되어 은은한 색조와 그림자로 내부를 "그린다." 이는 태양의 움직임, 날씨, 계절에 따라 변한다. 칸은 이 방식을 엑서터도서관에서 가장 인상적으로 사용했다.

칸에게 빛은 매우 강력한 힘을 가진다는 것을 앞에서 논의했다. 그는 빛을 문자 그대로 보면서도 동시에 은유적으로도 파악했다. 침묵과 빛에 대한 그의 개념에서 이는 질서의 구성 요소로서 침묵은 잠재력의 영역이고 빛은 실현의 영역이다. 그리고 그는 다음의 말에서 보는 것처럼 그 용어의 문자의 의미와 은유적인 감각을 섞어 사용했다. "자연 속의 모든 물질, 산과 강, 그리고 우리 모두는 소비된 빛으로 만들어졌다. 이 구겨진 덩어리인 물질이 그림자를 드리우고, 그 그림자는 빛에 속한다."[37]고 말했다.

칸의 작품 중 일부는 자연채광에 관한 한 성공적이지 못했다. 리처드연구소의 파빌리온에서 방화 목적으로 벽이 벽돌로 되어야 하는 부분을 제외한 모든 벽에 유리를 사용했다. 심지어 캔틸레버의 테두리보가 얇아지면서 생긴 작은 부분에까지 유리를 끼워 넣어 햇빛이 실험실 깊이까지 들어오게 했다. 이로 인해 페트리 접시의 박테리아를 죽이는 등 실험에 방해가 되는 문제가 발생했다. 과학자들은 일부 유리창 위에 신문지, 마닐라 폴더, 알루미늄 호일을 붙였다.

이 난처한 상황에 직면한 후, 칸은 빛에 매우 세심한 주의를 기울이게 되었다. 아프리카에서 그는 여인들이 태양을 등지고 하얀 벽을 마주 보며 반사된 빛을 이용해 빨래하는 모습을 관찰했다. 이에 영감을 받은 칸은 미완성의 루안다 미국 영사관과 솔크연구소 미팅하우스, 다카 의사당의 내부로 들어가기 전에 이중벽을 사용하여 빛을 이리저리 반사시키는 방식을 사용했다.

칸은 엑세터도서관에서 춤이 깊은 보가 빛을 중앙 공간에 반사시켜 구조와 빛으로 공간을 규정하는데 성공했다. 킴벨미술관에서는 사이클로이드 셸의 틈을 통해 빛이 반사판에 닿아 다시 셸을 씻어내듯이 공간을 밝히게 했다. 예일영국센터에서는 거대한 중공 빔을 사용해 갤러리를 정의하고 빛을 끌어들인다.

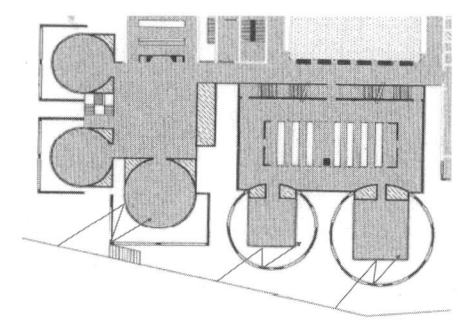

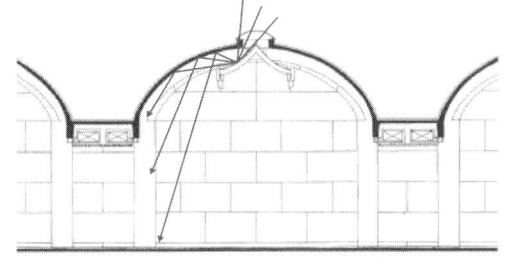

a. Salk Meeting House double walls for light reflection
b. Kimbell Art Museum light reflector under skylight in shell

36. Le Corbusier, Toward an Architecture, John Goodman, trans. (Los Angeles: Getty Research Institute, 2007), 102.
(이관석 역, 건축을 향하여, 2007, P.49)

36. Vincent Scully, Jr., Louis I. Kahn (New York: George Braziller, 1962), 118.

37. Lobell, 22

3.6. 로마

건축학교를 졸업한 후, 칸은 자신이 교육받았던 보자르 전통에 대한 모더니스트들의 비판을 받아들였고, 그 연장선으로 로마 건축에 대한 비판도 수용했다. 이로 인해 그의 초기 작품은 대부분 그랬던 국제주의 양식으로서 근대건축의 비실체성을 띠고 있다. 그러나 1950년에 로마에서 1년을 보낸 후 로마의 풍부한 조각적 벽, 복잡한 형태, 장엄한 공간, 조절된 빛이 그의 작업에 스며들기 시작했고, 이탈리아 풍경의 아름다움 역시 그의 작품에 영향을 미치게 되었다.

보자르 건축의 어휘는 그리스에 기원을 둔 로마양식이 르네상스와 바로크를 통해 확장된 것이다. 그러나 보자르에는 도리아, 이오니아, 코린트 양식의 어휘보다 훨씬 더 많은 것이 있었다. 앞서 설명한 보자르의 입구, 로비, 대계단, 홀, 대·중·소 공간들과 같은 다섯 가지 요소 외에도 로마에서 유래한 공간과 형태를 다루는 방법이 있다. 로마는 우리에게 판테온, 콘스탄틴 바실리카, 카라칼라 대욕장, 그리고 수십 개의 다른 건물들을 제공했다. 평면, 건물의 벽과 포셰^{poché}, 돔과 볼트로 만들어진 공간, 그리고 홍수같은 빛이 특징이다. 칸은 학생이던 시절 펜실베이니아 대학 도서관에서 이 건물들의 평면과 단면, 렌더링이 있는 두꺼운 책을 탐독했다. 이탈리아를 여행하면서 그 복잡한 공간들을 직접 들어가 보았다. 그의 사무실 벽에는 피라네시의 로마 대지도가 걸려 있었다. 만약 같은 세대의 다른 건축가들과 한 거장의 작업에 대해 칸의 대화를 엿듣는다면, 당신은 그가 "근대"건축가의 대화를 듣고 있는지 알지 못할 것이다.

불교의 전통에서는 부처에게까지 거슬러 올라가는 계보를 가진 스승과 함께 공부해야 한다. 신비적인 의미는 차치하고라도 책에서 배울 수 없고 오직 스승에게서만 전달될 수 있는 것들이 있다는 생각이다. 우리는 건축에 이와 같은 방식을 적용할 수 있다. 스승과 건물의 두 측면에서 그리스와 로마에서 시작되어 20세기 초반까지 이어지는 계보가 있다. 그러다가 이 계보가 깨지고 건축을 공학과 인간의 유물론적 관점에서 새로이 재창조하려는 시도가 나타났다. 위에서 설명했듯이 1960년대까지 이 결과에 대한 광범위한 불만이 있었으며, 칸도 공유했다. 칸은 자신이 받은 교육과 더 깊은 연관된 계보를 가진 로마의 전통으로 눈을 돌릴 수밖에 없었다.

루이스 칸의 철학 같은 건축

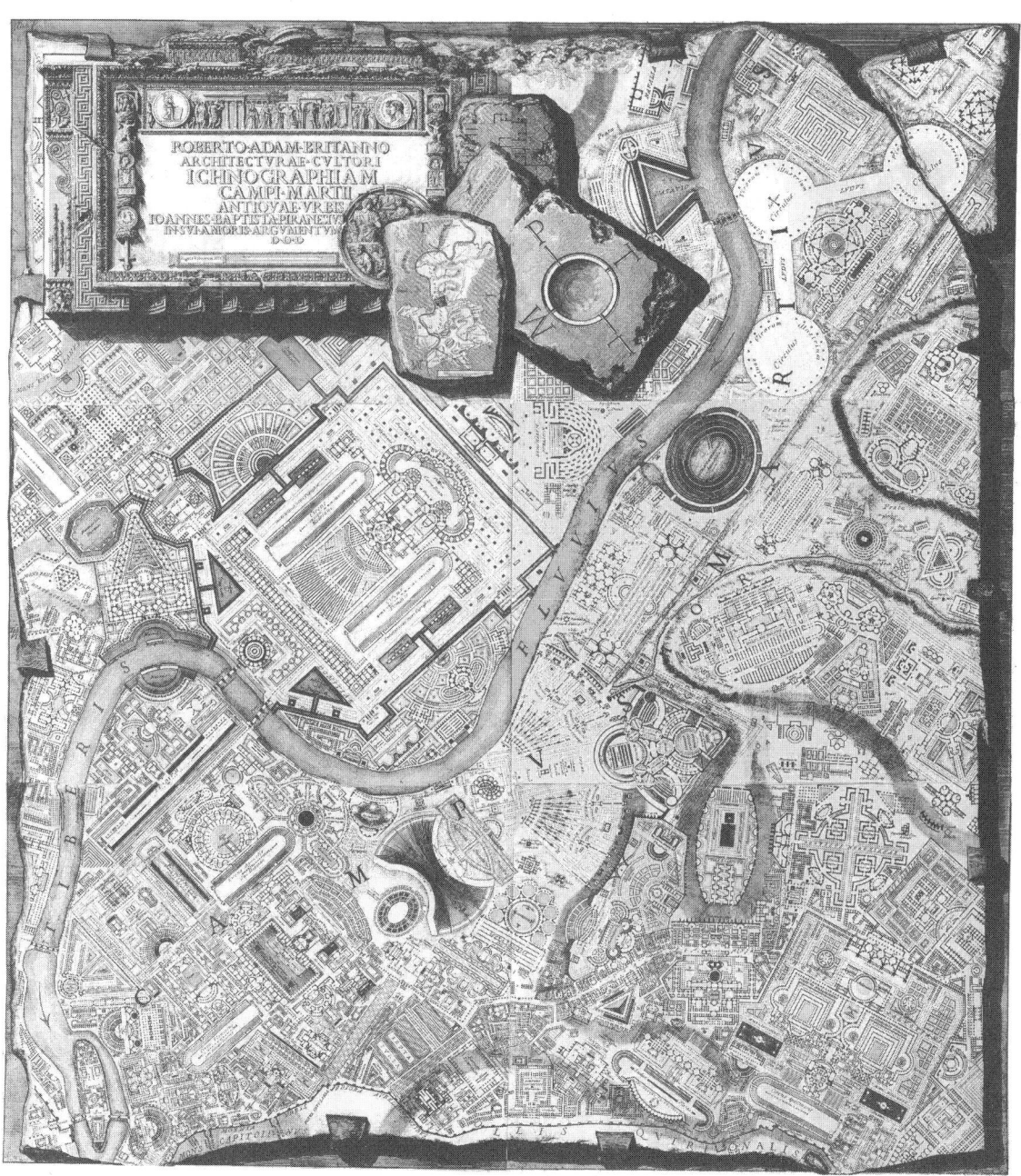

Piranesi's Map of the Campus Martius

4.0
다섯 개의 건물

살펴볼 건물의 리스트

Alfred Newton Richards Medical Research Building (**Richards**),
Salk Institute for Biological Studies (**Salk**),
Library, Phillips Exeter Academy (**Exeter**),
Kimbell Art Museum (**Kimbell**),
Yale Center for British Art (**Yale**).

각 건물의 살펴볼 기준

1. 배경과 맥락 Background and Context
2. 기능 Activities
3. 형태 진술 Form Statement
4. 공간구성과 평면 Spatial Organization and Plan
5. 구조 Structure
6. 설비 Mechanical
7. 재료 Materials
8. 디테일 Details
9. 빛 Light
10. 건물 체험 Experiencing the Building
11. 철학적 진술 Philosophical Statement
12. 비평과 의견 Critique and Comments
13. 비교 및 영향 Comparisons and Influences

4.1

알프레드 뉴튼 리처드의학연구빌딩
[리처드연구소]

Alfred Newton Richards Medical Research Building

University of Pennsylvania, Philadelphia, Pennsylvania 1957–60

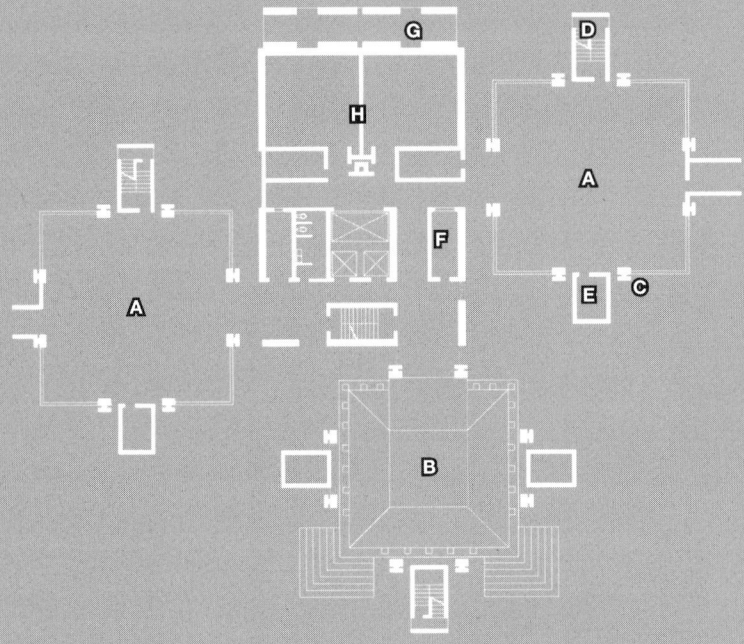

A Pavilions. Laboratory tables in the center, desks at the perimeter in the light.
B One pavilions is used as the entrance by eliminating walls on the ground floor.
C Precast columns.
D Fire stair.
E Exhaust air ducts.
F Supply ducts.
G Intake ducts.
H Service block, including storage rooms, supply air ducts, rest rooms, elevators, and fire stairs.

4.1.1. 배경과 맥락

1950년대 후반까지 미스의 "유리 박스 건물"이 미국 건축을 지배했다. 미스의 작품이 견고함을 가졌던 반면, 다른 사람들의 작업에서 유리 박스는 종종 부실했다. 대안을 찾는 과정에서 미노루 야마사키 같은 건축가들은 그 유리 박스를 햇빛을 가리는 루버로 마감한 반면, 에로 사아리넨 같은 건축가들은 표현주의적인 TWA 공항에서처럼 유리 박스를 거부했다.

이런 맥락에서 칸은 리처드연구소를 설계하면서 모더니즘의 원칙을 재확인했다. 그는 공간, 구조, 재료, 설비, 디테일 등 건물의 모든 요소를 완전하게 표현함으로써 건물의 실체성에 도달했다. 예를 들자면 같은 시기에 지어진 미스의 시그램빌딩의 단순한 형태와 강하게 대비되는 분절된 모양의 건물이었다.

리처드연구소 프로젝트는 클라이언트의 상충되는 요구와 예산 문제를 포함한 건물에 관한 모든 현실적인 문제들에 휘말리게 되었다. 사용자들은 입주 후에 계획 단계에서 미처 생각지 못했던 문제들을 제기했다. 이런 문제에도 리처드연구소는 빠르게 중요한 건물로 인정받았다. 세계 각지의 건축가들이 미국을 방문할 때 필라델피아를 찾아와 건설 중인 혁신적인 프리캐스트 구조를 보러왔다. 완공 후, MoMA에서 단일 건물을 전시하는 첫 번째 사례가 되었다.

리처드연구소는 칸이 설계한 고다드 생물학 빌딩 Goddard Biology Building을 포함한 큰 단지의 일부다. 여기에서는 같은 주제를 이어가는 고다드 생물학 빌딩을 제외하고 리처드연구소만을 살펴보겠다.

4.1.2. 기능

제2차 세계 대전 동안 페니실린의 성공적인 사용과 이후 조나스 솔크의 소아마비 백신의 사용에 이어 1950년대에는 과학과 의학 연구가 크게 성장하였으며, 전국의 대학 캠퍼스에 연구소가 지어지고 있었다. 수준 높은 의과대학과 생물학 연구에 오랜 전통을 가진 펜실베이니아 대학교도 예외는 아니었고, 리처드연구소는 연구 시설을 대대적으로 확장하는 시작이었다.

칸은 대학이나 그 건물을 사용할 과학자들로부터 그들이 필요로 하는 것이 무엇인지 명확한 그림을 받지 못했다. 아마도 그들 스스로도 잘 알지 못했을 것이다. 오늘날 실험실의 설계는 모든 활동과 장비에 어느 정도의 공간과 기타 지원이 필요한지 알고 있는 컨설턴트가 지원한다. 칸이 리처드연구소를 설계할 당시에는 그런 정보가 전혀 존재하지 않았다. 그에게 주어진 것은 생물학 연구를 위한 건물이며, 근무하게 될 과학자의 수에 대한 대략적인 추정치, 필요 공간이 무엇인지, 가변성에 대한 요구, 유해 가스 배출을 위해 추가 기능이 있는 많은 HVAC가 필요하다는 정도의 내용이었다.

4.1.3. 형태 설명

칸은 "형태^{Form}와 디자인^{Design}"으로 표현되는 프로세스를 통해 건축에 접근한다고 앞서 설명한 바 있다. 그는 "이 건물은 무엇이 되고 싶은가?"라는 질문으로 시작한다. 답은 "형태"로 이끌어지는데, 단어나 다이어그램으로 표현된다. 그런 다음 프로젝트의 세부 사항을 접하면 형태는 디자인으로 이어진다.

칸은 리처드연구소에서 과학의 본질에 대해 묻는 것으로 시작한다. 그는 과학을 실험을 하고 결과를 관찰하는 측정 가능한 것과, 과학자가 숙고하여 노트에 작성하며 결과에 대해 생각하고 칸이 문화적 행위라고 여기는 관찰의 결과를 이론으로 만드는 측정 불가능한 것으로 구분한다. 이 두 활동을 위한 공간을 칸은 봉사 받는 공간이라고 부른 반면, 이 두 활동 모두를 지원하는 공간을 봉사하는 공간이라 불렀다. 칸은 말한다:

> 과학자는 어디에 있고 시인은 어디에 있는가? 시인은 측정할 수 없는 자리에서 시작하여 측정할 수 있는 곳을 향해 여행하지만, 그의 안에 측정할 수 없는 것을 간직하고 있다. 과학자는 인간으로서 측정할 수 없는 자질을 가지고 있지만, 그는 아는 것에 관심이 있기 때문에 그의 노선을 유지하며, 측정할 수 없는 것으로 여행하지 않는다. 그는 자연의 법칙에 관심이 있어서 자연이 그에게 오도록 허락하고, 그는 그것을 잡는다. 그러나 아인슈타인은 시인처럼 여행한다. 그는 오랫동안 측정할 수 없는 것을 고수했다. 그는 아는 것이 아니라 질서를 다룬다.[38]

4.1.4. 기능

칸은 각 층마다 45피트 정사각형 파빌리온 3개를 주된 봉사 받는 공간으로 설정했다. 파빌리온의 가변성 있는 내부는 실험실 활동을 측정 가능한 공간으로 직사광선을 피해 있다. 그 공간의 주변부는 과학자들이 "빛을 향해 갈 수 있는" 곳으로, 이론화 작업을 위한 곳으로 측정 불가능한 공간이다.

칸은 일반적인 타워 건물에서 설비(HVAC, 배관, 엘리베이터, 피난계단 등) 장치를 위한 공간이 건물의 중심부에 숨겨져 있다는 점을 관찰했다. 그는 이 "보조" 공간에 적절한 비중을 주면서도 파빌리온을 개방된 상태로 만들고 싶어서, 창고, 엘리베이터, 공조기, 계단, 화장실 등을 포함하는 주요 서비스 블록과 배기 및 피난계단을 위한 슬림한 타워를 파빌리온 측면에 배치했다.

리처드연구소의 평면은 분명하게 분절되어 있지만 임의적이지는 않다. 이는 건물의 활동과 그들 관계의 의미에 대한 칸의 분석으로부터 직접적으로 나타난 것이다. 이 평면은 당시 "브루탈리스트" 건물, 특히 알도 반 아이크의 암스테르담 고아원에서 볼 수 있는 위상기하학적인 패턴을 보여준다. 각 파빌리온은 중앙 서비스 블록에 동일한 패턴으로 "바람개비" 형태로 배열된다. 그런 다음 각 서비스 타워는 파빌리온에서 관련된 패턴으로 확장되며, 이는 거의 프랙탈과 비슷하다. 그래서 이 평면은 공간이 무엇인지, 그리고 그것들이 서로 어떻게 관계를 맺고 성장하는지를 우리에게 "알려준다."

1층에서 파빌리온 중 하나의 외벽을 생략하여 기둥과 서비스 타워로 둘러싸인 열린 기단을 만들어 입구로 사용한다. 칸은 모더니즘의 미니멀리즘이 허용하는 한도에서 보자르 건축에서 볼 법한 공간으로 정의되는 입구를 제공하였다.

---

38. Lobell, 14.

루이스 칸의 철학 같은 건축

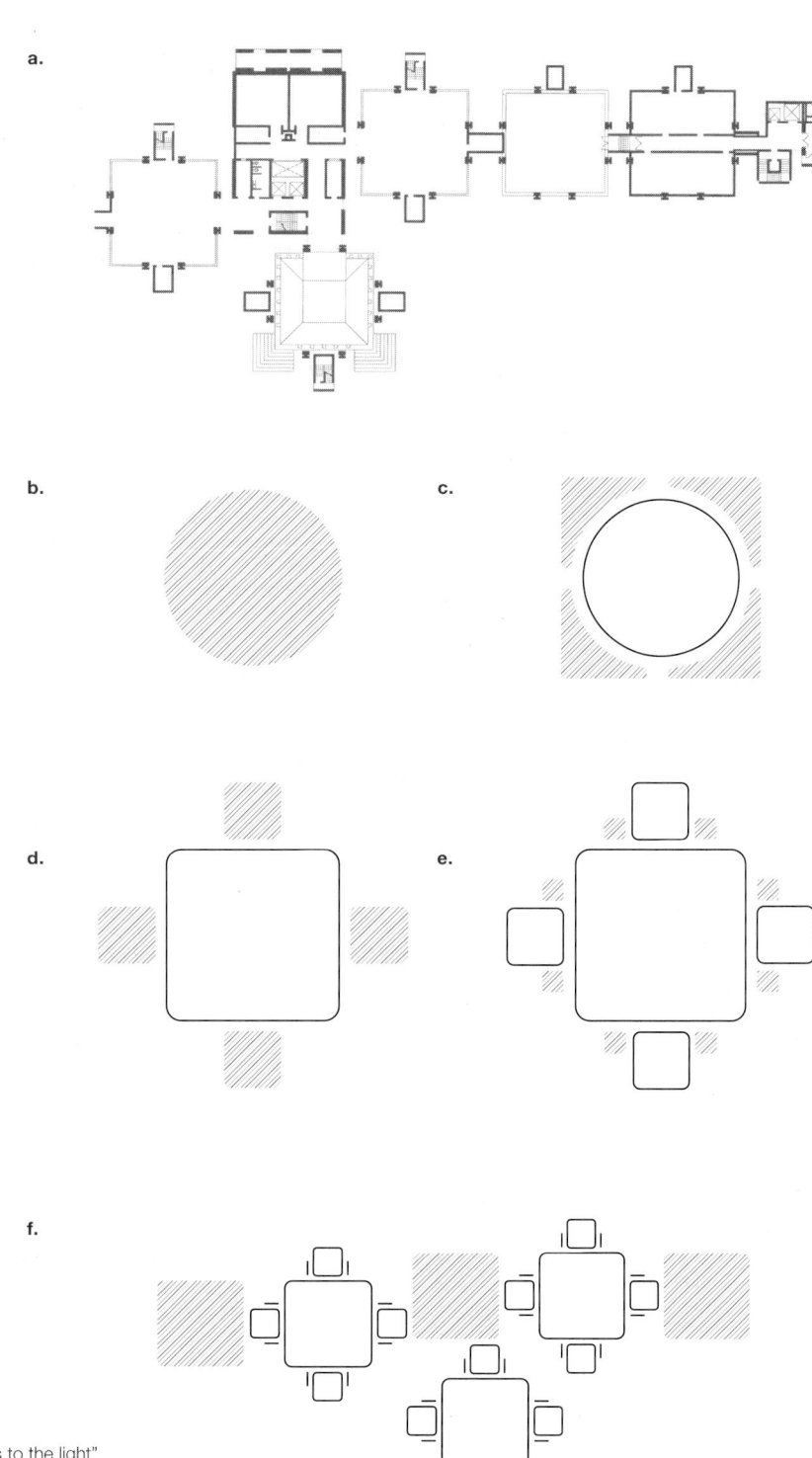

a. Richards plan
b. Flexible space for lab tables
c. Perimeter where scientist "goes to the light"
d. Servant spaces
e. Structure
f. Elements assembled

4.1.5. 구조

칸과 그의 구조엔지니어인 프리캐스트 콘크리트의 선구자 오거스트 코멘던트August Komendant는 리처드 연구소에 완전히 다른 두 가지 구조 시스템을 선택했다. 육중한 중앙 유틸리티 코어와 슬림한 배기 및 계단 타워는 현장 타설한 콘크리트 내력벽으로 마감은 벽돌이다. 파빌리온은 프리캐스트, 프리스트레스트. 포스트텐션 콘크리트로 만들어졌고, 콘크리트 타설 바닥슬래브와 벽돌과 블록 스팬드럴 및 유리 외벽으로 구성되어 있다. 내부 칸막이벽은 콘크리트 블록이다.

이 건물의 공학에서 관심을 끈 것은 파빌리온의 구조 시스템이다. 가변성을 위해서 파빌리온의 내부에 기둥을 없애고, 모서리도 기둥 없이 탁 트인 시야를 확보하기 위해 칸은 각 파빌리온 측면을 셋으로 나눈 후 가운데 두 지점에 기둥을 배치했다. 비렌딜 구조는 파빌리온의 가장자리를 따라 이어지며, 세 번째 지점에서 모서리 까지 캔틸레버처럼 뻗어 나가면서 점점 얇아진다. 더 큰 비렌딜 구조가 파빌리온을 가로지르며 서로 교차한다.

주변 테두리보와 각 방향으로 교차하는 쌍둥이 보는 틱택토tic-tac-toe게임과 같은 아홉개의 동일한 사각형을 만든다. 파빌리온은 한 변이 약 45피트이므로, 아홉개의 정사각형은 각 15피트의 사각형이다. 이 15피트 정사각형은 작은 x자 모양의 요소들로 다시, 스팬이 7.5피트로 줄어든다. 이렇게 줄어든 스팬 위에 콘크리트 타설 바닥 슬래브가 놓이며, 이 슬래브는 프리캐스트 구조 부재에서 돌출된 보강 철근의 작은 끝단과 루프 형태의 철근과 연결된다. 기둥은 한 층 높이의 프리캐스트 세그먼트로서 현장에서 조립된다.

프리캐스트, 프리스트레스트, 포스트텐션 구조 시스템은 건물을 거대한 레고 블록을 조립하는 것처럼 시공할 수 있게 한다. 현장 타설 노출 콘크리트는 당시 유명한 프로젝트들에서 사용되고 있었다. 유럽에서는 르 코르뷔지에의 마르세유 주거블록, 롱샹 성당, 라 투레트 수도원에서, 미국에서는 I. M. 페이의 필라델피아의 소사이어티 힐 아파트Society Hill apartments와 사아리넨의 TWA 빌딩에 사용되었다. 그러나 이 노출 콘크리트는 풍화 문제를 가지고 있다. 프리캐스트 콘크리트는 생산되는 공장의 통제된 조건 때문에 밀도가 높고 품질이 우수하여 날씨에 더 잘 견딜 수 있다.

프리스트레스트 콘크리트 부재를 만드는 동안, 콘크리트가 굳기 전에 철근에 장력을 주어 당긴다. 당겨진 철근이 풀리면 철근은 원래의 위치로 돌아가려 한다. 만약 철근이 수평 부재의 아래 부분에 있으면 철근이 부재를 위로 휘게 만들어 아래로 누르는 힘에 저항하게 된다.

프리캐스트 부재들은 현장에서 크레인으로 조립되어 큰 관심을 끌었다. 칸은 이를 지켜보며, 전통적인 벽돌의 크기와 무게를 손이 결정했던 것처럼 크레인이 20세기의 손이 되어 그가 "20세기의 벽돌"이라고 부르는 대형 프리캐스트 콘크리트 부재(리처드연구소의 경우 최대 25톤)를 가능하게 한다고 언급했다.

일부 구조 부재, 예로 교차하는 비렌딜 구조의 절반은 세그먼트로 구성되어 있다. 이 부재들은 압축과 인장으로 구성된 힘에 저항해야 한다. 그 결과 인장력은 세그먼트 사이의 접합부를 따라 전달되어야 한다. 철근 콘크리트에서 인장력은 콘크리트가 아니라 철근이 받는다. 칸과 코멘던트는 세그먼트가 조립된 후 세그먼트에 주조된 구멍을 통해 철근을 집어넣어 일관된 인장력을 얻었다. 그런 다음 이 철근은 유압잭으로 나사가 있는 너트를 돌려 당겨진다. 마치 중국 퍼즐을 조립한 후 조각들 사이로 고무줄을 꿰고,

고무줄을 팽팽하게 당기는 것과 같다.

　프리캐스트 구조물이 자리를 잡으면 바닥 슬래브를 타설한다. 프리캐스트 부재에서 돌출된 철근을 긴결하여 슬래브와 프리캐스트 부재들을 서로 결합시키고 강성을 가지게 한다.

　앞서 언급했듯이 칸은 파빌리온 양쪽에 있는 한 쌍의 기둥 대신 콘크리트를 타설한 서비스 타워를 강화하여 바닥 슬래브를 지지할 수 있었다. 실제 칸은 디자인 단계에서 이 대안을 고려했다. 이러한 요소들을 결합하는 것을 통합이라고 할 수 있지만, 칸은 분절을 선호한다. 그래서 그는 서비스 타워와 리처드연구소의 파빌리온의 구조를 분리하고 각각을 명확하게 표현했다. 앞에서 논의한 바와 같이 이는 통합을 선호하는 라이트의 성향과 대비된다. 라이트는 라킨 빌딩의 네 모서리 있는 타워에 계단과 덕트를 결합시키고, 일부 기둥의 속을 비게 하여 구조와 덕트 역할을 동시에 하도록 설계했다. 라이트의 존슨 왁스 연구소 타워의 중앙 샤프트에서도 구조와 기계설비가 통합된 것을 볼 수 있다.

　리처드연구소에서 구조는 건물을 지지할 뿐 아니라 공간 조직을 생성한다. 공간의 배치와 사용 방식, 그리고 상호 관계에 있어서 각자의 의미는 평면만큼이나 구조에 의해서 생성되었다.

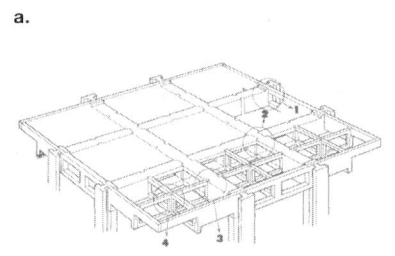

a. Precast assembly
b. Precast beam hoisted into place
c. Two structural systems
d. Precast assembly
e. Post tensioning rods being tensioned

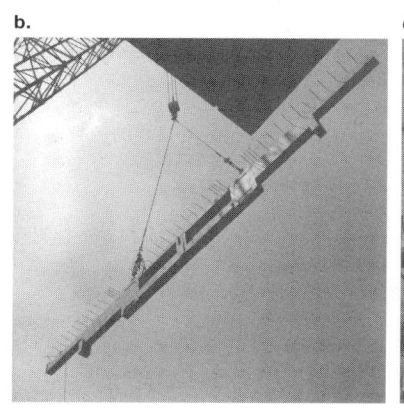

4.1.6. 설비

고층 사무실 건물에서는 개방적이고 유연한 공간의 중앙 근처에 코어를 두고 설비 장비를 모아 두는 것이 관례라고 앞에서 설명한 바 있다. 미스가 시그램 빌딩에서 이를 구현했으며, SOM의 체이스 맨해튼 플라자 Chase Manhattan Plaza는 가장 명확한 예 중 하나다.

리처드연구소에서, 칸은 파빌리온의 중심을 비운 상태에서 설비가 표현되기를 원했다. 그는 별도의 분리된 서비스 블록을 제공하여 후면에 흡기 타워를 배치하고, 각 파빌리온의 측면에 있는 슬림한 서비스 타워에 배기 덕트와 피난 계단을 설치하였다. 배기 타워와 피난 계단 타워는 비율에서 거의 구분할 수 없을 정도이고, 계단 타워에는 다른 벽보다 더 높은 두 개의 벽이 있다는 점에 유의하라. 칸은 이들 타워가 서비스를 위한 것이라는 공통점이 차이보다 더 중요하다고 판단했다.

이처럼 설비를 명확하게 분절하여 표현함으로써, 이 건물은 그 자체로 호흡하는 과정을 보여주는 다이어그램이 되었다. 식물 정원에 인접한 설비 블록의 뒷면에 있는 흡기 타워의 하단부 부근에는 신선한 공기를 받아들이는 구멍nostrils이 있다. 공기는 기계를 통과하여 조절된 후, 다시 내려와 서비스 블록의 두 개의 큰 홈chase을 통해 실험실 공간으로 내려간다. 돌아오는 공기는 서비스 블록의 다른 두 개의 큰 홈을 통해 다시 위로 올라간다. 병든 조직을 소각하는 것과 같은 실험에서 나온 공기는 서비스 타워를 통해 배출되어 높은 곳으로 방출된다.

파빌리온 내부에서 칸은 공기 덕트, 배관, 조명을 천장을 따라 수평으로 배치해야했다. 1950년대에 개발된 해결책은 덕트와 다른 설비 및 조명 기구를 패널로 이루어진 천장 위에 숨기는 것이었다. 이 패널들은 조명이 있는 곳에 반투명 플라스틱이 섞여

있으며, 가벼운 금속 채널의 그리드에 맞춰 설치했다. 칸은 "마분지" 뒤에 건물의 기능적인 부분을 숨기는 것을 거부했다. 대신 그는 비렌딜 구조 내부의 개방된 공간의 격자를 이용하여 기계와 조명을 배치했다. 모든 파이프와 덕트는 그대로 드러나지만, 대담한 콘크리트 비렌딜 구조는 시각적 구성을 보여준다. 그러나 이로 인해 뒤에서 논의할 문제가 발생했다.

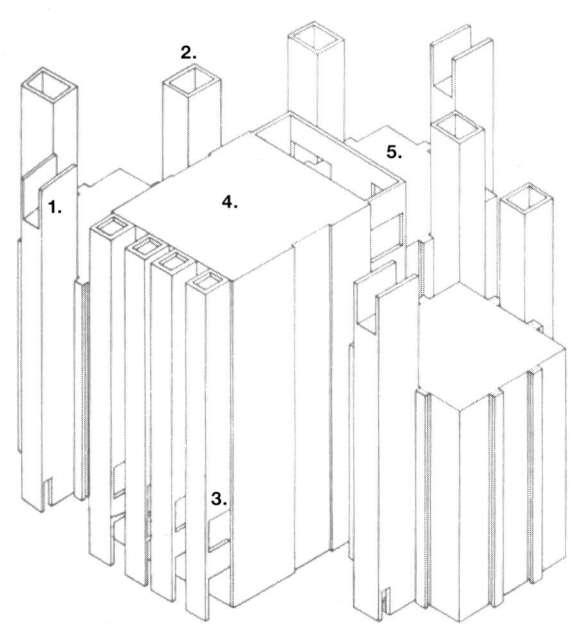

a. Diagram of air flow
  1. Fire stair
  2. Air exhaust
  3. Air intake "nostrils"
  4. Mechanical room
  5. Pavilion where air is "used"

4.1.7. 재료

칸이 리처드연구소에서 표현한 공간과 구조의 명확성은 재료에서도 대부분 유지되었다. 외부에서 보았을 때 구조물의 흰색 프리캐스트 콘크리트는 스팬드럴 벽과 타워의 마감에 사용된 적벽돌과 대조된다.

리처즈연구소를 건설할 당시, 알토의 MIT기숙사를 제외하고는 미국의 주요한 근대 건물에서 적벽돌이 사용된 적이 없었다. 필라델피아에서 강세를 보이는 벽돌산업은 칸의 건축물에 대한 기대가 컸다. 영업사원이 칸에게 벽돌 샘플을 보여주었을 때, 칸은 그것들이 인공적이라고 생각했다는 이야기가 있다. 칸은 벽돌이 어떻게 만들어지는지 물었고, 영업사원은 붉은 점토에 염료와 화학 물질을 첨가한다고 말했다. 칸은 염료와 화학물질을 제외한다면 무슨 일이 일어나는지를 물었고, 영업사원은 샘플을 만들어 보겠다고 했다. 영업사원이 샘플을 가져왔을 때 칸은 그것을 마음에 들어 했고, 테스트 벽을 만들기 위해 현장에서 벽돌을 생산했다. 칸은 벽이 물에 씻긴 것처럼 되는 것을 보고 실망했고, 영업사원에게 무슨 일인지 물었다. 영업사원은 샘플이 작은 테스트 오븐에서 만들어졌지만, 이것들은 생산용 가마에서는 다른 결과가 나온다고 설명했다. 칸은 어떻게 해야 할지 물었고, 영업사원은 염료와 화학물질을 추가해보자고 제안했다. 칸은 시도해보자고 했고, 결과에 만족했다. 이 이야기의 교훈은 재료를 다루는데 정답이 없다는 것이다. 순수성이 보장되지는 않았다. 칸은 유연하게 대응했고, 벽돌이 그에게 말하는 것에 응답해서 올바른 해결책을 찾아냈다.

리처드연구소의 벽돌은 강한 질감과 불규칙한 색상을 가지고 있어 인근의 오래된 건물들의 교차된 붉고 어두운 벽돌과 잘 어울린다. 그러나 리처드연구소의 어두운 벽돌은 장식적으로 배치한 것이 아니라 벽돌이 만들어진 방식을 그대로 보여줌으로써 이런 특징을 얻는다. 벽돌을 자세히 살펴보면, 벽돌을 굽는 동안 쌓인 방식 때문에 대부분의 벽돌에 타원형의 변색이 있다는 것을 발견할 수 있다.

내부에서는 매끈한 프리캐스트 콘크리트이 상대적으로 지저분한 타설 콘크리트(내부에서는 보이지만 외부에서는 보이지 않는), 내부 칸막이벽의 콘크리트 블록과 창문을 통해 보이는 건물 외부의 벽돌 등과 대비된다.

건물의 다른 부분의 시야에 있는 창을 통해 보이는 외부 벽돌에 대비해서 프리캐스트 콘크리트가 있는 것을 볼 수 있다. 리처드연구소에 사용된 재료들은 원초적이고 심지어 날 것의 힘을 표현하고 있다.

Richards interior

4.1.8. 디테일

건물 상세도에서, 많은 건축가들은 표준적인 방식을 사용한다. 많은 생각을 할 필요가 없다는 점에서 편리하고, 이 방식이 시간에 걸쳐 증명되었기 때문에 안전하다. 칸은 모든 디테일을 새롭게 살펴보았고, 그와 그의 동료들은 문틀 같은 간단해 보이는 문제를 탐구하며 늦게까지 사무실에 있곤 했다.

예로 금속 문틀을 선택할 때 우리는 카탈로그에 나와 있는 것을 고르지만, 리처드연구소에서 칸은 문틀을 다시 생각했다. 일반적인 금속 문틀의 단면은 양쪽에 오목한 있어서 어느 방향으로든 문을 설치할 수 있다. 그러나 실제로는 어느 문이든 한 방향으로만 열리게 되어 있다. 다른 쪽의 오목한 부분이 있는 것은 제조 업체의 편의를 위한 것이지, 디자인의 명료함을 위한 것이 아니다. 칸은 리처드연구소의 문틀에는 한쪽만 오목하게 만들었다.

비슷한 방식으로, 칸은 문틀의 한쪽 수직면이 힌지를 지탱하고, 다른 한쪽이 닫히는 문을 받는 역할을 한다는 것을 관찰했다. 그런데 문틀의 윗부분은 어떤 역할을 할까? 그것이 관습적으로만 존재한다고 판단한 칸은 리처드연구소에서는 그 부분을 제거했다. 그러나 먼지가 문 위로 이동하고 문이 어긋난 뒤에, 상부 부재들이 거기에 있어야 하는 이유를 깨닫고 리처드연구소의 증축동인 데이비드 고다드 연구소^{David Goddard laboratories}에서는 다시 복구했다.

건물 내부의 칸막이벽은 대개 콘크리트 블록이었다. 블록은 바닥부터 쌓이고 마지막 블록은 천장이나 빔 아래로 들어가기 때문에 이 마지막 블록의 모르타르는 밀려나가게 된다. 그래서 마지막 블록은 양쪽 면으로 나뉘어져 양쪽에 각각 놓여 바닥에서 천장까지 블록이 균일한 외관을 갖는다. 칸막이벽이 내력벽이 아니고 디자인의 명확성의 문제를 표현하기 때문이다. 깨진 윗 블록은 다른 블록들과 같아 보이지만 실제로 그렇지 않다. 칸은 맨 윗 부분의 요소를 타일이라고 말하고, 그는 타일로 처리하였다.

4.1.9. 빛

후일 나타나는 빛에 대한 칸의 관심은 리처드연구소에서는 명확하지 않다. 창문은 많이 사용하였는데, 직사광선이 생물학 실험에 방해가 될 수 있기 때문에 문제가 되었다. 과학자들은 신문지, 파일 폴더, 그리고 알루미늄 호일을 창문 위에 테이프로 붙여 해결했다. 리처드연구소 이후 칸의 건물들은 빛을 다루는 데 더 성공적이었다.

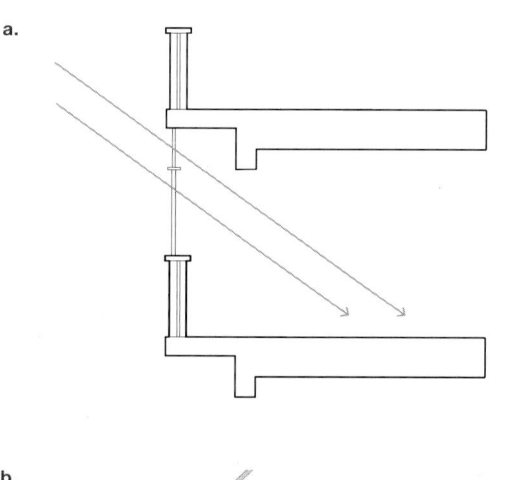

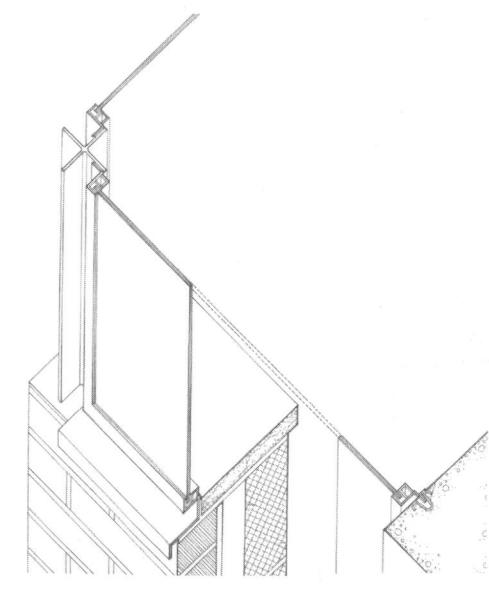

a. Light coming in too far
b. Richards glass

4.1.10. 건물 체험

리처드연구소는 펜실베이니아대학 캠퍼스의 보행로인 해밀턴 워크Hamilton Walk에 있다. 길 건너 기숙사가 있고, 뒤쪽에는 식물원이 있으며, 양 옆에는 의과대학 건물과 생물학 건물이 있다.

리처드연구소로 다가서면서, 옆 전통적인 건물들 사이에 근대적인 건물이라는 것을 알 수 있지만, 건축에 관심이 없다면 눈에 띄지 않는다. 멀리서 보면 리처드연구소의 타워는 기숙사의 복고주의 양식의 탑들과 잘 섞인다. 펜실베이니아 대학교 캠퍼스에서 전후 시대의 첫 번째 근대 건물 중 하나였으며, 동시에 오래된 건물들과 잘 어우러지고 있다.

가까이 다가가면 강력하게 수직선이 강조된 서비스 타워들이 눈에 띄며, 빛의 문제를 해결하기 위해 창문 위에 설치된 외부 차양이 보인다. 입구에 있는 파빌리온으로 이어지는 계단을 오르면 당신은 상부의 노출된 프리캐스트 콘크리트 퍼즐 조각들과 측면의 벽돌로 된 거대한 서비스 타워를 둘러싼 강력한 콘크리트 기둥들을 통해서 이 건물이 지어진 이야기를 볼 수 있게 된다.

불과 몇 년 전만 해도 일단 건물에 들어가면 명확성이라고는 없었다. 공개된 평면도에서 보이는 개방된 파빌리온 공간은 실제로는 거친 콘크리트 블록으로 둘러싸여 실험실 구역과 작은 사무실 칸막이의 미로였다. 최근에 보수를 해서 각 파빌리온의 일부를 개방해서 칸의 원래 의도했던 공간들을 경험할 수 있다. 창문에 이르면 다른 파빌리온의 창문을 들여다볼 수 있는 전망 때문에 건물이 하나의 공동체라는 느낌을 받는다.

창문이 없는 넓은 창고에 들어갔을 때, 개집에서 짖는 개들을 보고 실험실에서 동물을 사용하는 것에 대해 의아해할 수도 있다. 건물 상부에 있는 기계실 안으로 들어가면 외부에서 보이는 것보다 훨씬 큰 건물이 동굴처럼 느껴지며, 거대한 기계들은 마치 어두운 공상과학 영화의 장면을 연상시킨다.

칸이 리처드연구소를 설계할 때, 그가 사용한 원래의 자재(도장하지 않은 콘크리트 블록, 노출 콘크리트, 노출 프리캐스트 콘크리트)는 대담한 것으로 여겨졌다. 몇 년 전만 해도 사람들은 그것들이 무슨 생각으로 된 것인지 궁금했을 것이다. 그 장소 전체가 미완성의 지하실이나, 오래된 콘크리트 블록 벽의 미로처럼 보였다. 천장은 더욱 형편없어서, 노출된 파이프와 덕트로 인한 문제를 교정하기 위해 시도한 구조 그리드에 매달린 천장 시스템 탓에 더 나빴다. 그럼에도 불구하고 사람들은 그곳에서 일했다. 하지만 최근의 개조 공사로 난장판이 정리되었다. 많은 과학자들이 한때 리처드연구소를 피했지만 이제는 많은 이들이 오고 싶어 한다.

비전문가에게 리처드연구소는 투박하고 적대적으로 보일 수 있다. 건축가에게는 그런 거친 느낌도 있지만, 동시에 신선한 역사적 감각과 마치 집에 있는 듯 아기자기한 느낌이 함께 어우러져 있다.

4.1.11. 철학적 진술

칸이 리처드연구소에서 "말하고 있는"것은 무엇인가? 더 적절하게 표현하자면 그가 우리에게 경험하게 의도한 것은 무엇인가?

선구적인 근대주의자들처럼 칸은 우리를 산업화된 20세기에 안내한다. 그러나 칸의 산업적인 현실은 그의 앞선 건축가들처럼 낭만적이지 않다. 미스와는 달리, 빛나고 반사되지 않는다. 또 르 코르뷔지에와는 다르게, 하나의 덩어리도 아니다. 콘크리트는 매끄럽지 않고, 칸에게는 르 코르뷔지에가 빌라 사보아와 그의 초기 다른 주택들에서처럼 스터코로 매끄럽게 하는 것은 재료의 특성을 감추는 것이었다.

바르셀로나 파빌리온과 빌라 사보아보다 20세기 후반에, 실제로 1952년 르 코르뷔지에의 노출콘크리트로 된 유니테 다비타시옹 Unité d'Habitation 이후, 리처드연구소는 우리에게 산업화의 이상화된 이미지보다 현실을 더 잘 보여준다. 그 현실은 매우 거칠고 사실적이다. 리처드연구소의 재료들인 벽돌, 현장 타설 콘크리트, 프리캐스트 콘크리트, 콘크리트 블록, 유리 등은 천장 마감재, 판석, 심지어 페인트조차 없이 그 자체로 존재한다. 이는 고딕 복고 양식 캠퍼스의 아름다운 석재 마감과 호화로운 기업 본사의 금속성 매끄러움을 부정한다. 로비에는 대리석 대신 콘크리트와 벽돌만 있다. 리처드연구소는 장식 대신 견고함과 건물이 어떻게 만들어지는지에 대한 정직한 표현을 추구했다. 비슷한 방식으로 건물은 기단 없이 땅에서 솟아나며, 옥상의 자갈 지붕이 하늘에 닿아있다.

그 건물에서 일하는 사람들과 그 건물을 지나가는 사람들의 경험하는 것은 무엇일까? 우리는 그 건물에 대해서 어떤 경험을 하게 될까?

리처드연구소는 재료에서 표현한 것과 같은 정직성을 우리에게도 요구한다. 이 곳에서의 노동은 산만함이나 환상이 없이 프로테스탄트적인 윤리 안에 이루어진다. 리처드연구소에서는 실리콘밸리의 탁구대나 빈백 의자bean bag chairs는 상상할 수 없다. 우리는 우리 문화의 진지함에 뿌리를 두고 있다. 그것은 건조하고 현실적이지만 동시에 건물을 구성하기 위해 맞춰진 25톤의 부재들을 인식하며, 솟아오르는 타워에 의해 감동받는다. 리처드연구소는 당신에게 좋고, 당신을 강하고 건강하게 만들어줄 것이다. 동시에 우리는 리처드연구소에서 경외하는 마음과 고귀함을 느낀다. 이런 느낌은 첨단 건축기술에서 오는 것이 아니다. 그런 기술들은 건축가들에게는 큰 관심거리이지만 마천루와 다리들로 가득찬 세상에서 일반인들에게는 그다지 영향력이 없다. 오히려 고귀한 느낌은 질서에 대한 깊은 감각에서 비롯되며, 그 내적 본성을 실현할 수 있는 무언가의 존재를 느끼는 것에서 비롯된다.

궁극적으로 리처드연구소는 질서에 관한 것이다. 재료의 질서는 벽돌과 콘크리트가 그들의 본질을 표현하는 방식에 있다. 제작making의 질서는 건물이 어떻게 만들어지는지 경험하게 하는 것이다. 기계의 질서는 HVAC 장비의 표현 방식이 우리가 산업화된 세계에 있다는 것을 표현한다. 작업의 질서-작업 공간의 구성이 우리의 삶에서 노동의 역할을 알 수 있도록 도와준다. 과학의 질서-실험실의 기능은 과학이 우리에게 세상에 대해 무엇을 알려줄 수 있고 무엇을 알려줄 수 없는지 알 수 있도록 도와준다. 그리고 이 모든 것의 반영으로서, 우리 자신의 질서가 있다.

Entrance: The building is the record of the making of the building

4.1.12. 비판과 의견

근대건축은 주문^{mantra}처럼 공간, 구조, 재료의(그리고 때로는 설비와 상세까지) 정직한 표현을 주장하지만, 바르셀로나 파빌리온, 빌라 사보아, 시그램 빌딩의 경우처럼 그 주장에 부응하지 못하곤 한다. 리처드연구소에서 칸은 그 모더니즘의 이상을 이어가는 데 중요한 공헌을 하였다. 하지만 리처드연구소를 사용하면서 결함이 나타나기 시작했다. 리처드연구소가 그 시대에 많이 연구된 건물 중 하나이기 때문에 우리가 그 많은 결함에 대해 많이 알고 있다.

첫째, 과학자들은 실험실을 배치하는데 있어 3개의 분리된 파빌리온에 있는 것보다 큰 융통성을 위해 각 층에 하나의 연속적인 공간을 선호했을 것이라고 바로 결론지었다.

둘째, 각 파빌리온의 중심에 있는 실험을 위한 측정할 수 있는 공간과 이론화를 위한 측정할 수 없는 공간 간의 구분이 명확하지 않고 오히려 흐릿하게 혼재되어 있다. 리처드연구소의 공개된 평면은 파빌리온을 개방된 공간으로 보여주지만, 실제로는 칸막이가 되어 있었다. 칸의 시공 도면에는 건물을 건설하는 중에 이미 콘크리트 블록 칸막이가 세워졌다. 이들 칸막이의 결과적인 효과는 질서의식이라고는 없는 사무실 칸막이와 실험실의 미로였으며, 두 종류의 공간 사이에는 명확한 구분이 없었다.

셋째, 칸은 천장에 파이프, 덕트, 조명이 노출된 상태로 두어 건설의 명확성에 대한 그의 신념을 보여주었다. 그러나 보, 덕트, 파이프에 먼지가 쌓이고, 이 먼지가 떨어져 실험에 방해가 되었다. 또한 칸막이가 천장까지 닿아있지 않고 비렌딜 구조가 개방되어 있어 이 공간에서 저 공간으로 소음이 이동한다.

넷째, 캔틸레버인 테두리 보는 모서리로 갈수록 얇아진다. 이를 통해 칸은 외벽의 높은 부분을 유리로 채울 수 있게 되었다. 이는 미스의 미니멀리즘에 따른 것이지만, 햇빛이 실험실 공간 깊숙이 들어오게 된다. 햇빛은 작업자들에게 불편을 주고 생물학 실험에 방해가 되어, 과학자들은 신문지, 파일 폴더, 알루미늄 호일을 붙여 차단했다. 햇빛을 차단하기 위해 검은색 산화알루미늄 판으로 된 얇은 베네시안 블라인드 같은 외부 스크린이 있었지만, 조절할 수 없어서 결국 제거되었다. 칸은 솔크연구소에서 이 네 가지 문제에 대응했다. 실제로, 건축이 흥미로운 점은 건축가들이 종종 말이 아니라 건물로 논의하고 토론하며 답을 한다는 것이다.

이러한 기능적인 문제 외에도, 칸은 리처드연구소에서 벽돌을 사용하는 것에 불만을 느꼈다. 첫째, 창문 아래에 있는 스팬드럴의 벽돌은 타워의 벽돌과 같아 보인다. 그러나 스팬드럴의 벽돌은 벽돌과 블록으로 된 벽의 일부인 반면, 타워의 벽돌은 타설 콘크리트 위에 덧붙인 것이다. 둘째로, 그는 마감으로만 사용한 벽돌의 판에 대한 개념에 불만을 느끼게 되었고, 벽돌이 단순히 표면 보호에만 국한될 필요는 없고 구조적일 수도 있다고 생각했다. 칸은 나중에 "벽돌을 잘라서 쓰고 열등한 일을 시키는 대신에, 당신은 그것을 존중하고 영광스럽게 해야 한다"고 하고, "벽돌이 로마를 건설했다"고 말했다.[39] 엑서터도서관에서 칸은 벽돌에 대한 속죄의 의미로 건물 외부의 전체 12피트 구조를 벽돌로 구성했다.

오늘날 리처드연구소는 더 이상 문제가 있는 건물로 여겨지지 않는다. 최근에 개조되었고 프로그램도 수정되었다. 창문에 에너지 효율이 높은 유리가 설치되었고, 내부는 깨끗하게 되었으며, 새로운 고효율 조명과 HVAC가 설치되어 비렌딜 구조에 잘 통합되었다. 가장 중요한 것은 리처드연구소가 더 이상 화학물질, 약물, 생물학적 물질을 액체 용액으로 처리해서 환기와 특수 배관 유틸리티가 필요한 "'습식 실험실 wet lab"이 아니게 되었기 때문이다. 현재는 물리적 세계를 모델링하는 수학과 컴퓨터로 분석하는 "건식 실험실 dry lab"이 되어, 다른 말로 이제는 사무소 건물이 되었다. 앞서 말했듯이 과거에는 많은 과학자가 이 건물을 피했지만, 오늘날에는 서로 들어가고 싶어 한다.

39. Lobell, 40.

4.1.13. 비교 및 영향

앞에서 말했듯이, 리처드연구소의 건설 당시에는 미스가 건축계를 지배하고 있었다. 미스에 대한 해석이 여러 가지가 있지만, 필립 존슨^{Philip Johnson}은 우아함을, SOM은 개방적이고 유연한 사무실 공간을, 피터와 앨리슨 스미슨^{Peter & Alison Smithson}은 건물이 어떻게 조립되는지를 강조했다. 칸은 스미슨의 캠프^{Camp}와 같은 경향을 보여주었으며, 영국 브루탈리즘 건축가들은 리처드연구소의 콘크리트 구조물과 반 아이크의 고아원을 연상시키는 위상학적인 구성을 보고 칸이 자신들과 같은 부류라고 느꼈다.

건설 당시 리처드연구소와 프랭크 로이드 라이트의 라킨 빌딩을 비교했다. 라이트는 계단과 덕트를 바깥쪽에 배열했지만, 비교는 거기서 끝이 난다. 라이트의 라킨 빌딩은 계단과 공기 덕트를 모서리로 빼낸 폴 루돌프의 예일 예술/건축대학 빌딩에 강한 영향을 끼쳤다. 리처드연구소에는 그런 영향을 미치지 않았다.

그러나 리처드연구소와 비슷한 시기에 지어진 미스의 시그램 빌딩을 비교하는 것이 아마도 가장 교훈적일 것이다. 미스는 유리와 청동의 표면을 보여주면서 건물의 내부 구조와 뼈대를 숨긴다. 구조 프레임은 파사드 뒤에 있으며, 코어는 내부에 숨겨져 있다. 모든 고층 건물은 대각선이나 전단벽을 통해 바람을 견뎌야 하며, 그 안에는 설비 장비로 가득 차 있지만 미스는 이를 보여주지 않았다. 칸은 시그램 빌딩을 코르셋을 입은 아름다운 청동 여인에 비유했다. 리처드연구소는 명확한 구성과 건설의 명료함으로 그러지 않았던 시그램 빌딩과 당시의 다른 건물들에 대한 칸의 응답이었다.

리처드연구소의 구조적 명확성과 설비의 명쾌한 표현은 상당 기간 많은 건물에 영향을 미쳤다. 예를 들어 이 방식은 리처드연구소에서 솔크연구소로, 다시 퐁피두 센터로 직접적으로 이어진다. 같은 맥락에서 리처드연구소는 아키그램의 도면과 제임스 스털링^{James Stirling}의 레스터 공과대학 건물^{Leicester Engineering Building}과 영향을 주고받지는 않았지만 같은 평행선을 그리고 있다.

다른 경우에는, 건축가들이 칸의 서비스 타워의 돌기와 같은 시각적인 효과를 모방했다. 롱아일랜드에 있는 폴 루돌프의 엔도 연구소^{Endo Laboratories}와 볼더에 있는 I.M.페이의 대기시험연구소^{Atmospheric Testing Laboratories}가 그 예다. 오늘날까지, 그것들이 진실성으로 이루어졌든 표면적으로 이루어졌든, 미적 표현을 위해 기계적 장비를 사용하는 많은 건물들은 리처드연구소로부터 유래한다.

루이스 칸의 철학 같은 건축

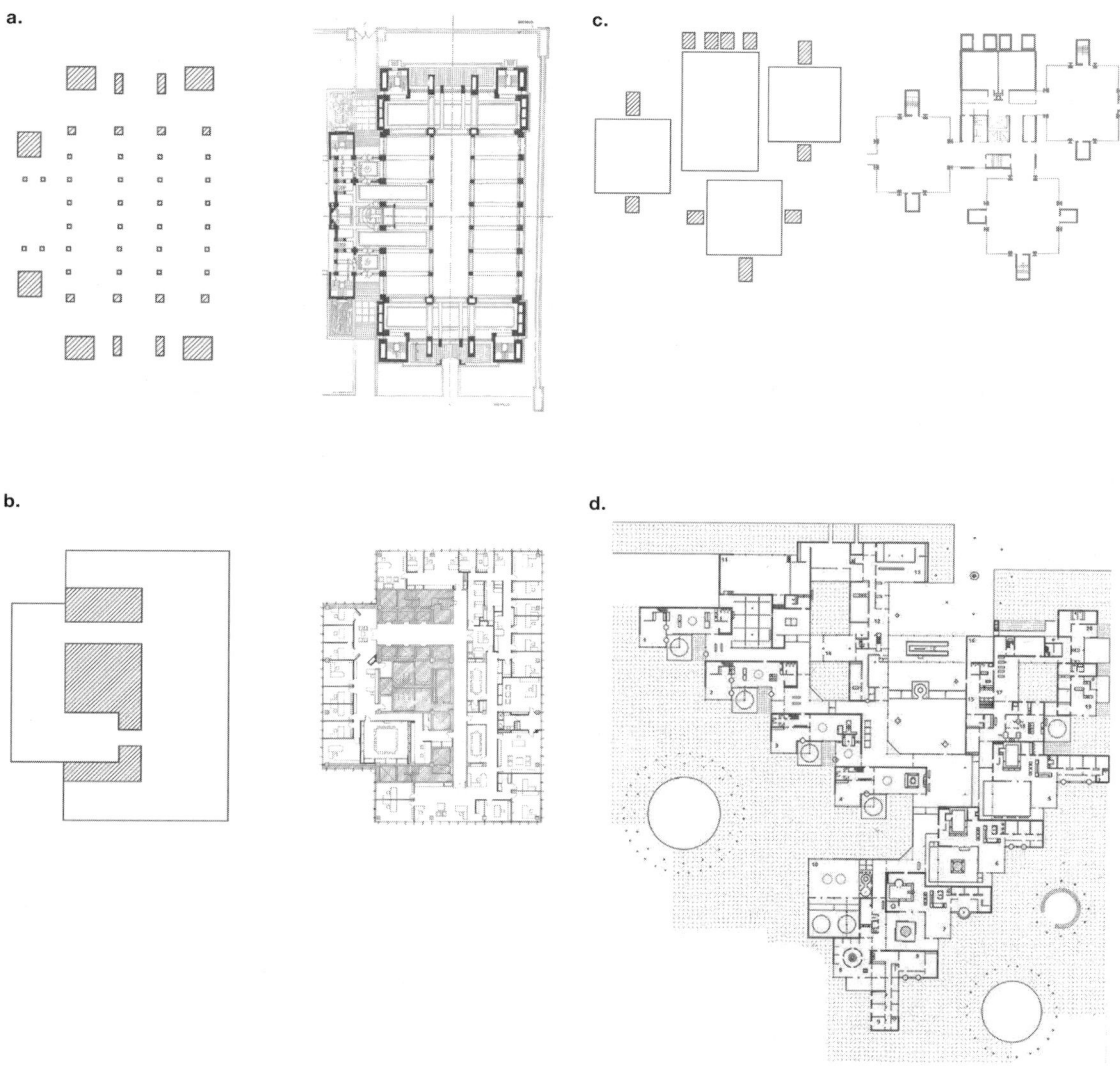

a. Wright's Larkin Building, mechanical and structure, and plan
b. Mies's Seagram building, mechanical core and plan
c. Richards, mechanical, stairs, and plan
d. Aldo van Eyck's Orphanage

4.1.13. 비교 및 영향

a.

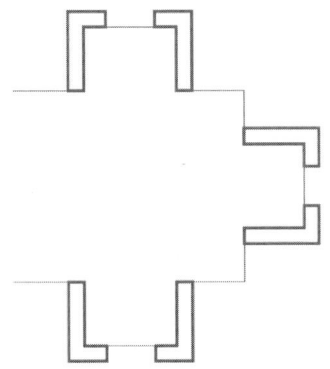

b.

d.

a. Atmospheric Testing Laboratory plan detail
b. Richards
c. Atmospheric Testing Laboratory with "false" towers
d. Centre Pompidou

4.2

솔크생물학연구소
[솔크연구소]

Salk Institute for Biological Studies

La Jolla, California 1959–65

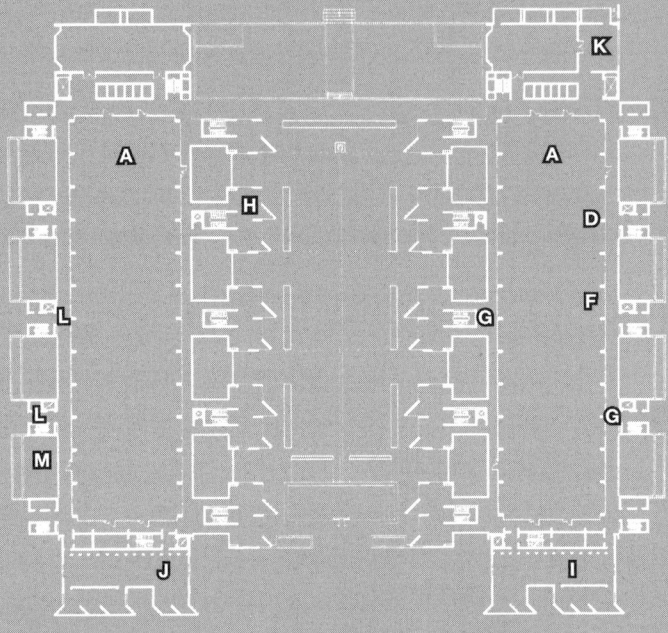

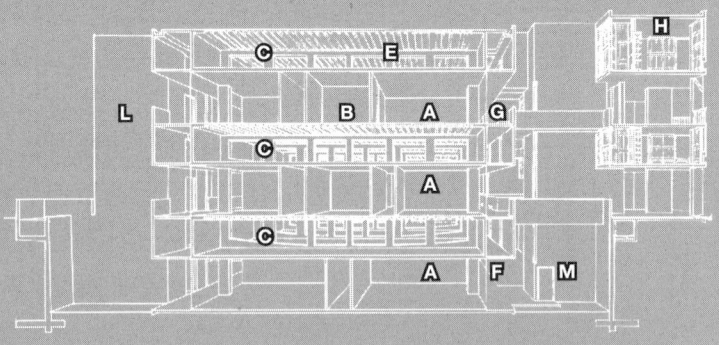

- **A** Laboratory spaces
- **B** Movable partitions
- **C** Mechanical spaces
- **D** Columns
- **E** Giant Vierendeels
- **F** Glass walls
- **G** Exterior walkways
- **H** Fellows' studies
- **I** Library
- **J** Cafeteria
- **K** Mechanical spaces
- **L** Stairs, elevators, and toilets
- **M** Light wells

4.2.1. 배경과 맥락

리처드연구소가 준공에 이른 시점에 칸이 이 건물에 대해 강연했다. 그 자리에 조너스 솔크$^{Jonas\ Salk}$가 있었다. 솔크는 칸과 만났고, 둘은 즉각적인 신뢰 관계로 발전했다.

1950년대 초 솔크는 소아마비 면역 백신을 개발해서 과학계 영웅이 되었다. 소련이 스푸트니크^{Sputnik}로 우주에서 미국을 앞서나가면서, 과학 연구에 대한 지원이 증가하고 있었다. 솔크는 자신의 연구를 계속하고 싶었지만, 교육에 집중해야 하는 대학이나 회사의 이익에 의해 연구가 결정되는 제약 회사에서는 아니었다. 대신에 그는 독립적인 연구소를 설립하기로 했고, 칸이 건축가가 되기를 원했다. 솔크는 캘리포니아 샌디에이고의 북쪽 라 호야$^{La\ Jolla}$로 결정했고, 태평양이 내려다보이는 토리 파인$^{Torrey\ Pines}$에 대지를 마련했다.

솔크는 아시시에 있는 수도원에 감명받았다고 말했으며 칸도 이를 높이 평가했다. 그는 또 피카소를 초대할 만한 자부심을 느낄 건물을 원한다고 말했고, 그가 과학자들과 예술가들이 아이디어를 공유할 수 있는 새로운 접근 방식을 상상하고 있다는 것을 의미했다. 이 결과를 위해 그와 칸은 과학자들의 주거와 회의 센터를 포함한 실험실 이상의 광범위한 복합 시설을 구상했지만, 실험실만 지어졌다.

이 디자인은 여러 단계를 거쳤다. 초기에는 두 개의 정원을 사이에 두고 2층짜리 연구소에 네 개의 날개가 있었다. 최종적으로 지하 한 층이 있는 각각 3층짜리 2개 동으로 변경되었다. 그러던 중 멕시코의 유명한 조경가이자 건축가인 루이스 바라간$^{Luis\ Barragán}$의 그 유명한 방문 중에 실험실동 사이에 있는 정원은 나무가 없는 개방된 중정으로 바뀌었다.

4.2.2. 기능

솔크연구소는 일반적인 생물학 연구실험실이 될 예정이었다. 리처드연구소에서 말했듯이 실험실에 관한 연구는 당시에는 오늘날처럼 잘 정의되어 있지 않았다. 칸은 그 시설이 수용할 연구원의 수 정도만 알 수 있었고, 심지어 그것도 유동적이었다. 리처드연구소와 마찬가지로 기계적 서비스가 건물의 중요한 부분이 될 것이 분명했다. 면적과 체적, 예산의 절반을 차지할 정도였다. 리처드연구소의 경우처럼 과학자들을 위한 연구실이 이곳에서는 별개의 공간으로 배치되었다. 덧붙여 행정 사무실과 도서관, 카페테리아가 들어설 예정이었다.

주거지뿐만 아니라 회의, 문화, 피트니스 및 레크리에이션시설을 갖춘 새로운 형태의 과학 캠퍼스에 대한 큰 비전이 있었다. 칸과 솔크는 실험실과 이런 시설이 함께 표시된 배치계획을 통해 이 비전에 대해 많은 시간을 논의했다. 오늘날까지 솔크 미팅하우스는 비록 초기 계획과 모형으로만 존재하지만, 중요한 프로젝트로 간주한다. 이 큰 비전을 위한 예산이 없었다.

4.2.3. 형태 설명

솔크연구소의 형태는 리처드연구소와 비슷하게 과학의 두 가지 요소, 즉 관찰하는 측정 가능한 것과 관찰에 의미를 부여하는 측정 불가능한 것을 담았다. 따라서 형태는 과학의 이 두 가지 측면에 대해 수용할 필요가 있다. 형태^{Form}는 개념적이며 특정 모양이나 디자인^{Design}이 없다. 솔크연구소의 형태는 리처드연구소의 형태와 유사하지만, 디자인은 다르다. 대지도 다르고, 지역도 다르다. 리처드연구소 디자인^{Design}의 일부가 잘 작동하지 않아 개선이 필요했다.

Site Model

4.2.4. 공간구성과 평면

솔크연구소는 서로를 마주 보고 있는 2개의 동으로 되어 있다. 각 동은 너비 65피트, 길이 245피트의 가변성이 있는 개방적인 실험실 공간이 3개씩 있다. 각 실험실 공간의 천장 부분에는 기계 장비만이 있는 1개 층 높이의 공간이 있다. 따라서 솔크연구소는 아래쪽부터 실험실 층과 기계실 층이 교대로 배치되어 있다. 가장 바닥층의 실험실과 기계실은 지하에 있으며, 두 동의 양쪽에 있는 큰 채광정light wells을 통해 빛이 들어 온다.

실험실의 긴 변에는 중심 간격이 20피트인 기둥들이 있다. 거대한 비렌딜 구조가 가로 65피트를 가로지르며, 끝단에서 10피트를 더 외부로 뻗어 있다. 이 캔틸레버는 유리로 된 실험실 바깥의 통로를 형성하고 태양으로부터 보호하는 역할을 한다.

비렌딜 구조의 깊이는 9피트로 상하현재를 따라 표면으로 둘러싸여 있어 천장 위의 좁은 공간이 아니라 그 자체로 하나의 층이 된다. 실험실의 천장은 그 위에 있는 기계실의 바닥이 되고, 기계실 천장은 그 위에 있는 실험실의 바닥 역할을 한다. 기술자들은 실험실에 사다리를 놓거나 과학자들을 방해하지 않고 기계실 공간에서 일할 수 있다. 만약 과학자들이 냉각수와 같은 서비스가 필요하다면, 엔지니어들은 기계실에서 그 과학자의 실험대 바로 위에 있는 지점까지 배관을 돌린 다음 천장에서 바로 공급할 수 있다. 이 접근 방식은 오늘날까지 실험실 디자이너들이 존중한다.

단지의 외부를 따라 각각 5개씩 10개의 서비스 타워가 있으며, 계단, 엘리베이터, 화장실이 있다.

실험실 동의 안쪽, 중정을 마주 보고 있으며 통로와 계단으로 실험실과 분리된 곳에 과학자들을 위한 연구실이 있다. 칸과 솔크는 논의 과정에서 실험실 공간을 "스테인리스강의 영역"으로, 수도원의 독방과 같은 연구실은 "참나무와 양탄자의 영역"이라 표현했다.

주 기계실은 바다에서 떨어진 건물의 동쪽 끝에 있으며 두 동을 지하에서 연결한다. 행정 사무실, 도서관, 카페테리아 등이 바다를 바라보는 서쪽 끝에 있다.

솔크연구소에서는 단면도가 평면도만큼이나 중요하다. 실험실과 기계실 층이 번갈아 배치되고, 연구실이 실험실과 반 층 높이로 분리되기 때문이다.

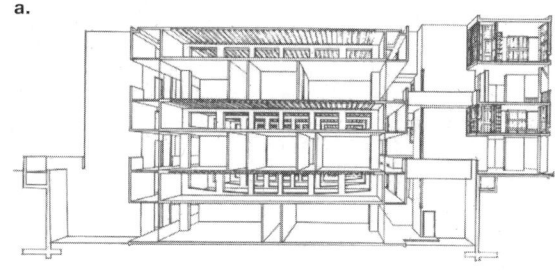

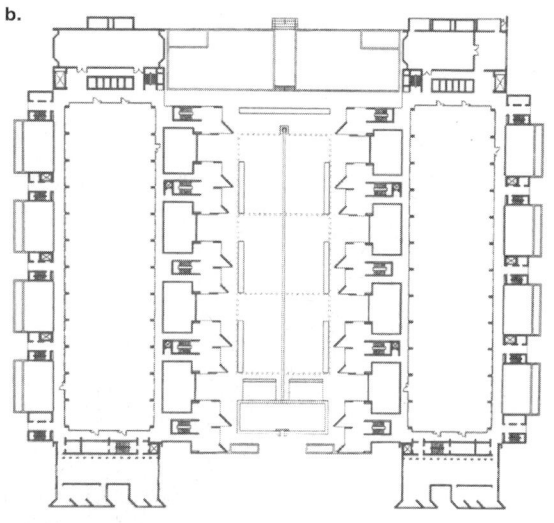

a. Section
b. Plan

4.2.5. 구조

캘리포니아는 지진이 빈번한 지역이다. 현지 건축 부서에서는 솔크연구소가 콘크리트보다 지진에 더 잘 견디는 강철로 짓기를 원했다. 리처드연구소에서 칸의 엔지니어였던 코멘던트가 솔크연구소에서도 이 업무를 담당했다. 그는 건축 부서의 역할은 사양을 설정하는 것이고, 그 사양에 맞추는 것은 엔지니어의 역할이라고 주장했다. 코멘던트는 콘크리트로 작업 하는 것을 선호했고 지진에 견딜 수 있도록 설계했다.

솔크연구소는 현장 타설 콘크리트 건물이다. 서비스 타워, 연구실, 건물 동쪽 끝의 기계실, 서쪽 끝의 행정 공간은 모두 콘크리트 내력벽으로 구성되어 있다.

실험실 공간은 프리스트레스트 철근콘크리트 비렌딜 구조를 지지하는 기둥으로 구성된다. 비렌딜 구조는 대각선 부재가 없는 트러스와 같은 구조다. 62피트에 달하는 거대한 스팬을 만들기 위해 비렌딜 구조의 춤^{depth}은 매우 깊게 설계되었으며, 그 안에 설비가 들어가도록 만들었다.

코멘던트는 건물의 "연성도", 즉 탄성을 증가시켜 지진에 대비하도록 설계했다. 그는 비렌딜의 콘크리트와 기둥의 콘크리트를 아연 도금 강판으로 분리하여 이를 달성했다. 그런 다음 비렌딜 구조와 기둥 사이의 "긴장재"(강철 타이)를 설계하여 지진시 최대 2인치까지 분리된 후 원래 위치로 돌아올 수 있게 했다.

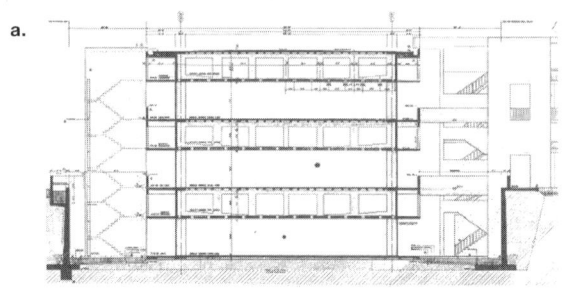

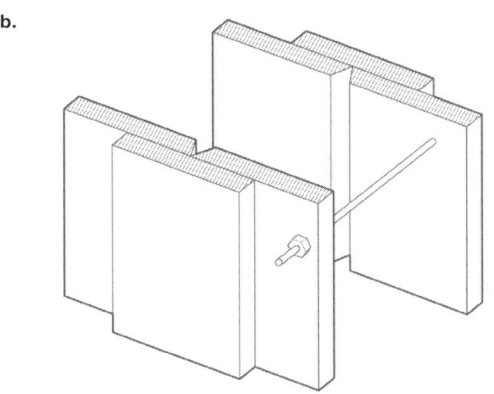

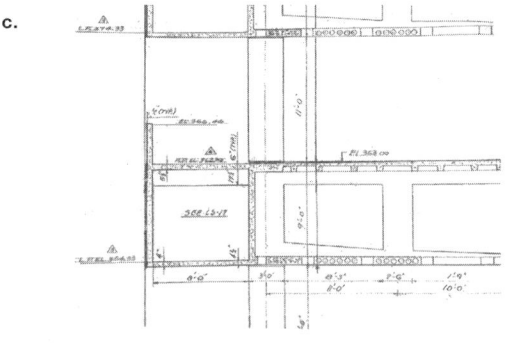

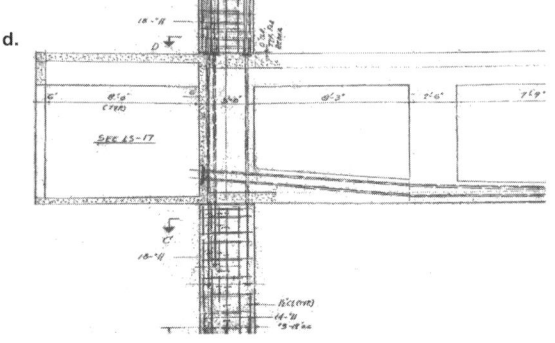

a. Section showing Vierendeels
b. Diagram of formwork showing articulated joint
c. Vierendeel with cantileve
d. Tensioned reinforcing

4.2.6. 설비

칸의 건물 여러 개의 구조를 담당한 오거스트 코멘던트가 솔크연구소 설계에 중요한 역할을 담당했듯이 기계 엔지니어 프레드 듀빈^{Fred Dubin}도 중요하게 이바지했다. 리처드연구소와 마찬가지로, 솔크연구소 설비의 건축적 표현은 디자인에 통합되었다. 어떤 면에서, 솔크연구소는 리처드연구소의 수평적 변형이다.

솔크연구소에서 주요 설비 장치는 실험실 동의 동쪽 끝에 있는 2개의 튀어나온 부분에 있다. 앞에서 말했듯이 이 부분은 중정의 동쪽에서 지하로 연결된다. 공기 덕트, 배관, 전선 등은 이 설비동에서 나와 개방된 기계실을 따라 연장된다. 이후 5피트 간격의 개구부를 통해 적절한 지점에서 아래 실험실로 내려간다.

그 결과 높은 명확성, 유연성 및 편의성을 얻을 수 있었다. 솔크연구소의 초기 설계와 건설 당시, 기계 엔지니어는 장비를 어디에든 배치할 수 있었고, 기계실을 통해 원하는 지점까지 모든 방향으로 덕트와 파이프를 연장할 수 있었다. 이후 기술자들은 언제든지 과학자들의 요구에 따라 변경 작업을 수행할 수 있었고, 과학자들을 방해하지 않고 자신들의 공간에서 작업할 수 있었다.

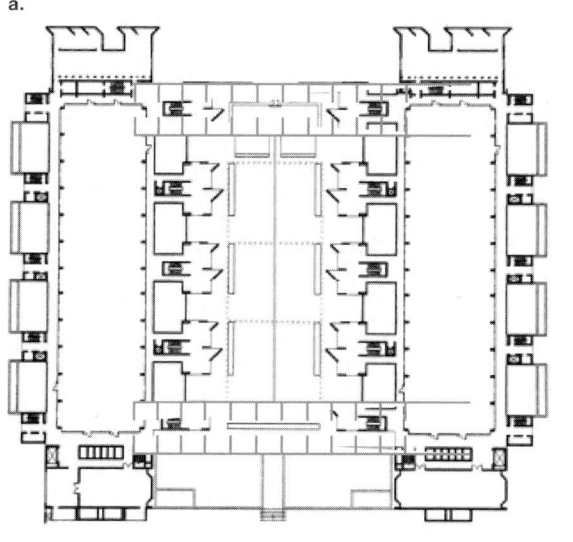

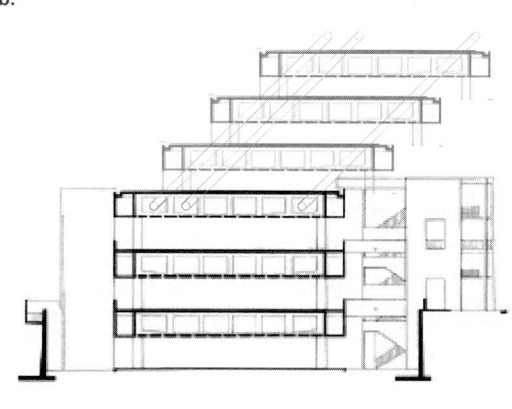

a. Plan showing HVAC
b. Section showing mechanical running through Vierendeels

4.2.7. 재료

모형으로 만들거나 "이론적인" 건축은 굉장히 긴 스팬과 일체형 구성의 부재를 가정하곤 한다. 칸은 건물이 실질적인 한계를 가진 실제 재료로 만들어 진다는 것을 이해했다. 솔크의 중정에 들어서면 콘크리트, 유리, 목재, 트레버틴, 스테인리스강 등 5가지 재료를 볼 수 있는데 콘크리트가 주재료다.

콘크리트 - 노출콘크리트는 건물의 재료를 표현할 수 있어 근대건축가들에게 인기가 있었다. 강철 구조에서 구조 부재는 대개 내화재로 덮여야 하지만, 콘크리트는 본질적으로 내화성이 있다. 그러나 현장 타설 콘크리트는 풍화에 약하다. 물이 스며들어 얼고, 팽창하고, 균열을 일으킨다. 물이 얼지 않는 캘리포니아 남부에서는 문제가 되지 않기 때문에 칸은 솔크에서 콘크리트를 광범위하게 사용하는 자유를 누렸다.

콘크리트는 대개 거칠고 차가운 회색을 띠지만 실제로는 사용되는 골재와 첨가제에 따라 다양한 색을 띤다. 솔크연구소에서 칸은 콘크리트에 화산재인 포졸라나^{pozzolana}를 첨가하여 따뜻하고 자연석 같은 색을 구현했다. 고대 로마인들은 판테온을 포함한 위대한 건축물에 포졸라나를 사용했다.

유리 - 칸은 실험실 외벽에 바닥에서 천장까지 유리를 사용했다. 칸은 솔크연구소에서 미스(유리 실험실 벽)를 르 코르뷔지에(콘크리트의 풍부한 형태)로 감쌌다. 이 유리는 스테인리스강 멀리온과 실험실 내부에서 다양하게 사용된 스테인리스와 함께 근대적인 실험실에 적합한 단단하고 첨단의 느낌을 준다. 칸은 유리에 대해 만족하지 못하며, 유리를 가리는 방식에서 성공적인 모습을 보인다. 실험실의 차양과 연구실의 나무 셔터로 유리를 가린 것이 그 예다.

목재 - 외부 연구실 벽의 개구부는 마감 없는 티크 목재 패널과 유리로 되어 있으며, 이 유리는 티크 목재 셔터로 덮을 수 있다. 티크는 매우 단단하고, 심지어 소금물에도 견딜 수 있어서 배 갑판에서 도장 없이 사용된다. 솔크연구소에서 티크는 날 것의 상태로 콘크리트와 조화를 이루며 자연스럽게 표현되어 있다. 하지만 최근에 이르러서는 티크를 복원하는 작업이 필요하게 되었다.

스테인레스강 - 솔크연구소의 일부 보행로는 콘크리트 난간이지만 다른 통로와 계단에는 금속 난간이 있다. 칸은 난간에 스테인리스강을 선택했다.

트레버틴 - 마지막으로, 칸은 건물의 콘크리트와 잘 어울리는 다공성 대리석인 트레버틴으로 중정을 포장했다.

a. and b. Two views of walkway and glass lab wall.

4.2.8. 디테일

솔크연구소에서 칸은 재료가 그 본질을 표현하도록 하는 주제를 이어 나가는데, 특히 그가 디테일을 다루는 방식을 통해 이를 구현했다. 세 가지 예를 보겠다.

콘크리트 거푸집 조인트 - 콘크리트는 시멘트, 물과 함께 골재(보통 모래와 자갈)를 혼합하여 만든다. 이것들을 거푸집에 타설하면, 응고되고 "경화"된다. 콘크리트를 붓는 거푸집은 작은 판재들의 결합이다. 이 결합의 접합부는 거푸집을 제거한 후 콘크리트에 자국을 남긴다.

솔크연구소의 콘크리트 구조물은 6개 층의 중공 콘크리트 벽으로 되어 있다. 고전적인 어휘로 작업하는 보자르 건축가는 이런 벽에 몰딩이나 다른 테두리 장식을 사용하여 인간적인 척도를 부여할 것이지만, 근대에서는 일반적으로 이를 장식으로 보고 사용하지 않는다. 칸은 형틀의 접합부로 인해 생긴 콘크리트의 선을 사용해서 원하는 스케일을 만들었다. 조인트 위치를 시공자에게 맡기는 것이 아니라, 칸은 현장에 사무실을 차려서 조인트의 위치를 지정하는 300장이 넘는 도면을 그렸다.

스케일 감을 주기 위해 조인트 이음선 외에도 폼 타이의 패턴을 이용했다. 일반적으로 콘크리트 벽의 거푸집 양쪽은 무겁고 굳지 않은 콘크리트가 경화하기 전의 압력에 저항하기 위해 강철 볼트로 묶어둔다. 거푸집이 제거될 때, 폼 타이가 제거되면 지저분한 구멍이 남는다. 솔크연구소에서 칸은 이 구멍의 패턴을 신중하게 배열하고 납으로 채웠다. 따라서 칸의 거푸집 조인트와 폼 타이의 배치는 콘크리트 벽에 인간적인 척도를 제공하고 그것들이 어떻게 만들어졌는지를 드러낸다. 리처드연구소에서는 현장에서 타설된 콘크리트의 폼 타이가 빨간 플라스틱 "볼트"로 고정되었다. 이 볼트는 계단 타워 내부에 노출되어 있지만, 오랜 기간 대부분이 빠져 나가고, 사람들이 기념품으로 가져갔다.

실험실 유리벽을 위한 멀리언 - 칸이 솔크연구소에서 사용한 유리벽은 압출 알루미늄 멀리언으로 고정된다. 일반적으로 사용되는 압출 알루미늄 멀리언은 속이 비어 있지만, 고체인 것 같은 착각을 준다. 칸은 무엇인가가 고체로 보이려면 실제로 고체여야 한다고 생각했다. 솔크연구소에서 칸은 압출물 대신 멀리언에 구부린 강철판을 사용했다. 그는 강철의 절단된 가장자리를 보여주어 그것의 두께를 분명히 볼 수 있게 하고, 부품을 고정하는 볼트를 보여주어 보통 고정 장치를 숨기는 데 사용되는 조립 방식을 피했다.

칸은 유리벽이 쉽게 분리되어 실험실 안팎으로 장비를 이동하고 심지어 가변성을 위해 벽의 어떤 부분의 위치도 변경할 수 있기를 원했다. 멀리언의 상세를 통해 이들이 해체되고 재구성할 수 있음을 보여준다.

계단 난간 - 솔크연구소의 계단과 일부 보행로에 금속 난간과 핸드 레일이 있다. 처음에는 이 난간이 건물의 거대한 콘크리트와 조화롭게 되기 위해서는 고체와 같은 덩어리로 되어야 한다고 생각할 수 있다. 그러나 "적을수록 더 많다"*less is more*는 미스의 격언에 따르며 칸은 필요한 최소한의 난간만을 사용했다. 금속 핸드 레일은 속이 빈 원형 단면으로 구부리거나 압출하여 덩어리로 된 고체처럼 되어 있다. 칸은 계단 난간을 상대적으로 얇은 단면의 압출 스테인리스강으로 만들고, 상단이 손에 맞게 둥근 형태로 제작했다. 스테인리스강은 강도 때문에 금형을 마모시켜 압출된 금속을 거칠게 만들기 때문에 일반적으로 압출하여 사용하지 않는다. 그러나 칸은 손에 안정감을 주는 거친 표면을 받아들였다.

4.2.9. 빛

솔크연구소 당시에 칸은 빛에 큰 관심을 두게 되었는데, 이는 솔크 미팅 하우스에서 볼 수 있다. 솔크 미팅하우스에서 네모난 콘크리트 벽에 둥근 유리 형태를, 둥근 콘크리트 벽에 네모난 유리 형태를 담았다. 이들 이중벽은 빛을 조절하여 빛이 건물 안으로 들어오기 전에 빛을 이리저리 반사한다.

미팅하우스는 지어지지 않았지만, 칸은 실험실에서는 빛을 완전하게 제어하고 있다. 리처드연구소의 문제점 중 하나가 햇빛이 실험실 깊숙이 들어온다는 것이었다. 칸은 솔크연구소에서 큰 캔틸레버 돌출 통로를 사용하여 실험실의 바닥에서 천장까지 이어진 유리벽을 그늘지게 했다.

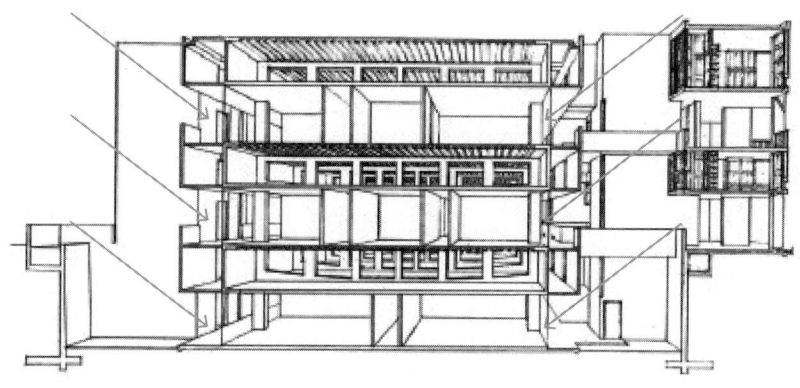

Walkways protect from light.

4.2.10. 건물 체험

솔크연구소의 사진을 보면 그늘이 없는 중정에서 캘리포니아의 햇빛 아래 더위에 지칠까 걱정할 수 있다. 하지만 직접 가보면 라 호야가 로스앤젤레스와는 다르다는 것을 깨닫게 된다. 훨씬 온화한 기후를 가지고 있다.

이 대지에 들어서면 북쪽 절벽을 따라 바람을 타고 나는 행글라이더를 볼 수 있다. 원래는 주차한 후 유칼립투스 숲을 통과해서 건물의 축을 따라 접근하게 된다. 나무 사이를 걸으며 중정 양쪽에 자리한 두 건물을 보게 된다. 이제는 이 접근 경로는 건물의 증축으로 차단되어, 어느 한쪽을 통해 들어가게 되고, 자연스럽게 중정으로 들어서게 된다. "입구"는 따로 없다. 중정에 서면 고요한 공간에서 태평양이 앞에 있고, 양쪽에 있는 건물들의 풍부한 콘크리트 형태가 있다. 중정의 트래버틴 표면에는 빗물을 배수하기 위한 홈이 패턴처럼 새겨져 있다. 동쪽 끝에서 물이 쏟아져 나와 중정의 중앙을 따라 흘러내린 다음 가장자리에서 넘쳐 태평양으로 시선을 이끄는 분수가 있다. 이 분수는 건물의 두 동 사이에 태평양을 액자처럼 보이게 한다.

10개의 서비스 구조물 중 어느 곳에서나 계단을 찾아 올라가 실험실을 둘러싼 통로로 갈 수 있다. 통로에서 바닥부터 천장까지 이어지는 유리벽이 있는 실험실이 보이고, 이 실험실은 열두 개 이상의 유리문 중 어느 곳으로든 들어갈 수 있다. 반대쪽에는 콘크리트 난간과 연구실로 오르내리는 계단이 보인다.

유리문 중 하나로 들어가면 장비가 가득하고 칸막이로 나뉜 현대적인 실험실이다. 만약 실험실로 사용되기 전에 들어가 보았다면 거대한 공간이 자리하고 있었을 것이다. 이 공간은 폭 65피트, 길이 245피트이며, 긴 변에는 20피트 마다 기둥이 설치되어 있다. 바닥은 콘크리트이고 천장은 조명 설비와 서비스를 공급할 수 있는 구멍이 있는 그리드 형태의 콘크리트로 되어 있다.

실험실 위의 기계실에 들어가면 압축기, 냉각 라디에이터, 펌프, 덕트, 파이프, 전선 등 기계 장비들이 어지럽게 널려 있는 것을 보게 될 것이다. 설비를 위한 층 하나를 갖게 된 것의 중요성을 금방 깨닫게 될 것이다.

각 건물의 외부에 있는 통로를 따라가다 보면 다섯 개의 서비스 구조물을 발견하게 된다. 직선적 엄정함은 군사 요새를 연상시킨다. 그중 하나로 들어가면 계단, 엘리베이터, 화장실로 통하는 문이 보인다.

중정 쪽 통로로 돌아와 실험실층에 연구실이 없는 곳에서 칸이 만든 현관으로 갈 수 있다. 이곳은 연구실을 지지하는 콘크리트 벽으로 둘러싸여 있으며, 강력한 콘크리트 형태를 통해 풍경, 바다, 그리고 반대편의 건물을 볼 수 있다. 중정을 가로질러 보면 반대편에서도 같은 형태를 볼 수 있다. 연구원의 연구실로 가는 계단을 올라가다 보면 풍부한 조각 같은 각진 콘크리트에 둘러싸여 있으며, 실험실 유리벽을 되돌아보며 칸이 "르 코르뷔지에로 미스를 감쌌다"는 말을 실감하게 된다.

연구실 중 하나에 들어서면, 벽에 있는 티크 때문에 따뜻하게 보이는 콘크리트 방^{cell}을 발견할 것이다. 이 방은 바다를 바라볼 수 있게 각도가 조절되어 있다. 그 방에는 고전적인 양탄자와 커다란 참나무 테이블로 꾸며질 수 있다.

중정으로 돌아가 보면 강렬한 감동을 주는 공간에 자리하게 된다. 그곳에서는 고요함을 느끼며 바라간의 말대로 하늘을 향한 파사드임을 깨닫게 된다. 이곳은 천장이 없는 대성당이다.

4.2.11. 철학적 진술

칸은 솔크연구소에서 여러 이슈를 다룬다. 질서, 자연과의 관계, 산업화와의 관계, 수도원 같은 업무 개념, 일상과 구별되는 고급문화의 개념 등 많은 문제를 다루었다. 리처드연구소가 주로 질서에 관한 것이었다면, 솔크연구소는 주로 완전성에 관한 것이라고 말할 수 있다.

칸과 조너스 솔크는 원래 솔크연구소를 지어진 실험실뿐만 아니라 주거, 미팅하우스 및 기타 시설을 포함한 캠퍼스로 구상했다. 이러한 요소들이 함께 있으면, 거주, 일, 지식 추구, 운동, 레크리에이션, 오락, 사색, 가족, 모임, 문화에의 몰입 등 인간의 삶을 대표하는 완전한 공간이 됐을 것이다.

조너스 솔크에게 이 캠퍼스는 과학자들이 서로 아이디어를 교환하고 협력할 뿐만 아니라 예술가들과도 협력하는 과학에 대한 새로운 접근 방식을 실현하는 그의 비전을 충족시켰을 것이다. 칸에게 이 캠퍼스는 완전성에 대한 그의 생각을 표현하는 것이었을 것이다. 칸은 건물(또는 단지)이 인간과 닮아서 모든 부분이 필요하다고 생각했다.

캠퍼스는 달성되지 못했지만, 칸은 여전히 완전성에 대한 감각을 실험실에 담아냈다. 칸의 개념을 이해하기 위해 힌두교에서 사람을 전인全人, whole person으로 보는 개념을 살펴볼 수 있다. 이는 일련의 칼집처럼 하나의 칼집 안에 다른 칼집이 들어있는 형태이다. 가장 바깥쪽 칼집은 그저 고기다. 우리가 정육점에서 볼 수 있는 것과 같이 살과 피로 이루어져 있다. 두 번째 칼집은 호흡이다. 우리의 살과 피가 살아 있다. 세 번째 칼집은 마음이다. 우리는 동물들처럼 자극에 반응한다. 네 번째 칼집은 의식이다. 우리는 생각하고 자기 성찰을 한다. 마지막으로, 다섯 번째 칼집(또는 칼집 속의 칼)은 영혼이다.

이제 솔크연구소를 보자. 평면은 어느 정도 동심원을 이루며 만다라를 연상시킨다. 평면 위에 일련의 동심원 모양 타워 고리를 겹쳐 놓으면, 다섯 개의 뚜렷한 영역을 발견할 수 있다. 첫 번째, 가장 바깥쪽 고리는 계단, 엘리베이터, 화장실이 있는 서비스 구조물을 포함하며 건물의 신체를 구성한다. 두 번째 고리는 실험을 위한 실험실로 건물의 정신을 위한 부분을 구성한다. 세 번째 고리는 사람들이 만나는 보행로를 포함하며 이는 사회를 위한 건물 일부다. 칸은 보행로 벽에 칠판을 걸어놓기도 했는데, 과학자들이 우연한 만남에서 심오한 과학적 이슈를 논의하며 공식을 쓰는 낭만적인 모습을 상상했다. 네 번째 고리는 연구원들이 측정값을 이론으로 바꾸는 연구실이다. 칸의 개념에서 과학은 측정 가능한 것과 측정 불가능한 것, 두 부분으로 나뉜다. 측정 가능한 것은 관찰을 포함하고 측정 불가능한 것은 관찰을 이론으로 바꾸는 문화적 행위를 포함한다. 그래서 연구실은 문화를 위한 건물의 일부다. 마지막으로 다섯 번째는 중정으로, 마치 대성당과 같다. 영혼을 위한 건물의 일부다.

우리는 이를 신체, 정신, 사회, 문화, 영혼으로 이루어진 전인적 인간에 대한 칸의 비전으로 볼 수 있다. 따라서 우리는 솔크연구소를 경험하면서 우리의 완전성을 경험하게 된다.

솔크연구소의 동심원적 특성을 언급했으므로, 이런 특성이 더욱 명확하게 나타나는 세 가지 다른 칸의 프로젝트를 언급해야 한다. 골든버그주택(unbuilt), 브린모머대학Bryn Mawr College의 에르드만 홀 기숙사Erdman Hall Dorm, 방글라데시 다카의 국회의사당이다.

4.2.12. 비판과 의견

리처드연구소에는 네 가지 주요한 문제가 있었다. 파빌리온은 너무 작았다. 햇빛이 실험실에 깊이 들어와 실험을 방해했다. 천장의 파이프, 덕트, 천장의 구조 부재에 쌓인 먼지가 실험 장치로 떨어졌다. 실험실 가장자리의 과학자들을 위한 연구 영역은 정체성을 갖지 못하고 실험실 기능으로 사용되었다. 칸은 솔크연구소를 설계할 때 이런 문제들에 대응 했다.

리처드연구소는 건축적으로 매우 중요한 의미를 갖지만, 사용자들에게는 끊임없는 문제의 원천이었고, 실험실을 이렇게 설계하면 안 된다는 자료가 되었다. 반면 솔크연구소는 많은 사용자에게 사랑을 받았고, 반세기가 지난 후에도 실험실 건축가들로부터 존중 받는다. 간단히 말해 가로 65피트, 세로 245피트의 거대한 가변성 있는 실험실 공간은 적응력이 뛰어났고, 각 실험실에 걸쳐 있는 거대하고 유연한 기계실은 실험 기술, 서비스 및 장비의 불가피한 변화를 쉽게 수용할 수 있었다.

리처드연구소보다 더 큰 실험실 공간을 제공하면서도 솔크연구소는 보행로의 캔틸레버가 햇빛에서 실험실을 보호하고, 기계 장비를 별도의 공간에 배치하여 먼지가 실험에 영향을 미치지 않도록 하며, 연구원들의 연구실을 별도의 구조물로 분리했다.

솔크연구소는 다소 엄숙할 수 있지만, 이 엄격한 디자인 덕분에 오랜 기간 사용자들이 공간을 망치지 못하게 했다. 한 가지 사례를 보면, 건물 외부에 케이블을 연결해야 할 때 눈에 띄지 않도록 틈새로 조심스럽게 집어넣었다. 솔크연구소에서는 사람들이 유리에 형광색의 광고전단을 붙이지 않는다.

만약 당신이 건축가이고 솔크연구소를 존중한다면, 일반인 친구들과 근처 스크립스 Scripps 연구소에 먼저 들르는 것을 권한다. 스크립스 연구소는 솔크의 깊은 조직을 가지고 있지 않지만, 프리캐스트 외관은 눈부시게 하얗고 외견상으로 매력적이다. 대조적으로 당신의 친구들은 솔크의 외관이 지루하고 억압적이라고 생각할 수 있으며, 아마도 그들에게 2차 세계 대전 콘크리트 벙커를 연상시킬 수도 있다. 많은 현대 시는 교육을 받지 않으면 대부분의 사람들이 이해하기 어려운 것처럼 현대의 진지한 음악도 마찬가지다. 그리고 아마도 근대건축도 그럴 것이다. 당신의 평범한 친구들이 설명 없이 솔크연구소를 완전히 이해할 수 있을까? 만약 그렇지 않다면, 그것은 근대 건축에 대해 무엇을 말하는 것인가 생각해 볼 문제다.

a.

b.

a. The Lloyd's building by Richard Rogers
b. Hong Kong Shanghai Bank by Norman Foster

4.2.13. 비교 및 영향

솔크연구소의 기본 구성을 보면 거대한 비렌딜 구조의 넓은 개방된 공간이며, 이 구조가 보행로를 지지하기 위해 캔틸레버로 돌출된 형태이다. 이렇게 보면 1971-77년 피아노^{Renzo Piano}와 로저스^{Richard Rogers}의 파리 퐁피두센터^{Pompidou Center}가 기본적으로 같은 조직구조로 되어 있지만 콘크리트가 아닌 강철로 건설되었다는 것을 깨닫게 된다. 따라서 솔크연구소에서 퐁피두센터로, 퐁피두센터에서 포스터^{Norman Foster}의 1979-85년 홍콩 상하이 은행^{Hong Kong and Shanghai Bank}, 그리고 로저스의 1978-86년 런던의 로이드 빌딩^{Lloyds Building}으로 연결되는 구조와 기계적 요소를 대담하게 표현하는 일련의 건물을 볼 수 있다.

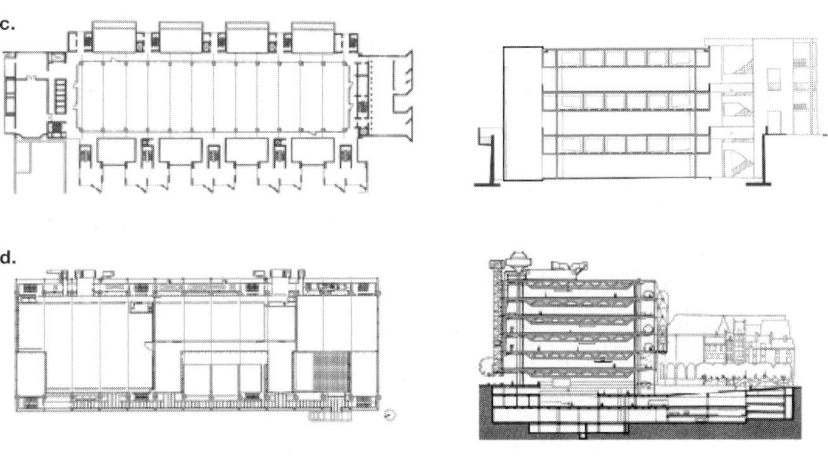

c. Plan and section of Salk
d. Plan and section of Pompidou

4.3

도서관, 필립스 엑서터 아카데미
[엑서터도서관]

Library, Phillips Exeter Academy

Exeter, New Hampshire 1965–72

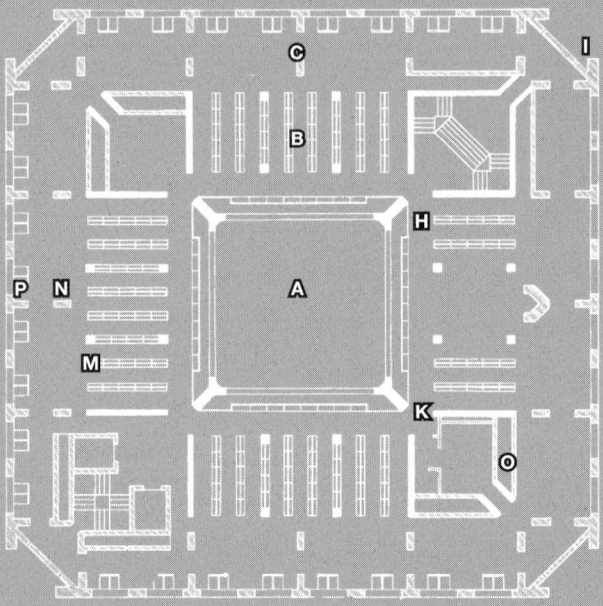

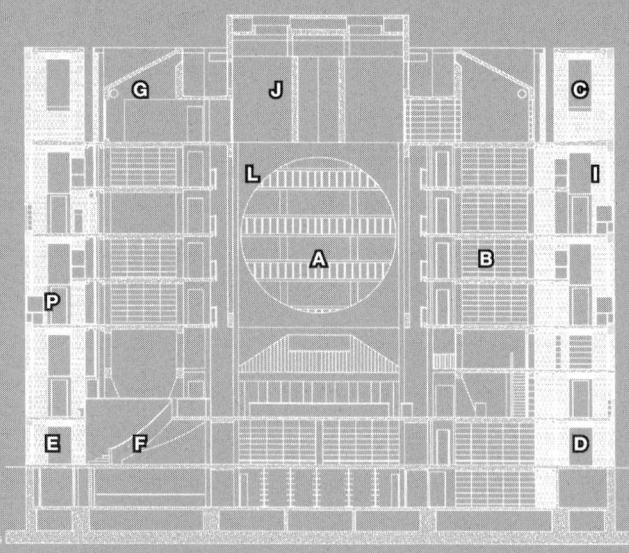

- **A** Great interior space. Center of "interior doughnut."
- **B** Book stacks. "Interior doughnut" of concrete.
- **C** "Outer doughnut" of brick with study carrels set into exterior wall.
- **D** Exterior walkway.
- **E** Entrance.
- **F** Stairs to main level.
- **G** Classrooms.
- **H** Concrete structure (shown in white).
- **I** Brick structure (shown hatched in gray).
- **J** Crossing beams.
- **K** Columns supporting crossing beams.
- **L** Concrete bracing with circular cutouts for columns supporting crossing beams.
- **M** Concrete columns for stacks.
- **N** Brick columns for outer 12 feet of building.
- **O** Air ducts.
- **P** Study carrels.

4.3.1. 배경과 맥락

필립스 아카데미는 뉴햄프셔의 조그만 마을 엑서터에 있는 사립 고등학교로 뉴잉글랜드 전원에 둘러싸여 있다. 캠퍼스는 흰색 장식이 있는 적벽돌 건물로 네오-조지아 양식으로 이루어져 있다.

새 도서관이 필요하게 되었을 때, 학교는 새 도서관이 학교의 문화 중심지가 되어야 하고, 저명한 건축가가 설계해야 하며, 네오-조지아 양식이 아니라 현대적인 건물이어야 한다고 결정했다. 학교는 도서관과 인근의 식당을 설계할 건축가로 칸을 선정했다.

칸은 캠퍼스와 조화를 위해 벽돌을 사용하기로 했다. 많은 칸의 건물들처럼 엑서터도서관 프로젝트는 처음에는 훨씬 더 큰 계획으로 시작되었다. 설계 과정에서 예산 초과와 프로그램 축소 등 심각한 문제를 겪었다. 결국에는 작은 건물이 되었으나, 모두가 자랑스러워하는 건물이 되었다.

4.3.2. 기능

엑서터도서관은 단순한 도서관 그 이상으로 기획 되었다. 도서관 기능조차도 "단순히 책을 보관하는 것이 아니라 책을 사용하는 독자들을 수용하는 공간"으로 생각되었다. 서가와 열람실을 갖춘 것 외에도 이 건물은 공동체를 위한 지적 중심지이자 공부, 독서, 성찰을 위한 휴식처가 될 예정이었다. 또 연구와 실험을 위한 실험실, 강의실, 세미나 및 회의실, 희귀 도서를 위한 시설도 갖출 계획이었다.

4.3.3. 형태 진술

칸에게 책은 신성한 존재였다. 그는 책을 만지는 것을 좋아했고, 책을 수집했다. 그는 종종 텍스트보다 삽화에 더 관심이 있다고 말했다.

칸은 카드 목록(요즘은 온라인 카탈로그)에서 책을 찾아본 적이 없다고 말했다. 대신, 그는 서가를 돌아다니며 책을 보고 느끼고 자신의 관심을 끄는 책을 책꽂이에서 꺼내는 것을 선호했다. 칸은 이렇게 말했다.

> 나는 도서관이 사서가 책을 펼쳐 놓은 공간으로 보고, 특별히 선택한 페이지로 독자를 유혹하는 장소라고 생각한다. 큰 테이블이 있는 장소가 있어 사서가 책을 올려놓을 수 있으며, 독자는 그 책을 가져가 빛이 있는 곳으로 갈 것이다.[40]

이 말로 된 "형태 다이어그램Form Diagram"은 이 프로젝트를 위한 칸의 '시작beginning'이 되었다. 예를 들어 뉴욕 공립 도서관과는 다른 유형의 도서관이다. 뉴욕 공립 도서관에서는 카드 목록(지금은 컴퓨터)에서 책을 발견하고 청구 번호를 종이에 적어 사서에게 주면, 사서는 독자가 접근할 수 없는 서가에서 가져온 책을 가져와 전달하는 방식이다. 이것도 유효한 방법이지만, 칸의 접근 방식은 다르다.

4.3.4. 공간구성과 평면

엑서터도서관은 벽돌 고리가 콘크리트 고리를 감싸고 있는 형태로 매우 간결한 평면이다. 내부부터 시작해서 칸은 자연광으로 밝힌 큰 중앙홀(책을 전시하는 데 사용되지는 않지만, 가능할 수도 있음)을 만들었다. 그 공간을 둘러싸고 있는 곳에 서가가 있으며, 이 서가는 책등이 바래지 않도록 빛으로부터 보호한다. 서가를 둘러싼 외벽에는 캐럴carrel이 배치되어 있어 독자가 책과 함께 빛 속에 혼자 있을 수 있다. 모퉁이에는 HVAC 덕트, 계단, 엘리베이터 및 화장실과 같은 "봉사하는" 공간이 포함되어 있다.

칸은 건물을 외부에서 내부로 설명한다.

> 엑서터도서관은 주변부, 즉 빛이 있는 곳에서 시작되었다. 나는 독서실이 창문 가까이에서 혼자 있을 수 있는 곳이 되어야 한다고 느꼈고, 그곳이 건축의 틈새에서 발견할 수 있는 일종의 은밀한 공간인 캐럴이라고 생각했다. 나는 바깥쪽 부분을 벽돌 고리처럼 만들어 책과 별개로 만들었다. 나는 건물의 안쪽은 콘크리트 고리로 만들어 책들이 빛을 피하게 했다. 중앙 부분은 이 두 개의 연속된 고리의 결과로 생겼다. 큰 원형 개구부를 통해 주변의 모든 책을 볼 수 있는 입구이다. 그래서 책들의 초대를 느낄 수 있다."[41]

칸은 엑서터도서관을 동심원적으로뿐만 아니라 수직으로도 나누었다. 1층에 입구와 천장이 낮은 잡지 열람실을 배치했다. 그 다음이 중앙홀이 있는 주요 층이고, 그리고 네 개의 서가 층과 두 개의 캐럴 층이 있다.(캐럴 구역은 각각 두 층의 서가에 해당함) 다락 층에는 강의실과 스터디룸이 있다. 입구는 강조되지 않았다. 1층에는 어느 곳에서든 들어갈 수 있는 개방형 아케이드가 있다. 이용자들은 아케이드를 돌아다니며 입구를 찾게 된다. 내부에서 큰

---

40. Lobell, 100.
41. William Curtis, 392.

루이스 칸의 철학 같은 건축

트레버틴으로 덮인 곡선의 콘크리트 계단을 볼 수 있다. 계단의 꼭대기에 이르면 낮은 천장 아래에서 큰 중앙홀로 이어진다.

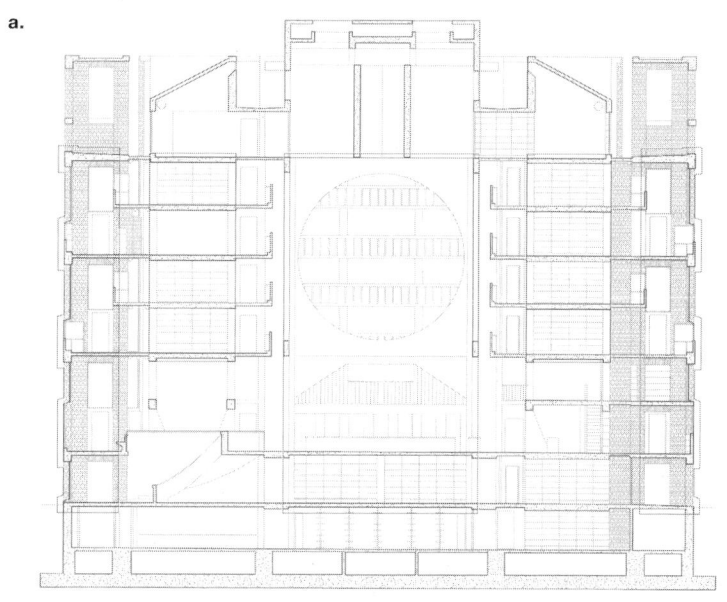

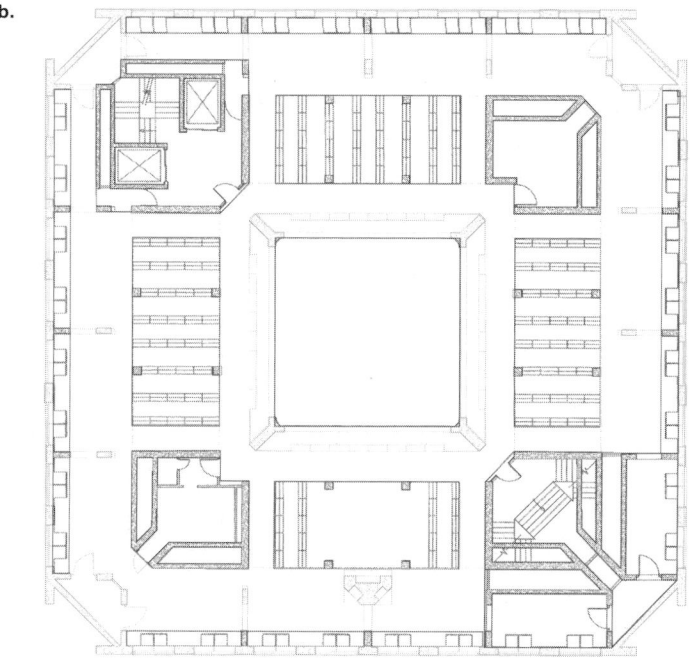

a. Exeter section
b. Exeter plan

4.3.5. 구조

엑서터도서관은 세 개의 뚜렷한 동심원의 구조 체계를 가지고 있다. 캐럴이 있는 바깥 고리는 구조적으로 사용된 벽돌로 되어 있고, 서가가 있는 다음 고리는 콘크리트로 되어 있다. 중앙홀 내부 역시 콘크리트다.

리처드연구소에서 칸은 창문 스팬드럴을 벽돌로 채웠고, 타설 콘크리트 계단과 환기탑에도 벽돌을 마감으로 사용했다. 그는 벽돌을 "부당하게 대우"했다고 느꼈고, 엑서터도서관은 이에 대한 그의 속죄였다. 엑서터도서관의 외벽, 실제로 외부 "고리"의 두께 12피트 전체가 벽돌 구조다. 파사드의 수직적 요소는 창문을 둘러싼 벽돌 구조 기둥이다. 보통 창문 위의 스팬드럴을 지탱하기 위해 개구부 위에 인방을 사용하지만, 칸은 "당신이 벽돌에게 창문 콘크리트 인방을 사용할 수 있는데 어떻게 생각하는지?"라고 하자 벽돌은 "나는 아치를 좋아한다"라고 했다. 칸은 창문 위에 인방 대신에 대부분 평 아치를 사용했다. 아치의 정의는 수직력을 수평으로 전달한다는 것이다. 응력은 아치를 통해 곡선으로 이동하지만, 아치가 아주 두꺼우면 평평할 수 있다.

벽돌 기둥이 이 평 아치를 떠받치고 있어서 이 기둥은 아래로 내려오면서 바깥쪽으로 기울어져 있다. 이는 기둥이 아래로 갈수록 두꺼워지는 효과를 만들어 내고, 이는 기둥이 감낭해야 할 하중이 증가하는 것과 일치한다.

그러나 칸은 여기에서 멈추지 않았다. 그는 외벽의 벽돌 구조를 건물 안으로 12피트까지 연장했다. 외부 기둥에서 내부 벽돌 기둥까지 걸쳐 있는 것은 더 얇고 평평한 벽돌 아치들이다. 이 아치들이 지탱하는 바닥은 콘크리트다. 바닥 슬래브는 19세기 건축에서 구조 타일로 만든 평평한 볼트를 사용했던 것처럼 벽돌로도 만들 수 있었겠지만, 그것은 무리였을 것이다.

내부로 이동하면 서가와 서비스 공간을 포함하는 건물의 다음 고리는 콘크리트 기둥, 내력벽, 보, 바닥 슬래브로 구성된다.

a.

a. "Outer doughnut" structure of brick

루이스 칸의 철학 같은 건축

마지막으로, 중앙홀 또한 콘크리트다. 네 개의 거대한 기둥이 모서리에 대각선으로 배치되어 있다. 이 기둥들은 서가의 전망을 보여주는 둥근 개구부가 있는 콘크리트 벽을 지지한다. 이 벽은 기둥을 보강하는 것 외에 구조적으로 큰 역할을 하지는 않는다. 기둥들은 두 개의 18피트 춤의 교차보를 지탱하고, 이 보들은 다시 네 개의 기둥을 지지하여 네 개의 교차보가 있는 틱택토 형태를 형성하며 지붕 슬래브를 지지한다.

18피트 층의 보는 물론이고 중앙홀도 구조적으로 과도하게 설계되었는데, 이는 칸이 예일미술관에서 사용한 과도한 구조의 기둥을 상기시킨다. 언제나 그렇듯이 칸에게 구조는 단순히 건물을 지탱하는 것 이상이다. 구조는 건축을 생성해 내고, 빛과 함께 공간을 정의하는 역할을 한다.

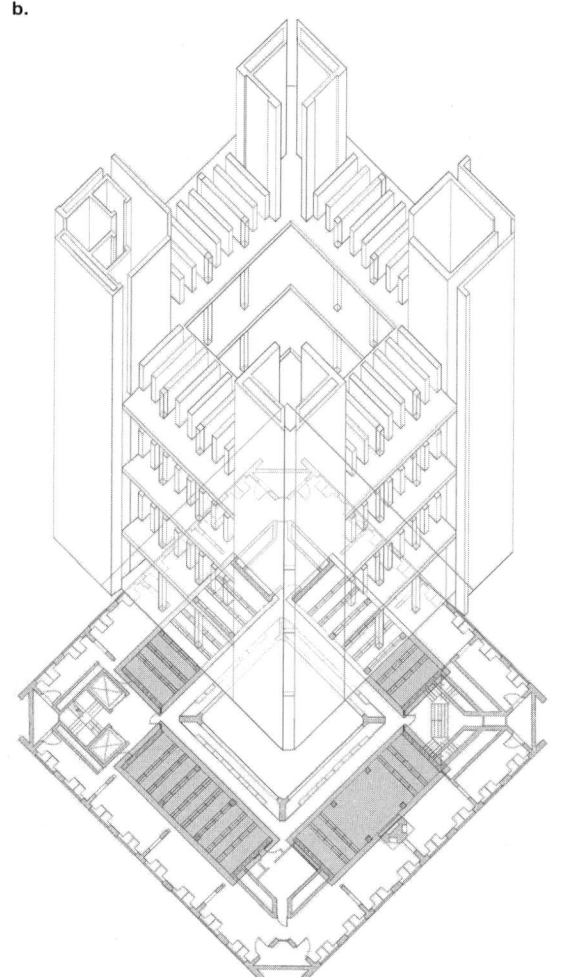

b. "Inner doughnut" structure of concrete

c. "Inner doughnut hole" with massive crossing beams

4.3.6. 설비

칸의 다른 건물들과는 달리 엑서터도서관의 HVAC 시스템은 적당한 정도로 표현되었다. 지하에서 올라오는 덕트는 건물 모서리의 샤프트를 통해서 올라와 루버가 달린 우아한 디자인의 금속 튜브를 통해 공간에 도달한다.

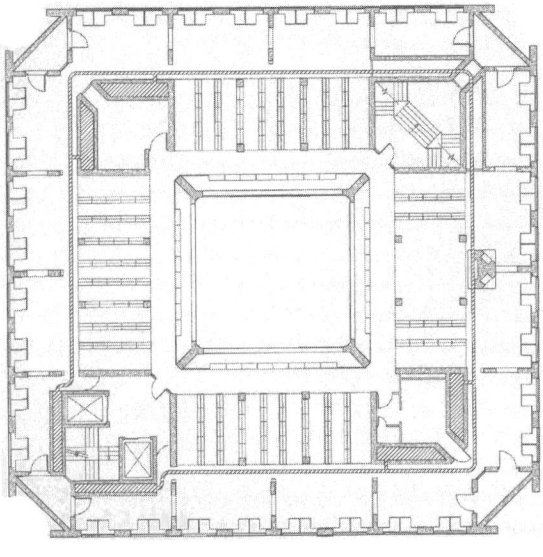

Typical floor plan showing air ducts

4.3.7. 재료

엑서터도서관은 기본적으로 벽돌 고리에 끼워진 콘크리트 도넛으로 이루어져 있으며, 당신이 만지는 표면 대부분은 나무다. 하지만 엑서터도서관의 중심은 칸의 벽돌에 대한 경의다. 그러나 이 건물의 외관을 벽돌이 아닌 조적이라 말하는 것이 좋겠다. 외부에서 안쪽으로 들어가면 기둥은 벽돌, 블록, 공기층, 벽돌로 구성되어 있다. 즉 내부 마감면이 석고보드가 아닌 벽돌로 되어 있는 벽돌과 블록의 조적 구조다. 공기층은 외부의 비와 내부에서 공기가 응결하여 생긴 물이 모이고, 비막이 장치에 통해 외부로 보내는 데 필요하다. 그러나 창문 위의 평 아치는 단단한 벽돌이다.

앞서 언급했듯이 칸은 리처드연구소에서의 벽돌 사용에 만족하지 않았고, 속죄의 의미에서 엑서터도서관에서는 벽돌이 구조적일 뿐만 아니라 보호하는 역할을 할 수 있다는 것을 보여주었다. 하지만 벽돌에는 한계가 있다. 칸은 "벽돌은 인색하다. 작은 스팬만 만들 수 있다. 콘크리트는 관대하고, 긴 스팬을 만들 수 있다"라고 말했다.[42]

칸은 엑서터도서관에서 거친 질감의 벽돌을 사용하고 넓은 모르타르 조인트와 어두운 벽돌을 무작위로 흩어지게 배치하여 벽돌다움을 강조했다. 점차 좁아지는 기둥들과 평평한 아치는 구조를 보여주고, 잘려진 모서리는 외벽의 두께를 보여준다.

내부에서는 현장 타설 콘크리트가 노출되어 있지만, 실제로 만지는 난간, 캐비닛, 대부분의 다른 표면은 목재로 되어 있어 콘크리트를 직접 만지는 일은 거의 없다. 곡선형 콘크리트 입구 계단도 손이 닿는 곳은 트래버틴이다.

벽돌 벽에 자리 잡은 건물의 외곽에는 개인 열람 공간인 캐럴이 있다. 이 캐럴의 주재료는 참나무이고, 외부에 노출된 곳은 티크를 사용했다.

엑서터도서관의 책장은 표준적인 금속 책장들이다. 시작^{Beginning}으로부터 건물의 모든 요소를 철저히 고민하는 칸의 열정은 엑서터도서관을 설계할 시점에 다소 누그러졌고, 때에 따라 표준 구성 요소를 수용하기도 했다.

4.3.8. 디테일

엑서터도서관에서 디테일에 대한 집중하는 칸의 태도는 계속된다. 그는 벽돌이라는 성질을 강조하기 위해 거친 벽돌과 넓은 흰색 모르타르를 사용한다. 그는 외벽의 모서리 벽을 잘라 벽의 두께를 보여주고, 벽돌은 그냥 판벽이 아닌 구조라는 것을 보여준다. 참나무 패널은 세심하고 조심스럽게 조립되었으며, 그의 사후 예일영국센터를 완성한 건축가들에게 영감을 주었다. 칸은 주 계단의 콘크리트를 트래버틴으로 덮었지만, 난간 가장자리에서 트래버틴이 덮인 판에 불과하다는 것을 보여준다. 그런 다음 리처드연구소의 표준적인 요소들까지 다시 생각한 것과는 달리, 그는 서가에 표준적인 철제 서가를 사용했다.

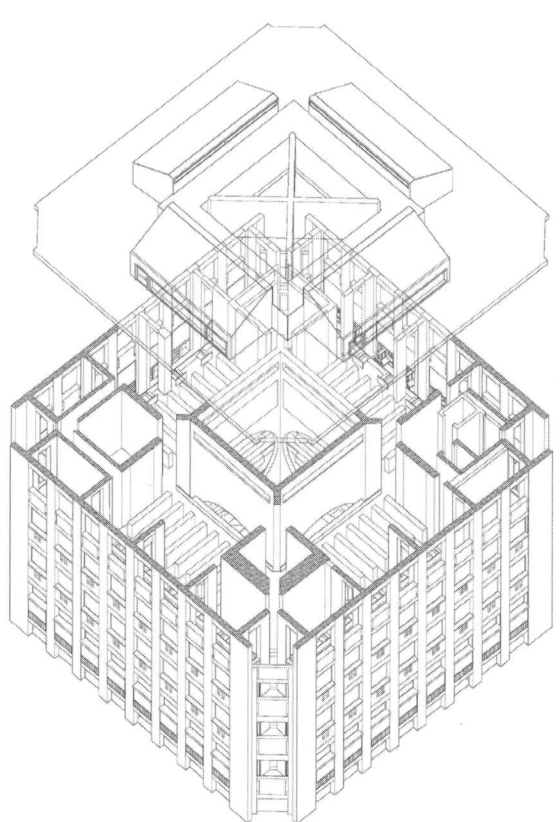

Exeter is a concrete structure enclosed in a brick structure, and every surface you touch is wood (or travertine on the great stair)

42. Louis Kahn, lecture, Gallery of Modern Art, New York City, 1968

4.3.9. 빛

엑서터도서관은 빛을 조절하고, 책을 골라 빛으로 가져오는 칸의 비전을 실현하는 훌륭한 도구다. 지붕 슬래브 아래 유리 띠를 통해 중앙홀로 빛이 들어온다. 이 빛은 구조적인 요구 때문이 아니라 빛을 받아 공간을 형성하기 위한 18피트 춤의 큰보에 부딪혀 중앙홀로 내려온다. 중앙홀을 둘러싼 서가들은 중앙홀의 빛과 건물 주변의 빛으로부터 보호받는다. 책등은 햇빛에 노출되면 색이 바래지기 때문에 햇빛을 좋아 하지 않는다.

건물 외곽의 캐럴 위로 빛이 쏟아지는 큰 창문이 있다. 캐럴에 앉으면 캠퍼스 밖을 볼 수 있고 책을 비추는 작은 창문이 있다. 햇빛이 책상에 직접 닿는다면 창문의 나무 셔터를 밀어 차단할 수 있다.

엑서터도서관도 문제가 있었다. 중앙홀은 너무 어둡다. 칸은 빛이 큰보에 반사되어 공간으로 내려올 것이라 잘못 계산했다. 그러나 콘크리트는 좋은 반사체가 아니며 빛을 공간으로 "파이프를 통한" 것처럼 전달할 수 없었다. 지붕 슬래브 가장자리 아래의 창문은 훨씬 더 컸어야 했다. 빛이 공간에서 어떻게 작용할지 예측하기는 어렵다. 킴벨미술관과 예일영국센터에서 조명 컨설턴트인 리처드 켈리 Richard Kelly는 조명 디자인을 결정하기 전에 각 건물의 일부를 큰 모형으로 만들었다. 칸도 엑서터 도서관을 확정하기 전에 더 많은 연구를 했어야 했다.

a.

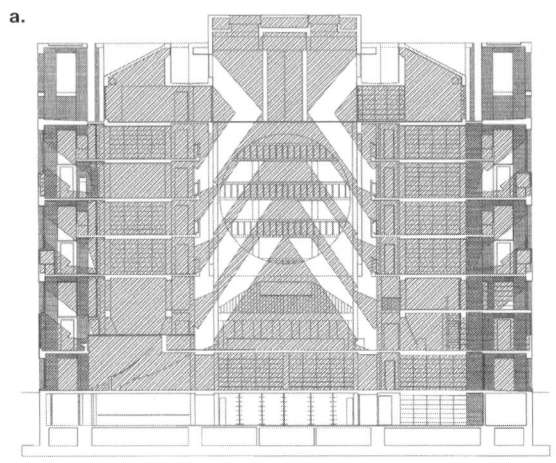

b.

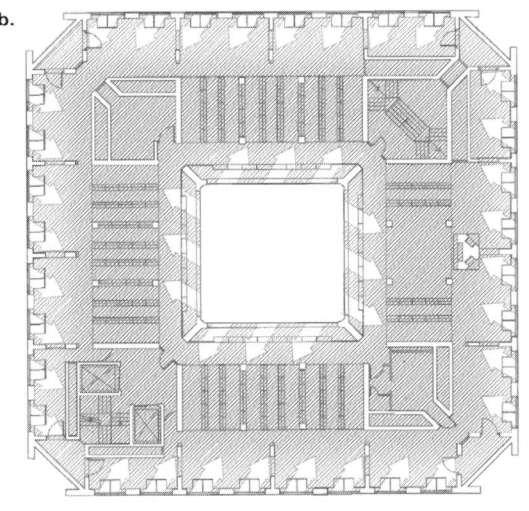

a and b. The central space is lit by light striking the crossing beams, the stacks are protected from daylight, and the study carrels at the perimeter have their own large and private windows

4.3.10. 건물 체험

도서관은 엑서터 캠퍼스의 2, 3층의 건물이 주변에 있는 가운데 거대한 벽돌 입방체로 자리 잡고 있다. 도서관은 4, 5층처럼 보이기 위해 이중 층 double floors 을 사용하지만 실제로는 9층이다. 칸의 규모 처리는 캠퍼스의 나머지 부분과 관련이 있다.

명백한 입구는 없다. 당신은 언제든지 아케이드로 들어가 문과 마주칠 때까지 아케이드 주변을 돌아다닐 수 있다. 안으로 들어가면 트레버틴으로 덮인 주계단을 볼 수 있다. 계단을 오르며 시원하고 매끄러운 트래버틴 난간을 손으로 만지며 낮은 천장 아래에 있는 주요 층에 도달하게 된다. 중앙홀 쪽으로 이동해 그 안으로 들어가면 거대한 천창이 있는 넓은 공간으로 확 트이며, 두 개의 거대한 교차 빔이 지배하는 모습이 펼쳐진다.

계단이나 엘리베이터를 타고 위층으로 올라가면 한쪽은 중앙홀을, 다른 한쪽은 서가를 볼 수 있는 복도를 걷게 된다. 건물 내부 구조가 노출 콘크리트지만, 만지게 되는 난간과 캐비닛은 목재다.

서가를 지나다 책 한 권을 집어 들고 건물 주변으로 걸어갈 수도 있다. 구조는 벽돌이지만, 외벽에 나무로 된 캐럴을 발견할 수 있다. 당신은 책을 들고 캐럴에 앉는다.

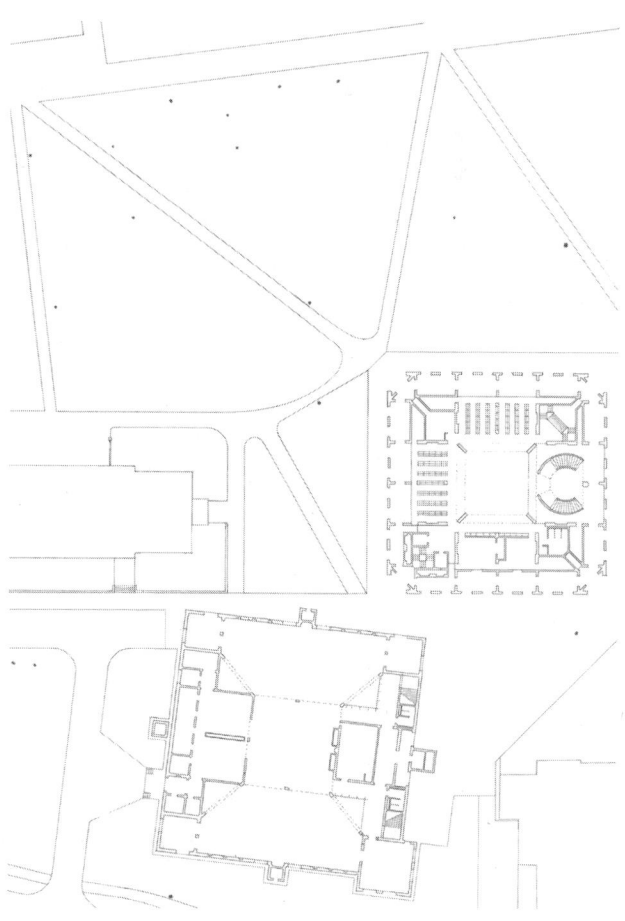

Site plan, showing Library and Dining Hall

4.3.11. 철학적 진술

책, 진짜 책은 쓰는 데 몇 년이 걸릴 수 있다. 그것은 다른 사람이 접근할 수 있는 형태로서 한 사람의 지식, 통찰, 감정, 지혜를 담고 있다. 앞에서 말했듯이 칸은 책을 신성하게 여긴다.

중세의 학문적 전통을 상기시키며, 칸은 원래 엑서터도서관을 수많은 둥근 벽돌 아치들을 가진 훨씬 더 큰 구조물로 디자인했다. 누군가는 수도승들이 채색 필사본에 몰두하는 모습을 상상할 수 있다. 엑서터도서관은 축소판에서조차 공동체와 개인 모두에게 배움을 불러일으킨다. 엑서터도서관은 우리 인간성의 그 부분을 기념한다. 그것은 우리가 빛으로 가지고 가는 책 속에 전달되며, 그것들을 통해 다른 인간들과 접촉한다.

Interior

4.3.12. 비판과 의견

엑서터도서관은 큰 성공을 거두었지만, 그것은 더 큰 질문을 제기한다. 앞에서 논의한 바와 같이, 두 가지 경쟁적인 세계관이 있다. 플라톤과 연관되는, 이상적인 형태를 모방하려고 하는 존재의 세계관과 헤라클레이토스와 베르그송과 연관되는 모든 것이 성장과 변화하는 생성의 세계관이다. 칸은 존재를 선택했다.

엑서터도서관은 존재에 관한 칸의 강력한 메시지 중 하나다. 건물이 완성되었다. 하지만 앞에서 논의했듯이 우리가 아는 한 가지는 도서관은 성장하고 변화한다는 것이다. 그것은 지속적으로 장서를 추가해야 하고, 때때로 새로운 기술을 채택한다. 엑서터도서관의 성장에 대한 칸의 유일한 양보는 여분의 빈 책장들이다. 오늘날 이 건물을 돌아 다녀보면 컴퓨터가 다른 도서관에서 가져온 변화를 감지하지 못한다.

칸이 학술적, 영적 문제를 넘어 우리 삶의 풍요로움과 어떤 관련이 있는지에 대한 질문도 있다. 1976년 미국 독립 200주년을 앞두고, 필라델피아의 건축가들이 세계 박람회를 위해 가능한 계획을 서로에게 발표하게 하였다. 칸의 사무실은 노란 트레이싱지에 목탄으로 그린 스케치를 걸었다. 칸의 동료인 필라델피아 건축가 로버트 벤투리$^{Robert\ Venturi}$는 박람회의 규칙이 주최국이 전시관을 설계하거나 어떤 디자인 제한을 가하는 것을 금지한다는 것을 빠르게 깨달았다. 각 국가와 전시자는 그들이 원하는 모두를 자유롭게 설계할 수 있다. 주최자가 설계하는 것은 마스터 플랜, 동선, 대지의 할당 등이다. 벤투리는 중요한 것은 동선과 방향 제시를 위한 대담한 사인 시스템$^{signage\ system}$이라고 결론지었고, 그의 사무실은 그의 제안을 따라 몇 야드의 컬러 도면을 제작했다. 벤투리의 사무실 직원들이 사다리에 올라가 그림을 핀으로 고정시키고 있을 때, 칸은 벤투리에게 "밥, 색깔은 건축물이 아니야"라고 말했다. 벤투리는 "루, 세계 박람회는 건축이 아닙니다"라고 대답했다.

칸은 그의 건축에 대해 진지하고 심지어 영적인 감각을 가지고 있었고, 오늘날 우리의 건축에 이런 접근이 더 필요하다. 하지만, 우리는 동시에 가벼움도 필요로 한다. 칸의 엑서터도서관은 학문적 사색을 위한 훌륭한 장소이지만, 우리는 "가볍게 해, 루, 여기에는 10대들이 있어요"라고 말하고 싶은 유혹을 느낀다.

4.3.13. 비교 및 영향

벽돌은 고귀한 재료이고 훌륭한 역할을 했다. 벽돌은 로마를 건설했으며, 판테온의 원통과 로마 욕장의 콘크리트 벽을 형성하는 데 사용되었고, 그 후 대리석으로 덮였다. 또 로마의 다세대 주택을 건설하는 데 사용되어 자랑스럽게 그대로 드러냈다. 더 최근에는 리처드슨 H. H. Richardson이 벽돌로 장엄한 아치를 만들었고, 라이트는 로비 하우스 Robie House의 수평성을 표현하였으며 리처드슨 Henri Richardson에게 경의를 표하기 위해 모리스 선물가게 Morris Gift Shop의 아치에 로마 벽돌을 사용했다.

벽돌의 사용은 근대건축운동과 함께 감소했지만 여전히 사용되고 있으며, 그 두드러진 예가 알토의 MIT의 베이커 기숙사, 미스의 IIT 건물 일부, 칸의 리처드 연구소가 있다. 그러나 이 경우 벽돌은 구조체가 아니었다. 엑서터도서관에서, 칸은 벽돌을 기념하며 벽돌이 단순히 외부 표피가 아니라 건물의 전체 외부 부분의 구조체가 되게 하였다.

다음에서 논의할 킴벨미술관에서와 마찬가지로 우리는 엑서터도서관에 대해 계승할 것들보다는 선례를 더 많이 생각할 수 있다. 특히 보자르 시스템에서 훈련받은 많은 건축가는 도서관에 대해 생각할 때 에티엔 루이 불레 Étienne-Louis Boullée의 1785년 왕립도서관 프로젝트를 떠올린다. 칸은 불레의 건물이 "도서관이 무엇이어야 하는지에 대한 느낌-당신이 방으로 들어오면 그 곳에 모든 책이 있다"는 느낌을 전달한다고 말했다.

라브루스테 Henri Labrouste의 1838-50년의 생 제네비에브 도서관 Bibliothèque Sainte-Geneviève은 볼트에 혁신적인 주철 구조를 도입했음에도, 거대한 볼트 공간에 책이 줄지어 서 있는 불레의 도서관을 재현한다.

엑서터도서관에서 칸은 불레나 라브루스테 도서관의 구성을 사용하지 않았지만, 그는 중앙홀에서 서가를 볼 수 있게 함으로써 들어서자마자 책을 우리에게 보여주는 아이디어를 빌렸다. 칸은 또 뉴욕 공공 도서관에 있는 대규모 공동 열람실을 피했다.

필립 존슨이 1972년 보스턴 도서관에 증축한 부분은 외관에서 칸의 형태를 차용하였지만, 건축 구성이나 구조에 대한 그의 접근 방식은 따르지 않았다. 그러나 20세기 후반과 21세기 초반 정보의 중요성에도 불구하고, 도서관이 무엇이어야 하는지에 대한 흥미로운 탐구는 최근에 거의 없는 것 같다.

루이스 칸의 철학 같은 건축

a. Boullée's project for the Royal Library
b. Labrouste's Bibliothèque Sainte-Geneviève
c., d., and e. Bricks used in Roman tenements, and by Richardson and Wright

4.4

킴벨미술관

Kimbell
Art Museum

Fort Worth,
Texas
1966–72

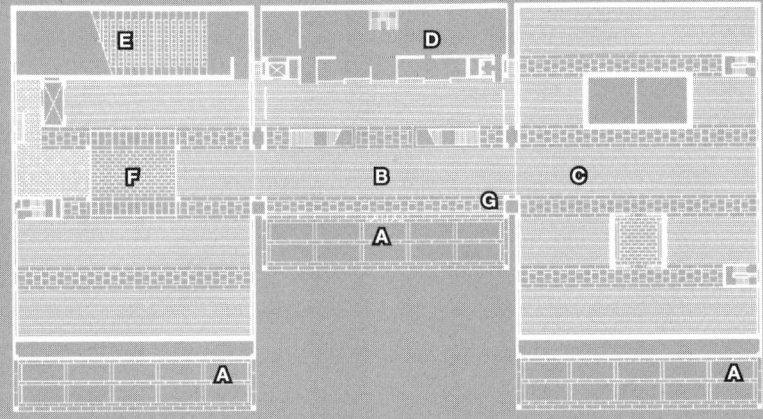

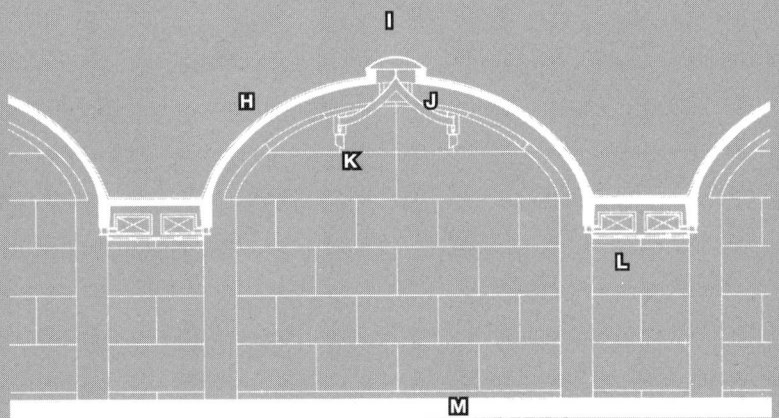

- **A** Open porches.
- **B** Lobby.
- **C** Galleries.
- **D** Library.
- **E** Auditorium.
- **F** Light courts.
- **G** Columns supporting cycloid shells.
- **H** Cycloid shell.
- **I** Skylight with ultraviolet filters.
- **J** Reflector to wash light onto cycloid shells.
- **K** Lights to supplement daylight.
- **L** Air supply ducts.
- **M** Air exhaust ducts.

4.4.1. 배경과 맥락

산업가이자 미술품 수집가인 케이 킴벨Kay Kimbell은 1964년 사망하면서 아내와 함께 구축한 미술 컬렉션과 이를 수용할 미술관을 위한 자금을 남겼다. 1965년 그의 신탁은 로스앤젤레스 전임 박물관장이었던 리처드 브라운Richard Brown을 고용하여 컬렉션을 확장하고 박물관 건물을 감독하게 했다. 이 건물의 건축가로 칸을 선정하였고, 이미 세 개의 박물관이 있는 텍사스 포트워스의 한 공원에 위치할 예정이었다.

19세기와 그 이전의 컬렉션에 속한 적당한 크기의 그림들은 원래 자연광 아래에서 그려졌고, 브라운과 칸은 그 그림들이 자연광에서 전시되어야 한다고 느꼈다. 인공광을 아무리 잘 조절한다고 해도, 자연광이 주는 깊이와 풍부함을 제공하지 못한다. 게다가, 칸은 예일미술관의 디자인 이후 미술관에서 자연광을 사용하는 것에 대해 생각해 왔다. 빛은 그 건물을 구성하는 주제가 되었다.

설계가 마무리되기까지 여러 버전을 거치고 많은 어려움을 겪었는데, 그 이유 중 하나는 클라이언트가 설계자로 칸을 유지하면서도 포트워스 현지의 건축가를 고용하여 시공 도면과 현장 감독을 수행하게 때문이다. 경우에 따라서는 현지 건축가가 그 지역의 조건을 잘 알고 있어서 이런 방식이 타당하다. 그러나 이 경우에는 칸은 시공 도면 단계까지 설계 작업을 계속하는 경향이 있었고 표준 디테일을 사용하지 않았기 때문에 잘 작동하지 않았다. 결국 모두가 큰 스트레스를 받았지만, 이 건물은 큰 성공을 거두었다. 부분적으로는 칸이 구조 엔지니어로 다시 선택한 오거스트 코멘던트의 역할이 컸다. 그리고 코멘던트는 건물에 사용된 사이클로이드 셸을 완전히 이해한 몇 안 되는 사람 중 한 명이었다.

4.4.2. 기능

킴벨미술관은 영구 소장품과 기획 전시를 위한 전시 공간, 카페와 서점, 직원들과 예술 복원을 위한 공간을 갖추게 되었다.

그러나, 칸과 브라운에게 더 중요했던 것은 브라운이 "사전-건축 프로그램"이라 명명한 문서에서 제시한 덜 구체적이지만 매우 현실적인 문제들이었다. 이 문서에서 그가 원하는 건물의 정신을 서술했다. 그는 건물이 격식을 따지지 않고 편안하기를 원했으며, 관람자에게 훌륭한 집에 있는 것과 같은 경험을 제공해야 한다는 점을 주장했다. 이는 뉴욕의 프릭 컬렉션 Frick Collection이나 모건 도서관 Morgan Library을 연상시키는데, 이 두 곳은 수집가들이 최종적으로 박물관이 되도록 의도하여 주택으로 지어진 곳들이다. 그는 건물이 조화로운 단순함과 인간적인 스케일을 갖기를 원했다. 그리고 그는 관람객들이 다양한 시간대와 계절에 따라 다른 특성을 가질 수 있는 자연광에서 그림을 볼 수 있기를 원했다. 칸은 이 모든 요구 사항에 전적으로 동의했고, 박물관에 들어가자마자 종종 피곤해졌다고 언급하면서 피곤한 방문객을 위한 정원도 있어야 한다고 제안했다.

또한 브라운은 전시를 배열하는데 광범위한 유연성을 원했지만, 칸은 이 문제에 대해 신중했다. 예일미술관에서 거의 무제한적인 유연성을 제공했으나 이로 인해 전시품의 배치에 대한 건축 지침을 제공하는 데 실패했다. 그러나 무엇보다도 빛이 주도적인 주제가 되어야 했다.

4.4.3. 형태 진술

브라운의 "사전-건축 프로그램"은 칸에게 매우 가치 있는 것이었다. 이것은 본질적으로 그가 매 프로젝트 시작에서 항상 추구했던 형태 진술이었기 때문이다. 그가 "이 건물은 무엇이 되고 싶은가?"라고 물었다. 킴벨미술관의 경우, 그 답은 그 건물이 마치 위엄이 있는 집처럼 되고자 하며, 그곳에서 수집가는 관람자를 자연광 아래 예술품으로 초대한다. 칸은 "들어가면 모든 그림들이 있다."[43]라고 말했다.

---

43. Louis Kahn, lecture, Gallery of Modern Art, New York City, 1968.

4.4.4. 공간구성과 평면

칸은 킴벨미술관을 매우 강력한 그리드로 조직했다. 건물 전면에서 후면까지 그리드는 약 20피트와 6피트의 단위를 번갈아 사용한다. 왼쪽에서 오른쪽으로 약 104피트와 4피트의 단위를 번갈아 사용한다. (기둥과 벽 두께를 세는 방법에 따라 다르기 때문에 대략이다.) 그리드의 큰 단위들은 104피트 길이와 22피트 너비의 사이클로이드 셸로 덮여 있다. (건물의 구조를 논의할 때 아래의 킴벨미술관의 사이클로이드 셸에 대해 논의할 것이다.)

주요 층에서 이 그리드를 이용하여 칸은 11개의 사이클로이드 셸로 덮인 11개의 내부 공간과 3개의 현관을 구성했다.

칸은 건물을 세 부분으로 나눈다. 주요 층에서 가운데 부분은 4개의 사이클로이드 셸로 구성되며, 이 중 세 개는 내부 공간이고 하나는 포치다. 반면 각 측면 부분은 5개의 사이클로이드 셸이 4개는 내부, 하나는 포치다. 아래층에는 사무실, 워크숍, 창고, 그리고 건물의 두 개의 입구 중 하나가 있다.

킴벨미술관은 ㄷ자 모양의 평면으로 구성되어 있어, 중앙 부분이 작고 측면에 더 큰 2개의 요소가 있다. 주 출입구를 통해 들어오면 그리 크지 않은 호랑가시나무 숲과 두 개의 분수 풀을 지나, 사이클로이드 포치 아래에서 입구 갤러리로 이동한다. 주차장에서 온다면, 커다란 스팬 아래를 지나 천장이 낮은 로비로 들어와 입구 갤러리로 올라가면 된다.

중앙 부분에 칸은 입구 갤러리, 리셉션 갤러리를 배치하고, 이들 뒤에 도서관을 두었다. 북쪽과 남쪽 날개에는 전시 갤러리가 있다. 또한 북쪽 날개에는 강당이 있다. 그리고 북쪽과 남쪽 날개의 갤러리 사이에는 절개된 그리드에 빛의 중정이 있다.

사이클로이드 셸로 지붕을 올린 그리드의 넓은 구역은 전시 영역과 강당, 도서관과 같은 다른 주요 서비스 구역이 되지만, 좁은 구역은 전시 영역의 연결, 동선, 계단 또는 다른 봉사하는 공간이나 전시 영역의 연장이 된다. 좁은 틈에는 HVAC 덕트가 포함된 채널이 있다.

킴벨미술관의 넓고 좁은 공간으로 된 그리드는 이동식 칸막이의 배치에 대한 지침을 제공하여 각 전시를 적합하게 한다. 공간은 유연하지만, 그리드의 제한 내에서만 가능하므로 예일미술관보다 전시 디자이너에게 더 많은 건축적 지침을 제공한다.

Kimbell

건물의 북동쪽 구석에 강당이 있다. 초기 계획에서는 강당에 별도 공간을 할당했으나, 지금은 하나의 그리드 유닛에 셸과 바로 붙은 채널 아래에 있다. 여기서 칸은 강당이 건물의 다른 요소들과 비슷한 방식으로 하는 것이 다른 방식으로 하는 것보다 중요하다는 결정을 내렸다. 마찬가지로 도서관도 그리드 유닛에 배치되었다. 그리드를 깨는 것은 세 개의 빛의 중정이다. 이곳은 빛이 강렬하고 여과되지 않았지만, 칸은 중정 위에 덩굴을 덮어 빛을 걸러내고 녹색으로 바꾸는 것을 의도했다.

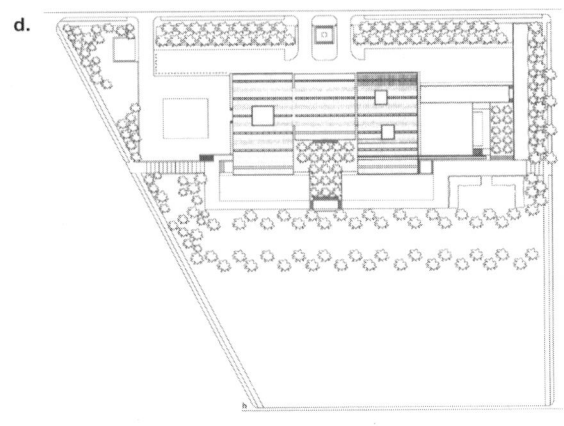

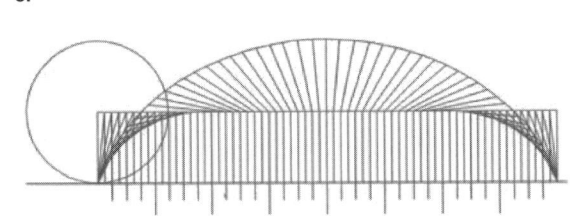

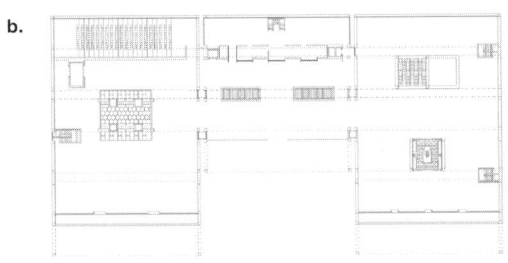

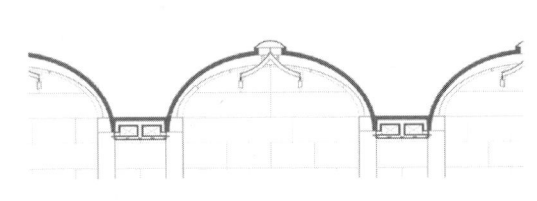

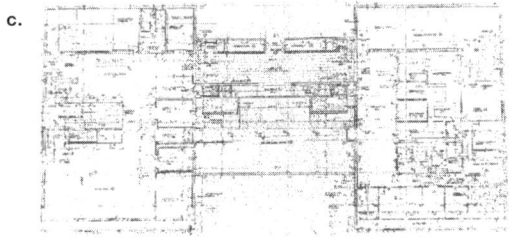

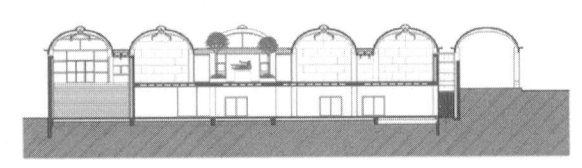

a. Grid
b. Main floor plan
c. Working drawing
d. Site plan

e. Generation of the cycloid curve
f. Detail section
g. Section

4.4.5. 구조

킴벨미술관의 구조는 현장 타설 콘크리트다. 기초에는 옹벽에 정착한 기둥이 있다. 아래층과 주요 층 사이의 바닥은 플라스틱 폼 블록(르 코르뷔지에가 빌라 사보아에서 사용한 "lost Tile"을 연상시킨다.)으로 만든 중공 공간에 콘크리트를 쳤다. 결과적으로 슬래브의 상단과 하단 표면이 피부 역할을 해서 무게를 줄이고, 소리를 차단하며, 바닥이 양방향 슬래브로 작동하게 된다.

킴벨미술관의 흥미로운 부분은 칸이 공간을 정의하는 데 사용한 셀이다. 사이클로이드 셀은 처음에는 볼트로 보인다. 모양은 볼트와 유사하지만, 구조적으로는 볼트가 아니라 보처럼 작용하는 셀이다. 볼트는 일련의 아치로 생각할 수 있는데 각 측면에는 전체 길이에 걸쳐 지지대가 필요하고, 그 폭에 연속성이 있어야 한다. 칸의 구조에는 지지대도 연속성도 없다. 칸의 구조물 긴 측면에는 지지대가 없고, 지지벽이나 보도 없다. 네 모서리의 기둥에만 지지대가 있다. 또한 구조물의 꼭대기에는 빛을 들어오도록 길이 방향으로 긴 개구부가 나 있다. 이것이 볼트라면 큰 문제가 될 수 있다. 아치에서 키스톤을 빼내는 것과 같기 때문이다.

그래서 칸의 형태는 볼트가 아니다. 그는 이것을 "사이클로이드"라고 부르는데, 이는 그가 사용하는 곡선의 기술 용어에서 따온 것으로, 바퀴의 가장자리에 있는 한 점이 굴러갈 때 그려지는 곡선이다. 구조적으로 이들은 얇은 4인치 두께의 셀로 104피트 길이의 스팬을 지지할 수 있는 깊은 보처럼 기능한다. 사이클로이드 형태의 장점은 곡선이 가장자리에서 밀착되어 끝 부분의 접선이 수직이 되므로 힘이 지점부로 전달되고 긴 가장자리를 따라 횡력 발생을 방지한다는 점이다. 반원은 너무 높고, 호^{arc}는 너무 낮았을 것이다. 이런 볼트와 유사한 구조물은 실제로 사이클로이드 형태의 셀이므로 이를 사이클로이드 셀이라 부른다.

이 사이클로이드 셀의 구조는 리처드연구소와 솔크연구소에 구조 엔지니어였던 오거스트 코멘던트가 디자인했다. 킴벨미술관에서도 일하게 된 코멘던트는 사이클로이드 셀을 설계할 때 막 이론$^{membrane\ theory}$과 일반적인 셀 이론을 모두 사용했고, 이런 종류의 구조를 완전히 이해하는 엔지니어 중 한 명이었다. 칸처럼 코멘던트는 프레드 앵거$^{Fred\ Anger}$의 '책 건물의 표면 구조(Surface Structures in Building)'의 영향을 받았다.

사이클로이드 셸의 상부가 빛이 들어오도록 잘려져 있다. 개구부는 가새로 연결되고, 힘은 각 셸 안쪽의 철근이 보강된 일련의 내부 아치로 전달된다. 가새와 내부 아치는 두 개의 반쪽 셸이 하나의 완전한 셸처럼 작용하게 된다.(구조는 두 개의 반쪽 셸을 독립적인 구조로 설계할 수 있었지만, 셸 내부의 힘이 훨씬 더 복잡해지고 두께가 더 두꺼워야 했을 것이다.) 이 내부 아치에서 발생하는 힘은 길이 방향으로 뻗어 있는 철근이 보강된 또 다른 내부 아치들로 전달된다. 여기서 보강재는 비접착식 프리스트레스트 케이블이다. 이러한 철근 보강 내부 아치는 결코 드러나지 않는다. 이들은 단지 셸 내부에서 힘이 보강재에 의해 전달되는 경로일 뿐이다. 셸 내부에 걸린 포스트텐션 철근tendon은 이 아치의 힘을 끝단의 다이어프램diaphrag으로 전달하고, 이 다이어프램이 이를 각 사이클로이드 셸의 네 기둥으로 그 힘을 전달한다. 한 변이 2피트인 이 기둥들은 구조적으로 필요한 것보다 훨씬 크다. 칸은 이 기둥들이 공간을 강하게 정의하기를 원했다. 강당과 도서관을 제외하고 이 공간들은 닫혀있지 않지만, 사이클로이드 셸이 아래 공간을 손으로 감싸는 것처럼 느껴져 방과 같은 특성을 가지게 한다.

사이클로이드 셸의 긴 가장자리에는 셸을 지지하지는 않지만, 셸로 지지가 되는 여분의 보가 있다. 두 개의 마주 보는 여분의 보가 슬래브를 지지하여 채널을 형성한다. 이 채널들은 칸의 그리드의 좁은 부분에 있으며 HVAC 시스템의 덕트를 수용한다.

a.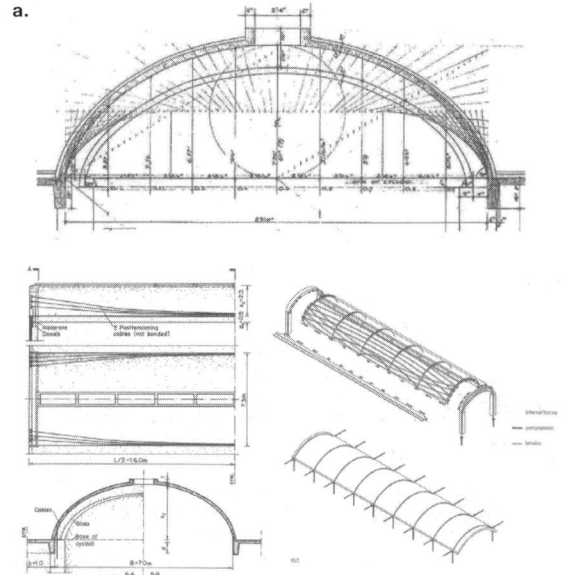

b.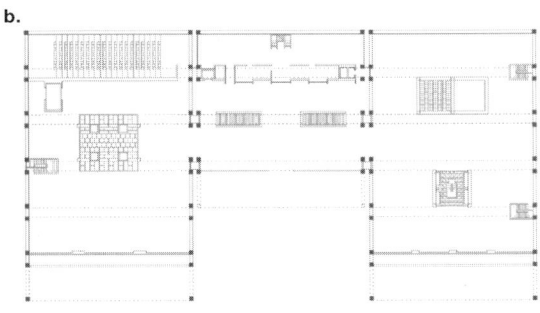

c.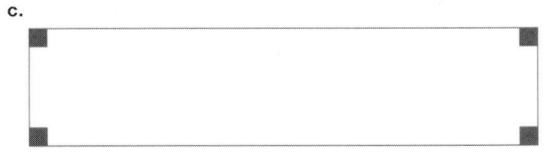

d.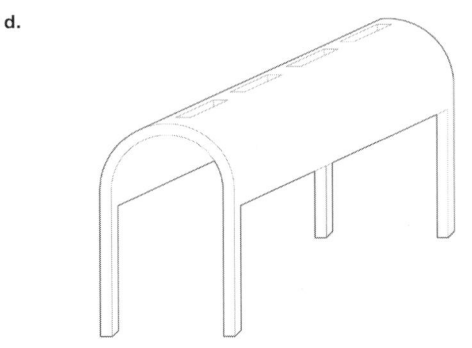

a. Tensioning cables in the shell
b. Plan showing column grid
c. Plan of shell
d. Diagram of shell

4.4.6. 설비

킴벨미술관의 설비는 리처드연구소와 솔크연구소에서처럼 결정적이지는 않지만 중요하다. 킴벨미술관 그리드의 좁은 부분에는 콘크리트 채널이 있으며, 이 채널 아래에 알루미늄 소피트^{soffits}를 두어 HVAC 덕트를 위한 밀폐된 공간을 만들었다. 전시실로 공기를 분배하는 그릴은 소피트와 채널 사이의 가장자리 공간에 있다. 이 덕트는 프랭크 로이드 라이트의 마틴 하우스^{Martin House}에 있는 것을 연상시키는 배열로, 이 덕트는 그리드 교차점에 있는 네 개의 기둥이 모여 형성된 공간에서 아래 층에서 올라오는 수직 파이프에 의해 공급된다.

따라서 기계 장비는 시각적으로 표현되고, 그리드와 구조와 통합되어 봉사하는 공간에 배치된다.

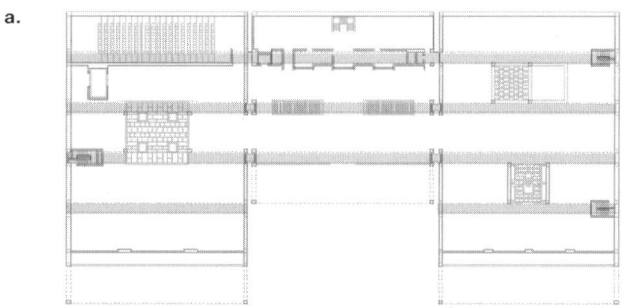

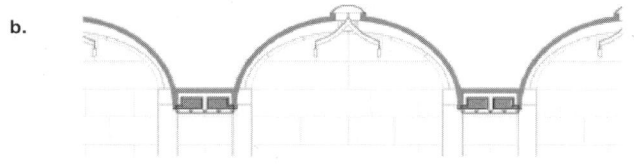

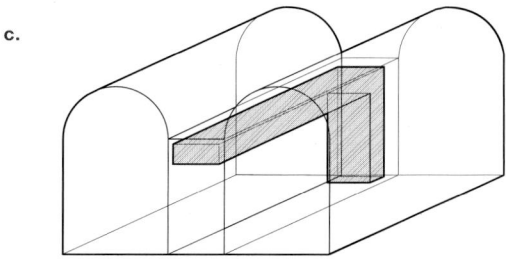

a., b., and c. Layout of HVAC ducts

4.4.7. 재료

칸은 르 코르뷔지에에게 영향을 받았다고 이야기 하곤 했는데, 킴벨미술관에서 재료의 명확성은 그가 미스에게도 동일한 영향을 받았음을 보여준다. 킴벨 미술관에서 몇 가지 재료를 단순하고 명확하게 사용 해서 빛나게 만들었다.

기단, 기둥, 사이클로이드 셸 같은 킴벨미술관의 구조는 건물의 내외부 모두 노출 콘크리트다. 그 콘크리트는 화산재인 포졸라나를 첨가함으로써 따뜻한 색조를 띤다. 솔크연구소에서도 포졸라나를 사용했다. 비에 젖으면 노출 콘크리트의 색은 어두워지고 트래버틴은 더 밝아지면서 건물이 날씨에 따라 반응하게 된다. 사이클로이드 셸의 지붕 표면은 납으로 덮여 있는데, 이것은 보통 칙칙한 재료이지만 강렬한 텍사스 태양 아래 반짝인다.

내부에서 볼트의 거친 콘크리트는 에어컨 덕트를 담고 있는 매끄러운 알루미늄 소피트와 끝 벽의 트레버틴과 대비된다. 그리드의 넓은 스팬에 있는 사이클로이드 셸 아래의 바닥은 흰색 참나무로 전시 구역을 나타내며 그리드의 좁은 스팬에 있는 에어컨 덕트를 포함하는 낮은 천장 아래의 바닥은 트래버틴으로 되어 있어 동선을 나타낸다. 각 전시회마다 변경되는 이동식 칸막이는 리넨으로 마감되었고, 가벼운 무게와 이동성을 나타내기 위해 금속 꺽쇠로 고정된다.

사이클로이드 셸의 다이어프램 아래 외벽은 두 겹의 콘크리트 블록과 단열재로 채워진 벽돌로 채워져 있다. 내외부 표면은 트래버틴으로 마감되었다. 벽이 곡선형 다이어프램 바로 아래까지 이어지며, 유리 띠가 벽과 다이어프램을 분리하여 벽이 하중을 지지하지 않는다는 것을 보여준다. 르 코르뷔지에가 롱샹 성당의 벽과 지붕 사이의 유리 띠를 사용했고, 라이트가 유니티 템플과 존슨 왁스를 포함한 여러 건물에서 유리 띠를 비슷한 방식으로 사용했다.

주요 층의 벽 대부분은 충전재이며, 트레버틴으로 마감되어 있다. 주차장에서 들어오는 뒤쪽 입구의 벽은 104피트 스팬의 거대한 보다. 칸은 이 벽이 구조적인 보라는 것을 보여주기 위해 트래버틴으로 마감하지 않고 콘크리트를 그대로 노출했다.

a. Exterior elevation
b. Interior of a cycloid shell
c. Travertine surfaced masonry infill wall under construction

4.4.8. 디테일

칸의 건물들은 디테일에서 성공을 거두었고, 이는 킴벨미술관에서 두드러진다. 이 건물의 보석같은 품질은 재료뿐만 아니라 그것들을 조합되는 명확성 에서 나온다. 솔크연구소에서처럼, 칸은 콘크리트 구조물에 형틀 선과 폼타이 구멍을 신중하게 배치하여 건물에 인간적인 스케일을 부여했다. 외벽은 거친 노출 콘크리트 구조와 매끄러운 트래버틴 충전재 벽이 뚜렷하게 구분된다. 사이클로이드 셸 끝 다이어프램은 끝부분에서 얇고 위쪽에서 두꺼워지며, 두 개의 힌지 아치로 작동하여 상단에는 더 많은 보강재가 집중되어 있다는 것을 보여준다. 셸을 지지하지 않는 끝벽을 다이어프램과 분리하여 벽이 셸을 지지하지 않는다는 것을 보여주기 위해 사용된 유리 띠는 끝부분 9인치, 위쪽 4인치로 두께가 다르며 이는 적절한 시각적 효과를 준다.

아래층에서 주 전시 공간으로 올라가는 계단의 콘크리트 바닥과 벽은 트레버틴으로 마감되어 있다. 벽에 부착된 금속 난간은 둥글고 손이 편안하게 잡을 수 있도록 충분한 크기지만, 밀폐되지 않아 솔리드한 것이 아니라 판금이라는 것을 알 수 있다. 칸은 용접된 닫힌 금속 형태를 피했는데 솔리드하지 않은 것이 솔리드하게 보이기 때문이었다. 도서관으로 올라가는 벽과 난간은 나무로 깔끔하게 마무리되어 있다.

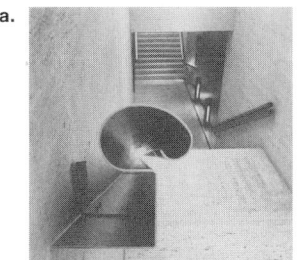

a. Detail of stair rail
b. Detail of HVAC duct housing between cycloid shells
c. Exterior details distinguishing concrete, travertine, and lead surfaced roof

4.4.9. 빛

킴벨미술관에서 칸과 브라운은 그림들을 자연광 아래에서 전시하고자 했다. 자연광 아래에서 그려진 그 그림들은 인공광에서는 결코 일어날 수 없는 방식으로 자연광에서 생동감을 띤다. 또한 자연광은 하루와 계절, 그리고 날씨에 따라 변화하면서 공간에 생기를 불어넣는다. 하지만, 자연광의 자외선은 매우 파괴적이다. 그것은 색을 탈색시키고, 그림에 치명적이며, 심지어 많은 재료를 분해할 수도 있다.

킴벨미술관에서, 칸은 자연광을 유입하기 위해 각 사이클로이드 셸(현관의 셸 제외)의 상단을 따라 틈을 만들었다. 그 틈 위의 천창은 자외선을 걸러내도록 설계되었다. 그는 화학적으로 거울처럼 광택을 낸, 구멍이 뚫린 알루미늄 반사판을 천창 아래에 매달았다. 이 반사판은 킴벨미술관의 저명 컨설턴트이자 조명 디자인의 선구자인 리처드 캘리 Richard Kelly가 정립한 수학적 기준에 따라 곡선을 그리도록 설계되었으며, 빛을 사이클로이드 셸의 노출 콘크리트에 반사해 균일하게 씻어내고 은은한 광택을 부여한다. 반사판의 구멍은 빛의 일부가 공간으로 직접 들어오게 한다. 반사체의 가장자리에는 낮에 자연광을 보충하거나 야간에 가끔 사용되는 인공조명이 달려 있다.

노출 콘크리트는 우아한 박물관 내부에서 보통 사용하는 재료가 아닌, 보도에나 사용한 거친 재료다. 그리고 실제로 시공 도중에 첫 번째 사이클로이드 셸의 거푸집이 제거되었을 때, 너무 거칠고 이완성처럼 보인다는 우려가 있었다. 그러다 나중에 반사경이 설치되었을 때, 이 건물이 큰 성공을 거두었다는 것을 깨달았다.

킴벨미술관의 조명에 대해 언급하면서, 코멘던트는 미술관에 그림자가 있어서는 안 된다고 말했다. 신비감을 표현하기 위해 교회에는 그림자가 있을 수 있지만 미술관에서는 모든 벽이 그림을 보여줄 수 있어야 한다. 킴벨미술관에서 빛의 균일한 확산은 그림자를 남기지 않는다.

칸은 건축이 구조와 빛에 의해 형성된 방들의 연속이라고 말한다. 킴벨미술관에서 구조적 단위인 셸이 빛을 허용하기 위해 열려 있고, 그래서 그 방을 정의하게 되는 비전을 달성했다.

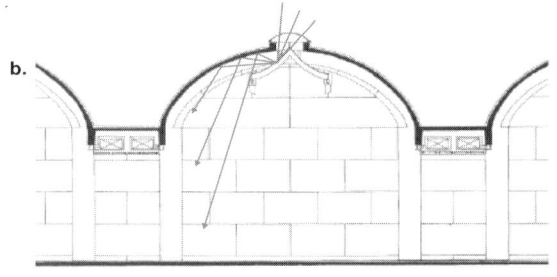

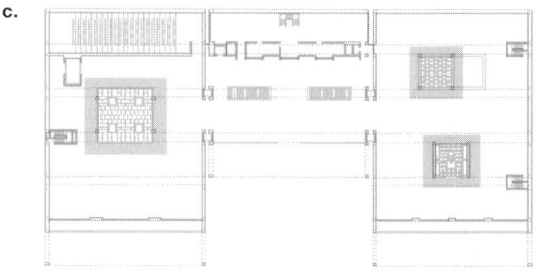

a. Light coming through slit in cycloid shell, reflected, and washing the shell
b. Diagram of light reflection
c. Plan showing light courts

4.4.10. 건물 체험

킴벨미술관의 주출입구로 접근하려면, 공원을 가로질러 이동한 다음 세 개의 거대한 개방된 사이클로이드 포치 근처에서 그늘을 제공하는 호랑가시나무 나무가 줄지어 선 숲을 통과하게 된다. 가운데 셸은 입구에 그늘을 주고, 두 개의 측면 셸은 시원한 연못 reflecting pool을 내려다본다. 현관을 통해 건물이 어떻게 지어졌는지 알 수 있다. 칸은 "건물은 그 건물을 만든 기록이다"라고 말한다.

또는 주차장에서 아래층 로비로 들어갈 수도 있다. 거기서 한 줄로 늘어선 트레버틴 계단을 올라가며 위를 올려다보면, 채널 양옆으로 새의 날개처럼 펼쳐진 두 개의 사이클로이드 셸을 볼 수 있다. 갤러리 입구에 들어서면 천장의 틈 아래에 걸려 있는 반사판에 의해 은빛으로 씻겨진 사이클로이드 셸을 올려다보며 건물의 전체적인 효과를 즉시 경험할 수 있다.

입구 로비에서 여러분이 방문하게 될 건물의 일부인 전시 갤러리, 카페, 서점을 볼 수 있는데, 이는 브라운과 칸이 원하는 가정과 같은 느낌에 이바지한다.

당신은 자연광 아래에서 전시관을 돌아볼 수 있다. 트래버틴 칸막이벽과 사이클로이드 셸의 격벽을 분리하는 유리가 있는 외부 벽의 상부에서 빛의 얇은 띠가 들어온다.

건축물에 의해 그림들의 우아함이 돋보인다. 통로 영역에 있는 차갑고 딱딱한 트래버틴 바닥은 전시 영역의 따뜻하고 부드러운 나무 바닥으로 연결된다. 전시 영역에서는 그림들이 트래버틴 벽이나 천으로 마감된 이동식 칸막이에 걸려 있다.

4.4.11. 철학적 진술

근대건축은 우리가 더 이상 과거에 뿌리를 두고 있지 않고, 대신 민주주의의 부상과 교회의 쇠퇴, 우리의 동물적 기원에 관한 다윈의 발견, 경제적 결정론에 대한 마르크스주의의 발견, 그리고 무의식에 대한 프로이트의 발견으로 정의되는 완전히 새로운 상태에 있다고 본다. 그러나 대부분의 근대건축은 우리를 산업화에 의해 정의된 존재로 본다.

이러한 변화에 비추어 볼 때 우리의 과거와는 완전한 단절이 선언되었다. "미래주의 건축의 선언"에서 인용한 "건축은 전통에서 벗어나고 있다…. 모든 것은 혁명적이어야 한다."는 말을 상기해보자.

칸은 우리의 근대적인 상태를 인식했다. 그러나 그는 그것이 과거와 연결되어 있으며, 또한 그가 '시작'이라고 부르는 것과도 연결되어 있다고 본다. 과거를 소환하는 것은 그가 우리를 그 '시작'들과 접촉하게 하는 한 가지 방법이다. 킴벨미술관은 아마도 이 비전을 가장 명확하게 표현한 것이다. 위에서 논의한 바와 같이 칸의 철학을 고려할 때 칸은 실제 역사적 기원과 '시작'이라 부르는 것 사이의 유사점을 본다. 그것은 우리의 측정할 수 없는 인간적 특성의 영역이다.

킴벨미술관은 대지, 비례, 재료 및 세 부분으로 구성된 조직 면에서 고대 로마와 이탈리아 르네상스 시대 빌라들의 전통을 따른다. 텍사스의 태양은 심지어 이탈리아의 태양을 연상시킨다. 호랑가시나무 숲을 지나 건물로 걸어가는 것은 이탈리아 르네상스 빌라로 걸어가는 느낌을 매우 강렬하게 떠오르게 하여, 고대 로마 빌라로 걸어가는 경험이 어땠을지 상상하게 한다.

따라서 킴벨미술관은 우리의 세 가지 본성, 현대적인, 전통적인, 그리고 영원성을 주장한다. 칸이 우리를 다시 연결하는 전통적인 과거는 양식이나 역사적인 참조에 있어서가 아니라 태도 측면에서, 즉 존재하는 방식으로서의 신고전주의다. 킴벨미술관에서 칸의 신고전주의는 콘크리트 거푸집에 의해 만들어진 비례에서 비롯된다. 이런 비례는 우리의 신체, 마음, 자연에 의해 공유되어 모두를 조화롭게 한다.

그리고 칸의 신고전주의에서 자연은 북미의 전통에서 보는 황야가 아니라, 유럽의 전통에 서 있는 정원으로 본다. 이탈리아의 풍경은 수 세기 동안 완전히 점유되었다. 이것이 우리가 차지하고 있는 자연이고, 이것이 우리 삶의 배경이다. 칸은 "정원은 인간이 선택한 장소와 관련이 있으며, 특정한 방식으로 인간의 사용을

44. Lobell, 38.

위해 개발된 자연"이라고 말했다.[44]

　동시에 킴벨미술관은 완전히 근대적이다. 균일한 그리드를 가지고 있으며, 공간, 구조, 재료, 설비를 명확하게 표현한다. 마지막으로, 킴벨미술관은 재료의 본질, 구조 체계, 빛에 따라 구성되어 있으며, 이것들이 각각 만들어지는 것과 시간을 벗어난 '시작'을 우리에게 보여준다. 따라서 킴벨미술관은 현재에서 과거로, 또 현재에서 '시작'으로의 다리 역할을 한다.

4.4.12. 비판과 의견

개관 당시 킴벨미술관에 대한 반응은 대부분 매우 긍정적이었으며, 해를 거듭할수록 강화되었다. 근대건축의 걸작 중 하나로 인정받고 있다.

제기된 비판 중 하나는 사이클로이드 셸에 관한 것이다. 볼트처럼 보이지만 구조적으로 볼트가 아니다. 논의한 바와 같이 대부분 사람이 익숙하지 않은 색다르게 얇은 셸 구조다. 레이너 밴햄$^{Reyner\ Banham}$은 건물의 구조가 전문 엔지니어와 일반 사용자 중 누구에게 명확해야 하는지 물었는데, 킴벨미술관은 전문가에게만 명확한 것이라고 말했다.

이 비판에 동의하지 않는다. 사이클로이드 셸은 이 건물의 빛나는 측면 중 하나이다. 우리에게 의미가 있는 고대의 전통적인 형상을 취하고, 그것을 현대적인 해석으로 제시했다. 그것이 바로 근대적인 세계에서 우리의 처한 상황이었다. 우리는 심리적, 문화적, 사회적, 정치적 이유로 우리가 완전히 버리고 싶거나 포기할 수 없는 특정한 전통을 가지고 있다. 그러나 산업화 이후의 기술 세계에서는 완전히 적합하지 않다. 우리는 그들이 더 이상 존재하지 않는 것처럼 행동할 것인가? 아니면 그들로부터 적절한 것을 지키고 우리의 새로운 상황에 맞게 재해석하려고 하는가? 건축의 역할 중 하나는 우리가 현재의 세계와 관계를 맺을 수 있도록 돕는 것이고, 칸이 사이클로이드 셸로 정확히 그것을 달성했다.

칸은 사이클로이드 셸로 전통적인 것과 현대 사이의 관계를 맺었지만, 자동차가 지배하는 현대와 전통적인 경관과의 관계를 조화시키는 데는 그다지 성공적이지 못했다. 이 둘을 해결하는 대신, 칸은 아름다운 보행자 출입구를 만들었지만 아무도 사용하지 않는다. 왜냐하면 주차장이 건물의 반대편에 자리 잡고 있어, 대부분 방문객은 텍사스의 더위 속에서 건물의 반쯤을 돌아가는 것을 원하지 않는다. 칸은 모두가 사용하는 주차장 쪽의 후문을 만들었는데, 마치 트럭 하역장처럼 보인다.

칸은 20세기에는 완전히 편안함을 느끼지 못했다. 특히 가장 보편적인 혁신인 자동차에 대해 편치 않아 했다. 필라델피아의 밀집된 보행자 도시에서 생활하면서 칸은 자동차를 피할 수 있었지만, 대부분 사람은 그러지 못했다. 그는 심지어 전기에도 특별히 만족하지도 않았다. 건축에서 그는 로마의 위대한 형태들과 보자르의 질서있는 고전적인 특성을 선호했으며, 그의 가장 큰 업적은 그러한 특성들을 근대건축에 완전히 가져온 것이라 할 수 있다.

칸은 특정 공간이 특별하기 위해서는 다른 공간이 덜 특별해야 한다고 느꼈다. 그래서 대조를 통해 공간의 특별함을 강조했다. 그러나 킴벨미술관에서 이 방식을 지나치게 적용하여 하부 층의 사무실과 워크숍 같은 공간들에는 자연광을 들어가지 않도록 설계했다. 이 공간에서 일하는 사람들은 더 나은 환경을 누릴 자격이 있다.

1990년대 초에 또 다른 문제가 발생했다. 지난 40년간 예술과 미술관 활동에 관한 관심이 폭발적으로 증가했다. 킴벨미술관은 확장을 원했고, 증축할 건물을 설계할 건축가로 칸의 동료인 로말도 지우골라Romaldo Giurgola를 선정했다. 엑서터도서관의 매우 자족적인 형태와는 달리 킴벨미술관의 그리드 모듈은 확장 가능성을 암시한다. 지우골라는 킴벨미술관의 양쪽에 각각 하나씩 두 개의 추가되는 날개를 설계하여 칸의 그리드를 이어 나갔다. 그러나 지우골라의 증축안은 칸의 건물 대부분을 덮어버리고, 다른 시기에 다른 건축가에 의해 설계된 요소들을 추가하게 되어 있다. 건축계가 확장안에 반대해 결국 철회되었다. 하지만 이 사건은 질문을 남겼다. 이런 시설들이 성장하고 변화해야 할 때, 중요한 건축가가 설계한 건물일 때는 어떻게 할 것인가?

리처드 브라운이 칸에게 제시한 "사전 건축 프로그램"에서 그는 킴벨미술관이 미술품 수집가의 집 같은 느낌이 들길 원했다. 이 접근 방식을 위한 두 가지 모델은 뉴욕에 있는 프릭 컬렉션과 모건 도서관이다. 프릭 컬렉션은 철강 재벌 헨리 프릭Henry Frick의 뉴욕 저택에서 시작되었다. 카레레Carère와 헤이스팅스Hastings가 설계했고, 1913년부터 1914년까지 그의 거주지로 사용되고 르네상스부터 19세기까지 구시대 거장들을 중심으로 한 그의 미술 소장품을 수용하기 위해 건축되었다. 모건 도서관은 금융가 피어폰트 모건Pierpont Morgan의 뉴욕 저택에서 시작되었다. 찰스 맥킴Charles McKim이 설계했으며 1902년에서 1906년 사이에 모건의 저택 바로 옆에 그의 채색 필사본, 인쇄물, 역사적 원고, 초기 인쇄본, 오래된 마스터 드로잉과 판화를 보관하기 위해 건설되었다.

킴벨미술관은 근대적인 전통으로 지어진 가장 훌륭한 소규모 미술관 중 하나로 여겨진다. 프릭 컬렉션과 모건 도서관은 보자르 전통에 따라 지어진 가장 뛰어난 소규모 박물관 중 두 곳으로 평가받는다. 우리는 이 세 곳 모두를 방문해서 비슷한 컬렉션에 있는 그림들이 서로 다른 집에서 어떻게 전시되는지 비교해 볼 필요가 있다.

4.4.13. 비교 및 영향

킴벨미술관의 반복되는 사이클로이드 셸은 로마의 포르티쿠스 아이밀리아^{Porticus Aemilia}의 창고와 같은 고대 건축물을 연상시킨다. 최근에는 르 코르뷔지에의 미실현 프로젝트인 우사인 베르테^{Usine Verte}(1944)와 아메다바드에 있는 마노라마 사라바이^{Manorama Sarabhai} 빌라(1951-55)가 있다. 이 예들은 모두 구조적인 볼트지만 킴벨미술관은 셸을 사용했다.

a.

킴벨미술관의 강력한 그리드는 칸의 초기 프로젝트와 건물들, 특히 그의 1924년 학생 프로젝트인 쇼핑센터, 1954-59년 트렌튼 커뮤니티 센터, 그리고 예일영국센터를 연상시킨다. 킴벨미술관의 ㄷ자 모양은 신고전주의 건물들 사이에서 흔히 볼 수 있다. 칸이 친숙하게 알고 있던 클라렌스 잔칭거^{Clarence Zantzinger} & 호레이스 트럼바워^{Horace Trumbauer}의 필라델피아 박물관(1916-28)이 그 예다.

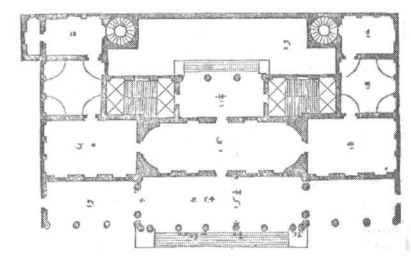

b.

리처드연구소, 솔크연구소와 달리 킴벨미술관을 잇는 작품은 없다. 리처드와 솔크는 미래를 향한 방향을 제시했고 오늘날 첨단 구조와 설비 시스템을 표현하는 많은 건물이 그들로부터 영향을 받았다. 반면, 킴벨미술관은 공원 설정에서 르네상스와 로마 저택의 장엄한 고전적 특성을 다시 상기시켰다. 제임스 스털링의 슈트트가르트 박물관^{Neue Staatsgalerie}, 리처드 마이어^{Richard Meier}의 게티 센터^{Getty Center}, 앙투안 프레독^{Antoine Predock}의 건물들을 포함해서 몇 개의 건물들이 킴벨미술관의 고전적인 느낌을 적용했지만, 지난 50년 동안 우리의 초점은 아니었다.

c.

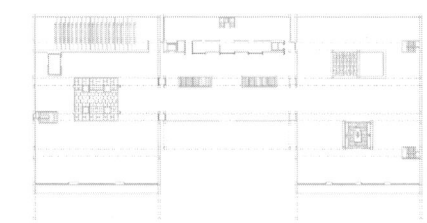

d.

a. The Kimbell is reminiscent of Jacopo Sansovino's 1540 Venetian Villa Garzoni
b. The plan of the Kimbell is reminiscent of that of Palladio's Palazzo Chiericati in Vicenza begun in 1550
c. Kimbell in its landscape
d. Kimbell plan

루이스 칸의 철학 같은 건축

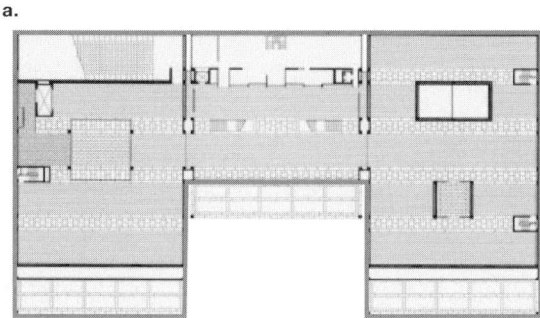

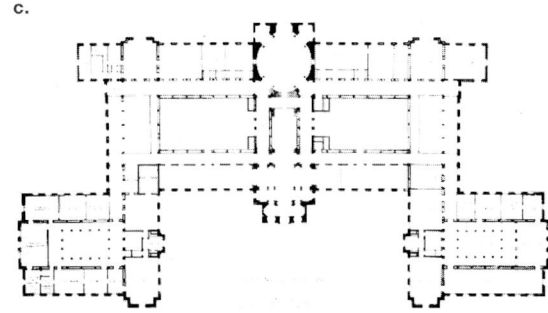

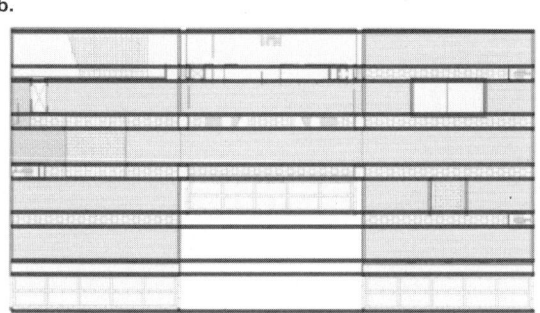

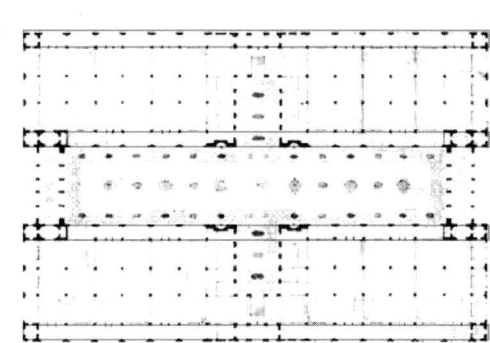

a. C-shape of Kimbell is reminiscent of the Philadelphia Museum
b. Grid of Kimbell is reminiscent of the grid of Kahn's student Project for a Shopping Center
c. Philadelphia Museum of Art
d. Kahn's student Project for a Shopping Center

4.5

예일영국미술센터
[예일영국센터]

Yale Center for British Art

New Haven, Connecticut 1969–74

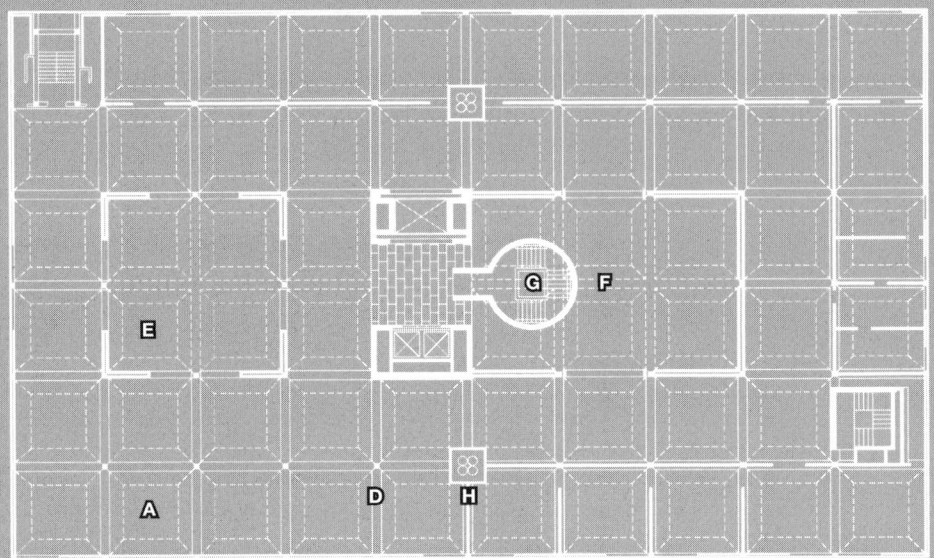

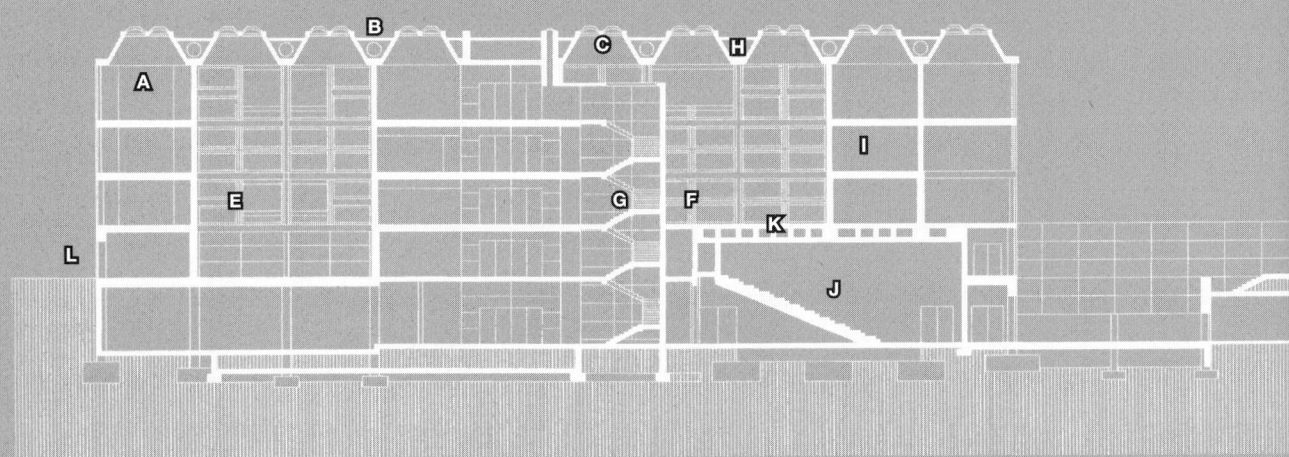

- **A** Top floor galleries. Dotted lines show skylights. Partitions are movable along grid lines.
- **B** Precast beams containing air ducts.
- **C** Skylights
- **D** Columns creating 20 foot grid.
- **E** Entrance court open to skylights.
- **F** Light court open to skylights.
- **G** Main stair.
- **H** Air ducts.
- **I** Galleries protected from sunlight.
- **J** Auditorium
- **K** Return air in hollow spaces in floor slab.
- **L** Entrance.

4.5.1. 배경과 맥락

재무장관이자 금융가인 앤드루 멜론$^{Andrew\ Mellon}$의 아들 폴 멜론$^{Paul\ Mellon}$은 그의 영국 예술 소장품을 보관하기 위해 예일대학교에 영국 미술과 영국 연구를 위한 폴 멜론 센터$^{Paul\ Mellon\ Center\ for\ British\ Art\ and\ British\ Studies}$로 알려진 건물을 위한 자금을 제공했다. 예일대학 캠퍼스는 멋진 고딕 리바이벌 건물들로 지어졌으며, 1951년에 칸의 예일미술관이 건립된 후 예일대학은 선도적인 근대건축가들이 설계한 일련의 건물을 의뢰했다. 폴 멜론은 이전에 그의 아버지가 워싱턴의 내셔널갤러리를 설립하는 것을 도왔고, I.M. 페이가 설계한 이스트 빌딩으로 알려진 그 미술관의 확장에도 재정적으로 지원했다.

예일대 교수진의 일원인 줄스 데이비드 프로운$^{Jules\ David\ Prown}$교수가 이 프로젝트의 책임자로 임명되어 클라이언트 역할을 했다. 그는 건물의 요구사항을 작성했고, 자문위원들과 함께 칸을 건축가로 선택했다. 칸은 특유의 열정으로 실내에 큰 정원을 포함한 야심찬 계획을 발전시켰다. 예산의 한계와 박물관에 대한 덜 형식적인 느낌을 원하는 바람 때문에 이 계획은 현재 우리가 보는 건물로 크게 축소되었다.

칸은 예일영국센터가 준공되기 전인 1974년에 사망했고, 그의 오랜 동료인 앤서니 펠레치아$^{Anthony\ Pellecchia}$와 마셜 마이어스$^{Marshall\ Meyers}$가 마무리 지었다. 막 자신들의 사무실을 연 그들은 칸이 그랬을 것처럼 건물의 디테일을 만드는 데 노력을 기울였고, 그들이 이 목표를 성공적으로 수행했다는 것이 일반적인 평가다.

4.5.2. 기능

프로그램은 전시 공간과 연구 갤러리$^{study\ gallery}$로 알려진 곳에 회화, 판화, 드로잉, 사진, 희귀 서적의 소장품을 수용하도록 요구했다. 또 강당, 도서관, 강의실, 사무실, 그리고 워크숍도 요구했다. 이외에도 거리에 면해 상가가 있어야 했다.

프로운은 이 건물이 기념비적이지 않고, 오히려 인간적인 규모와 재료 및 질감에서 인간적인 감각을 가지며, 소장품 대부분을 차지하는 소형 예술 작품들과 잘 어울리길 원했다. 또 대학과 뉴헤이븐 도심과 관련되어야 한다는 의미인 "현실 세계"를 수용해야 한다고 생각했다. 동시에 많은 미술관과 작업 공간 모두에 자연광이 있어야 하지만, 일부 소장품이 빛에 의해 손상될 수 있는 극도의 민감성을 인식해야 한다고 느꼈다. 그리고 프로운과 칸 둘 다 이 건물이 영국의 장원을 연상시키면서 소장품인 영국의 그림들과 잘 어울리기 원했다.

4.5.3. 형태 진술

킴벨미술관의 경우처럼, 칸은 예일영국센터를 훌륭한 집을 닮은 환경에서 관람자가 자연광 속에서 그림을 만날 수 있는 장소로 보았다. 칸은 "나는 멜론 갤러리를 영국의 홀로 생각한다. 홀 안으로 걸어 들어서면, 전체 집을 소개받는 것과 같다. 내부가 어떻게 배치되어 있는지, 공간이 어떻게 사용되는지 볼 수 있다. 마치 집 안으로 걸어 들어가 온 집을 돌아보고. '와, 정말 멋지다'라고 말할 것이다." [45]

킴벨미술관과 예일영국센터는 언뜻 보기에는 매우 달라 보이지만, 자세히 들여다보면 그들이 개념의 특정한 표현인 디자인은 다르지만, 기본 개념인 형태는 매우 유사하다는 것을 알 수 있다. 둘 다 천창 아래 훌륭한 집과 같은 환경에서 관람객이 그림과 만난다. 두 건축물 모두 이동식 칸막이의 배치를 정돈하고, 갤러리, 빛의 정원, 강당을 위한 모듈을 제공하는 기둥 그리드를 가지고 있다. 킴벨미술관은 강렬한 태양이 내리쬐는 지역의 교외 대지에 넓게 펼쳐져 있으며, 예일영국센터는 구름이 자주 끼는 지역의 제한된 도심 대지에 여러 층으로 해결한 건축물이다.

4.5.4. 공간구성과 평면

예일영국센터는 가로 20피트의 정사각형과 세로 13피트인 간단한 3차원 구조 그리드로 구성되어 있다. 칸은 이 그리드 안에서 프로그램에서 제공한 기능과 미술관의 전형적인 요소를 배치한다.

기능적으로, 칸은 거리 쪽에 있는 16개의 그리드 요소를 활용해 상업용 매장을 배치했다. 그 후 1층에 입구와 강당을 추가적인 그리드 요소로 구성했다. 2층과 3층에는 빛으로부터 보호가 필요한 도서관과 갤러리들이 있다. 꼭대기 층에는 여과된 자연광으로 가득 찬 회화 전시실들이 있다. 지하에는 사무실과 기계실이 있다.

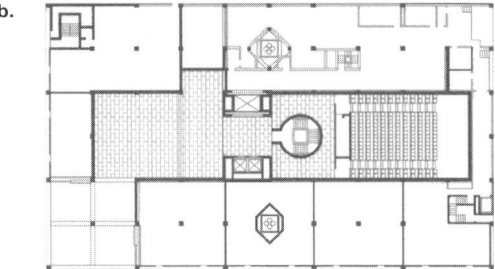

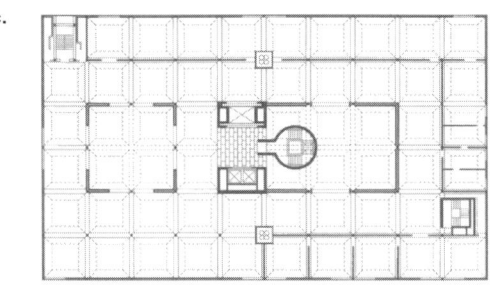

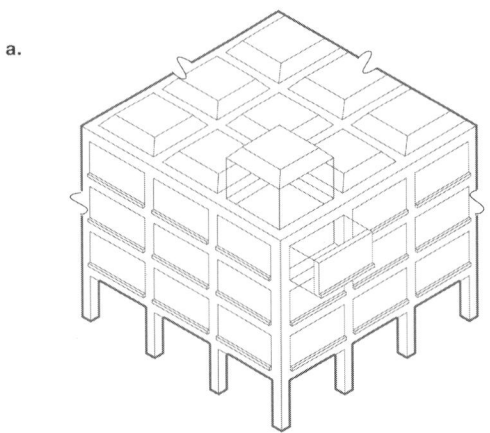

45. Patricia C. Loud, The Art Museums of Louis I. Kahn (Durham: Duke University Press, 1989), 202.

a. Diagram of building organization
b. Ground floor plan
c. Top floor plan

칸이 교육받은 보자르 전통에서 박물관은 입구, 현관홀, 로톤다, 대계단, 동선의 중심이 되는 홀, 갤러리, 휴식 공간의 고전적인 진행 순서를 가지고 있다. 칸은 예일영국센터에서 이와 유사한 순서를 수용했다. 그는 건물 모서리의 그리드 네 개로 입구를, 또 네 개의 그리드로 구성한 스펙타클한 천창이 있는 입구 중정을 만들었다. 이 공간은 위로 네 개 층이 열려 있다. 이후 두 개의 그리드 요소로 구성된 전이 공간인 로비가 나오며, 여기에서 외투 보관실, 엘리베이터, 계단으로 접근할 수 있다. 근대 미니멀리스트의 전통에 따라 칸은 순환 복도가 아니라 갤러리를 통해 이동하도록 설계했다. 갤러리 자체는 개별적이거나 여러 개의 20피트 정사각형 그리드로 구성되어 있다. 마지막으로, 6개의 그리드로 천창이 개방된 빛의 중정은 예술품을 보다 휴식을 취할 수 있는 장소를 제공한다. 따라서 칸은 내셔널갤러리와 같은 보자르 건물이 수용하는 모든 활동을 근대 미니멀리즘의 어휘로 구현했다.

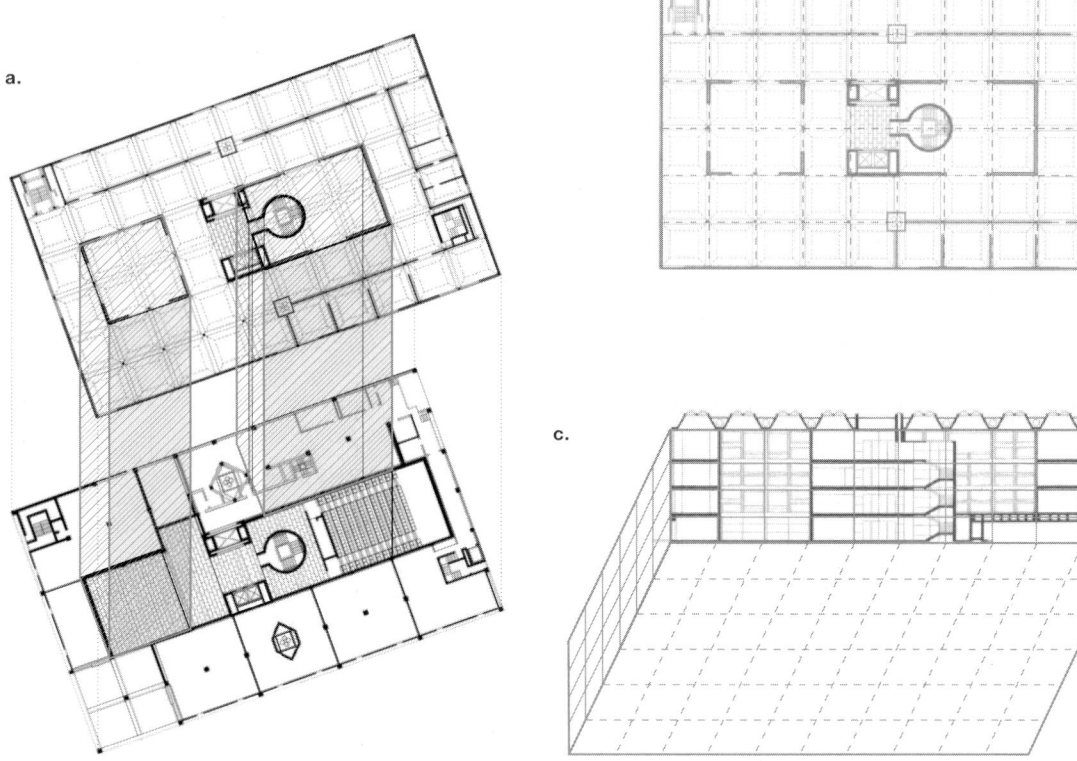

a. Open interior spaces
b. Grid in two dimensions
c. Grid in three dimensions

4.5.5. 구조

예일영국센터의 구조 시스템은 조직된 그리드를 설정한다. 기둥은 중심 간격이 20피트이고, 바닥 슬래브에는 공기를 순환하는 공간이 내장되어 있다. 둘 다 현장에서 타설한 콘크리트다. 천창을 정의하는 거대한 "V" 모양의 지붕보는 프리캐스트 콘크리트이며 공기 공급을 위한 덕트를 포함하기 위해 속이 비어있다.

칸은 여러 곳에서 그리드에 예외를 두는데, 1층의 바깥 테두리에서 모든 두 번째 기둥을 생략하고, 대신 상부의 중간 기둥을 지지하기 위해 전이보$^{pickup\ girder}$를 사용했다. 그는 또한 입구 중정, 빛의 중정, 강당에서 기둥을 생략했다. 그리고 입구와 빛의 중정, 도서관 일부를 포함한 여러 장소에서 바닥 슬래브를 생략하여 다층 공간을 만들었다.

칸은 하중이 증가함에 따라 각 층에서 기둥의 크기를 위에서 아래로 갈수록 점진적으로 증가시켰다. 그 결과 외부에서는 거의 눈에 띄지 않는 미묘한 효과가 나타나고, 내부에서는 한 번에 한 층의 기둥만 볼 수 있어서 더욱 눈에 띄지 않는다. 그러나 많은 사람에게 이 크기의 증가는 무의식적으로 인식되어 구조의 일체감을 미묘하게 느끼게 한다. .

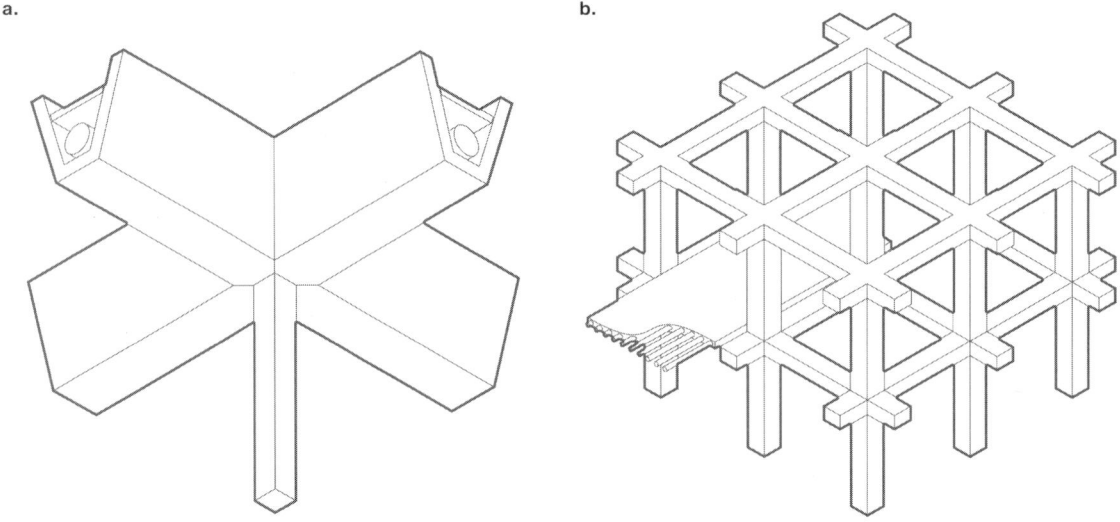

a. Precast V-shaped beams containing supply air ducts
b. Diagram of structural frame including return air spaces cast into the floor slabs

4.5.6. 설비

칸이 처음 설계한 예일영국센터에는 외부 서비스 타워가 있었지만 예산이 삭감되어 제외되었다. 건물이 지어지면서, HVAC 덕트는 건물 내부를 관통하는 두 개의 큰 다이아몬드 모양의 샤프트를 통해 수직으로 이어진다. 칸은 평소의 분절하는 방식에서 벗어나 최상층의 공급 덕트를 프리캐스트 구조 보에 통합했다. 하부 갤러리의 공기 덕트는 원형 판금으로 제작되어 슬래브 아래에 노출되어 매달려 있다. 따라서 같은 기능이 층마다 매우 다르게 처리되었다. 환기는 바닥 슬래브에 매립된 공간을 통해 이루어진다.

4.5.7. 재료

예일영국센터는 네 가지 재료로 구성되어 있다. 프레임과 프리캐스트 보는 현장 타설 콘크리트. 외부 패널은 스테인리스강, 내부 패널은 참나무, 창문은 유리다.

칸은 콘크리트를 내외부 모두 노출했다. 외부에서는 이 프레임이 스테인리스 패널과 창문으로 채워져 있다. 스테인리스 패널은 최종 연마 단계를 거치지 않아 흐릿한 주석^{pewter}과 같은 마감이며, 햇빛을 직접 받으면 은은한 빛이 난다. 칸은 "흐린 날에는 나방처럼 보일 것이고, 맑은 날에는 나비처럼 보일 것"[46]이라고 말했다.

내부에서 콘크리트 프레임은 스테인리스강 대신 참나무 패널이 채운다. 참나무 패널과 노출 콘크리트인 기둥과 보가 결합하여 영국 장원의 참나무 패널과 구조물을 연상시킨다. 원래 예술품이 전시되었을 법한 웅장한 저택을 떠올리게 한다. 장원에서는 참나무가 짙게 착색 처리되었겠지만, 여기에서는 밝게 남겨서 현대적인 느낌을 강조하고 있다.

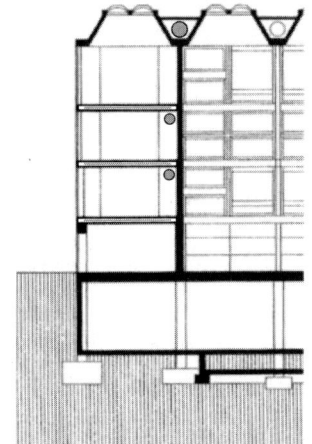

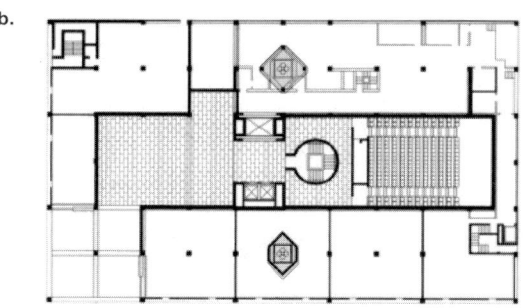

a. Section showing supply air ducts in precast V-shaped beams in top floor and round ducts in lower floors, and return air through spaces cast into the floor slabs.
b. Plan showing vertical supply air in diamond shapes
c. Light court with oak paneling
d. Upper gallery floor with thinner concrete column
e. Model of exterior showing concrete frame and stainless steel panels

46. Ibid., 204.

4.5.8. 디테일

칸이 예일영국센터에서 보여준 디테일의 정교함은 콘크리트 프레임에서 잘 드러난다. 그는 매끄러운 형태로 콘크리트를 타설하여 조인트를 최소화하고 나뭇결 자국을 피하려 했다. 접합부는 밑변이 1/4인치, 끝부분이 1/8인치인 돌출된 "V" 모양이 나타나도록 했다. 칸은 돌출된 "V" 모양에 생기는 작은 결함이 생기는 것을 허용하여 재료의 실제 특성을 보여주고자 했다. 칸은 창문 프레임을 외부의 스테인리스강 패널과 같은면이 되도록 설계했으며, 창틀을 최소화하는 디테일을 사용했다. 예일영국 센터의 내부 참나무 패널 디테일은 칸의 다른 건물들, 특히 킴벨미술관 디테일의 명확함을 공유한다. 칸은 예일영국센터 프로젝트의 디테일을 끝내기 전에 사망했고, 작업을 마무리한 그의 동료들은 킴벨미술관의 디테일을 바탕으로 완성했다.

4.5.9. 빛

킴벨미술관에서처럼, 예일영국센터에서도 빛은 중요한 요소다. 이 건물의 주요 특징은 최상층에 있는 천창 갤러리들이지만, 칸은 빛을 건물 전체에 걸쳐 마치 교향곡처럼 다룬다. 입구에 들어서기 전에는 지상층에서 잘라낸 어두운 공간에 서 있다. 문을 통과하면 네 층 위의 밝은 천창으로 폭발하듯 열리는 공간에 들어서게 된다. 갤러리를 지나면서 천창으로 밝게 빛나는 공간, 간혹 인공조명이 추가된 공간, 큰 나무 루버 셔터로 가릴 수 있는 창문을 통해 적당한 자연광이 들어오는 공간, 그리고 민감한 작품을 보호하기 위해 희미한 인공조명만 있는 어두운 공간을 만나게 된다.

천창은 거대한 보로 구성되어 빛을 형성하고, 이를 그림으로 내려보낸다. 이에 따라 건축은 구조와 빛으로 창조되며, "각 공간은 구조와 빛의 특성에 따라 정의되어야 한다."는 칸의 생각을 실현한다.[47]

자연광은 복잡하다. 직사광선이 없는 북쪽의 빛은 차갑고 푸르르며, 하루 종일 일정해서 옛 예술가들이 선호했지만, 햇빛의 밝기는 부족하다. 남쪽의 빛은 하루 내내 태양을 포함하여 따뜻하고 노란빛을 띤다. 해가 뜰 때의 동쪽 빛과 해가 질 때 서쪽 빛은 두터운 대기의 영향으로 더 따뜻하고 붉다. 자연의 빛은 하루 동안, 계절의 흐름에 따라, 그리고 날씨의 변화에 따라 변한다. 킴벨미술관에서와 마찬가지로 이 프로젝트에서도 조명 컨설턴트인 캘리는 예일영국센터의 천창 디자인에서 이 모든 요소를 고려했다. 지붕에서는 금속 루버가 직사광선을 차단하고 북쪽에서 들어오는 빛을 제어한다. 다음 렌즈는 날씨의 영향을 차단하고 또 다른 렌즈는 해로운 자외선을 걸러낸다. 마지막으로 플라스틱 확산기가 빛을 방 안에 고르게 분산시킨다. 보조 인공조명을 위한 조명 갓들이 천창

---

47. Ibid., 221

루이스 칸의 철학 같은 건축

에 매달려 있다. 결과는 대체로 성공적이지만, 빛이 그림에 도달할 때쯤에는 그 특성이 너무 많이 제거된 느낌이 들고, 자연광에 인공조명으로 추가될 때 공간이 더 생동감 있게 느껴질 때도 있다.

a.
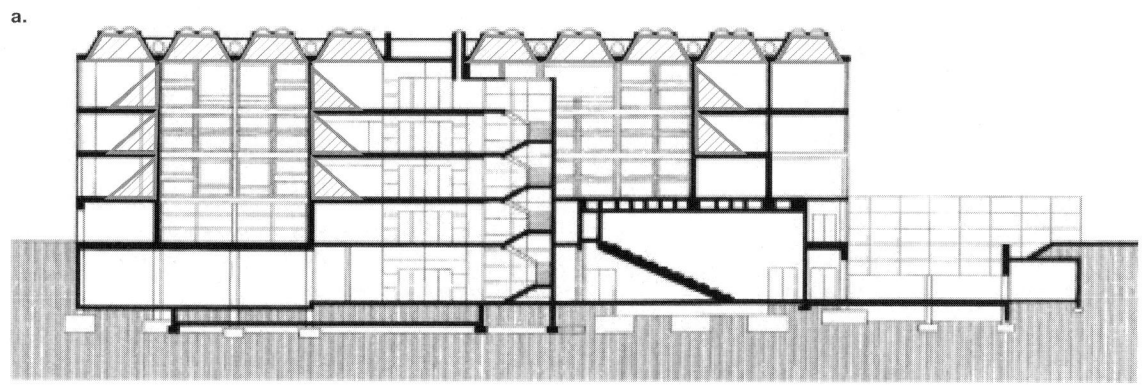

b.
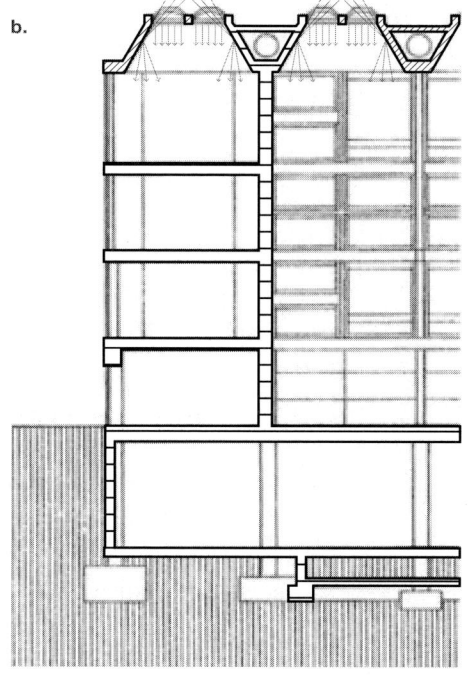

c.
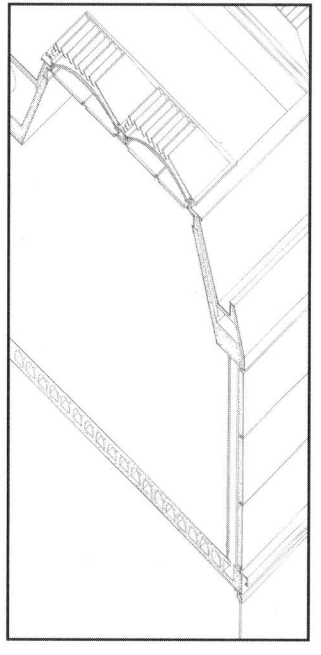

a., b., and c. Section and section details showing lighting from top floor skylights and from light courts

4.5.10. 건물 체험

예일영국센터는 대부분 1920년대 고딕 부흥 양식으로 지어진 예일대학 캠퍼스의 가장자리에 있다. 제2차 세계 대전 이후, 예일대학은 예일미술관의 칸을 시작으로 새로운 건축에 유명한 건축가들을 초빙하기 시작했다. 에로 사아리넨, 폴 루돌프, SOM, 필립 존슨 등이다. 예일영국센터는 칸의 예일미술관과 폴 루돌프의 예술/건축대학 건물의 근처에 있다.

예일영국센터는 박스 형태의 건물로, 창문이 끼워져 있는 흐릿한 회색 철재 벽과 먼지로 얼룩진 흰색 콘크리트 프레임으로 구성되어 있다. 1층은 뮤지엄샵이 있어 활기를 띤다. 건물을 따라 걷다 보면 콘크리트 그리드가 유지되지만, 네 개의 베이가 파여 있는 모퉁이에 이른다. 건물 아래로 들어가면 금속 프레임의 유리문이 있는 어두운 공간이 나온다. 입구의 벽돌 포장의 트레버틴과, 벽과 천장에는 콘크리트가 20피트 그리드를 표시하여 이 건물 내부의 조직과 구조를 알려준다.

문을 통과하면 빛으로 폭발하는 공간에 들어서게 된다. 이곳은 그리드 네 개의 4층 높이 입구 중정이다. 콘크리트 프레임은 여전히 보이지만, 그 프레임에 채워진 패널은 회색 스테인리스강 대신 밝은 참나무다. 거대한 보가 맑은 천창(여기서는 빛이 걸러지지 않음)의 프레임을 만들고, 그 위로 푸른 하늘과 하얀 구름을 볼 수 있다. 참나무 벽 패널 중 일부는 닫혀있고, 일부는 갤러리로 이어지는 개구부가 있다. 이제 외부에서 보이는 프레임부터, 입구에서 보이는 구조 그리드, 그리고 입구 중정에서 보이는 천창의 시스템까지 어떻게 건물이 만들어지는지에 대한 이야기를 알게 된다.

낮은 천장의 연결 복도를 지나 엘리베이터나 계단을 통해 갤러리로 올라가는 선택을 하게 된다. 계단을 택하면, 거대한 콘크리트 원통 내부를 돌아 올라가게 된다. 최상층에 도착하면, 천창이 있는 거대한 보 아래의 미로 같은 갤러리 속에 있게 된다. 입구 중정의 천창과 달리, 이곳의 천창의 빛은 자외선으로부터 그림을 보호하기 위해 강력하게 필터링된다. 그림을 보며 걷다 보면, 빛이 노란색에서 파란색으로, 다시 노란색으로 변하는 것을 어렴풋이 느낄 수 있고, 구름이 태양을 지나가고 있음을 깨닫게 된다.

갤러리는 20피트 그리드에 맞춰 설치된 이동식 칸막이로 정의된다. 이 그리드는 트레버틴으로 된 18인치 폭의 띠로 표시되며, 정사각형 카펫을 둘러싸고 있다. 칸막이는 그리드 선 위에 배치할 수도 있고 배치하지 않을 수도 있다. 다양한 길이로 되어 있어 기둥 사이 전체를 벽으로 만들거나 문 크기의 공간을 남기기도

한다. 그러나 칸막이가 벽을 형성하더라도 기둥에서 1피트 정도 떨어져 있어 칸막이가 구조체와 물려 있지 않고 이동할 수 있다는 것을 알 수 있다. 칸막이벽 상단의 스프링이 장착된 포고 스틱은 보 아랫면을 압박하며 서 있어서 구조체와 별개다.

그림들은 풍부한 자연광 속에서 빛나며, 날씨와 시간에 따라 인공조명으로 보완된다. 갤러리에 있는 몇 안 되는 큰 창문에는 얇은 나무 슬레이트가 있는 슬라이딩 셔터가 있다. 보안 요원들은 햇빛이 벽을 따라 그림을 향할 때, 그 셔터를 닫곤 한다. 현대적인 건축물에서는 그 기능이 자동화될 것이라 상상할 수 있다.

갤러리를 걸어 다니다 보면 종종 개구부를 통해 입구 중정이나 유사한 형태의 빛의 중정을 볼 수 있다. 중정을 가로질러 보면, 방금 지나왔거나 곧 도착할 갤러리를 보게 된다. 개구부에 기대지 말라고 경고표지판이 있다. 뉴헤이븐 화재 규정에 따라 화재 발생 시 금속 셔터가 내려와 개구부를 닫아 연기가 한 층에서 다른 층으로 퍼지지 않도록 하기 위함이다.

2층이나 3층 갤러리로 내려가면 천장이 낮고 어두운 공간에 들어서게 된다. 이곳에서는 자연광에 민감한 드로잉과 원고들이 매우 희미한 인공조명 아래 전시되어 있다. 갤러리를 둘러보며 시간이 지나 피곤해지면 빛의 중정으로 들어가 소파에 앉을 수 있다. 갤러리에 들어가기에는 큰 그림들이 이곳에 전시되어 있고, 거대한 콘크리트 원통 계단이 이 공간으로 튀어나와 있다. 칸은 '침묵'이라는 용어를 잠재력의 영역을 언급하면서 사용했고, 또 특별히 프로그램이 정해지지 않은 공간을 의미하기 위해서도 사용했다. 그런데 예상치 못하게 사용되는 때도 있었다. 어떤 날에는 빛의 중정에서 실내악이 연주되는 소리를 들을 수 있는데, 그 소리가 갤러리의 개구부를 통해 흘러가는 것을 경험할 수 있다. 이는 칸이 예상치 못한 것이다.

4.5.11. 철학적 진술

예일영국센터를 이탈리아 스타일인 킴벨미술관의 영국 친척 정도로 볼 수도 있다. 킴벨미술관에서 이야기했던 것처럼, 근대건축의 많은 부분의 우리를 완전히 새로운 상황에 놓이게 하고 역사적, 문화적 뿌리에서 단절시키려 했다. 하지만 예를 들어 르 코르뷔지에는 과거와의 완전한 단절을 주장하지 않았다. 오히려 그는 과거의 원리에서 배우되 그 형태를 모방하지는 말라고 주장했다. 마찬가지로, 모더니즘의 현재에 대한 집착을 넘어서면서 칸은 역사적 과거가 아니라 그가 '시작'이라고 부르는 것을 추구한다. 칸은 "내 서재에는 영국 역사에 관한 책들이 있다. 그 잔혹함이 좋다. 나는 8권짜리 세트 중 첫 번째 권만 읽었고, 그중에서도 첫 번째 장만 읽었다. 그 속에서 매번 다른 무언가를 발견한다. 하지만 정말로, 나는 아직 쓰이지 않은 0권 Volume Zero을 읽고 싶다."라고 말했다.[48]

킴벨미술관의 경우, 칸이 우리를 지중해의 고전과 르네상스의 기원과 연결하게 한다고 말할 수 있다. 비슷한 의미로, 예일영국센터에서 그는 우리를 산업 시대, 뉴잉글랜드, 그리고 영국의 기원과 연결하게 한다고 할 수 있다. 킴벨미술관의 지중해풍 재료의 풍부함과 곡선의 감각적인 느낌은 예일영국센터의 차가운 철과 콘크리트 재질, 엄격한 직선 프레임과 대조된다. 킴벨미술관과 마찬가지로 예일 영국센터는 우리에게 만드는 과정을 보여준다는 점에서 현재에서 과거뿐만 아니라 현재에서 '시작'으로 연결하는 다리다. 마지막으로 킴벨미술관과 예일영국센터는 둘 다 미술관이고 둘 다 훌륭한 집을 떠올리게 한다. 두 경우 모두, 마치 우리 '시작'에서 비롯된 예술을 감상하기 위해 조상의 집에 초대받은 느낌을 준다.

48. Ibid., 54.

4.5.12. 비판과 의견

예일영국센터는 강력한 개념을 가진 아름다운 미술관이다. 하지만 칸이 처음에 구상했던 거대한 내부 정원을 가진 건물을 경험할 수 있었으면 하는 아쉬움이 있다.

예일영국센터에서 가장 인상적인 부분은 20세기 초반의 산업적 프레임과 그 안에 채워진 벽이 결합한 디자인이다. 이는 미스의 스타일, 국제주의 양식, 브루탈리즘 전통뿐만 아니라 19세기 도시 공장 건축의 전통으로 돌아가는 것으로 보인다. 이런 디자인이 대학의 문화적 건축물의 선례로서 적절한지 의문을 제기할 수 있다. 또 칸이 외관에 사용한 미가공 스테인리스강을 선택한 것도 의문이다. 그는 이 재료가 주석의 느낌을 줄 것으로 주장했지만, 우리가 주석으로 된 건물을 원했던가? 전통적인 주석은 주로 납으로 만들어져 매우 우중충한 재료다. 칸은 또 건물이 햇빛에 반짝일 거라 주장했다. 그러나 서쪽 하늘에 낮게 뜬 태양 아래에서 반짝이는 것을 볼 수 있지만, 흐린 뉴잉글랜드 하늘 아래에서는 오히려 억압하는 느낌을 준다. 이 스테인리스강은 표면을 손상하지 않고는 세척할 수 없다는 사실이 밝혀졌고, 이에 더해 콘크리트 구조 프레임은 해를 거듭할수록 얼룩졌다. 고전 건축가들이 이런 얼룩을 방지하고 빗물의 흐름을 조절하여 먼지가 쌓이는 위치를 제어하기 위해 장식과 몰딩을 사용했는데, 근대건축가들이 이를 버렸던 것이 문제의 원인이라고 할 수 있다.

반면 칙칙한 외관과 낮고 어두운 입구 공간과 대비되는 입구 중정에서 빛의 폭발은 보상받는 느낌이다. 그리고 예일영국센터의 내부 공간, 특히 입구 중정, 상부 갤러리, 빛의 중정은 근대건축에서 가장 성공적인 공간 중의 하나이며, 비례가 잘 맞고, 아름다운 조명으로 구조와 재료가 뚜렷하게 보인다.

예일영국센터의 위치는 우리에게 이전의 역사적인 고딕 복고건축과 모더니즘의 관계를 살펴볼 수 있게 해준다. 모더니스트로서 우리는 "역사적 복고주의"를 거부하도록 교육받았다. 그러나 우리의 편견을 잠시 내려놓고 칸의 두 건물과 폴 루돌프의 예술/건축학부 건물이 보이는 모퉁이에 이들이 대학 캠퍼스의 도시적 구성으로 성공했는지 물어볼 수 있다. 이들이 모퉁이를 차지하고, 거리를 규정하고 있으며, 걷는 경험을 활기차게 하며, 좋은 외부 공간을 만들었을까? 예일에 가면, 이 질문들에 답하기 전에 캠퍼스 주변을 걸어보며 이 교차로를 오래된 건물들이 만든 다른 교차로와 비교해 보자.

4.5.13. 비교 및 영향

20세기 초반 산업 건축물의 콘크리트 프레임은 미스와 다른 국제주의 건축가들의 작품에서 볼 수 있으며, 콘크리트 또는 철골 프레임과 유리벽의 세련된 건축으로 발전시켰다. 예일영국센터에서 초기 산업 건축과 미스, 그리고 국제주의 양식의 영향을 볼 수 있다.

예일영국센터의 천창 시스템은 여러 고전적인 건물들, 특히 손 경^{Sir. John Soane}의 덜위치 회화 갤러리 Dulwich Picture Gallery의 접근 방식을 상기시킨다. 또 칸이 펜실베이니아 대학에서 강의를 했던 퍼니스 빌딩^{Furness Building} (현재의 피셔 미술 도서관^{Fisher Fine Arts Library})의 천창에서도 이런 예측을 볼 수 있다. 그리고 건설되지 않은 트렌튼 유태인 커뮤니티센터에서 기둥 그리드와 채광창으로 정의된 공간을 볼 수 있다.

예일영국센터의 갤러리 배치는 천창으로 정의된 방 같은 공간으로 이후 미술관 디자인에 큰 영향을 미쳤다. 1980년, 펜실베이니아 대학에서 칸의 동료였던 로버트 벤투리와 스콧 브라운은 런던 내셔널갤러리의 세인즈버리 윙 증축 현상설계에서 당선되었다. 그들의 최상층 천창 갤러리들은 칸의 영향을 받았지만 더 정교하게 설계되었고, 같은 조명 컨설턴트와 함께 디자인한 것이다. 칸과 달리 벤투리는 신고전주의적 모티브를 사용하고 구조를 드러내지 않았다. 1980년대 뉴욕 메트로폴리탄 박물관은 인상주의 갤러리를 자유롭게 떠 있는 칸막이를 사용하여 어색한 개방형 평면으로 개조했지만, 곧 그 해결책을 포기하고, 칸의 예일영국센터의 영향을 받은 벤투리의 세인즈버리 윙에서 파생된 신고전주의적인 천창이 있는 전시실로 바꾸었다.

a. Sketch by Kahn of Yale light court
b. Hatfield House, Hatfield, Hertfordshire, England
c. The Great Hall in Hatfield House
d. Sketch by Kahn of Yale exterior

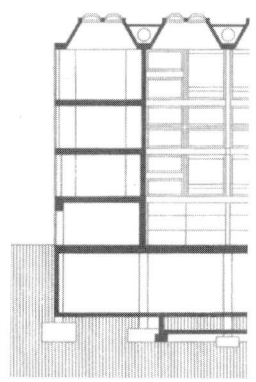

a. Promontory Apartments in Chicago by Mies
b. Susquehanna Silk Mill, 1919, Milton, PA
c. Model of Yale exterior
d. Dulwich Picture Gallery by John Soane
e. Yale top floor gallery with skylights
f. Yale section
g. Gallery with skylights, National Gallery Sainsbury Wing, London, by Venturi Scott Brown
h. Sainsbury Wing exterior

5.0.

결론

이 책을 시작하며 건축이 철학의 한 형태라고 주장했다. 철학을 세계, 우리 자신, 그리고 세계 속에서 우리의 위치를 이해하려는 시도로 정의했다. 이어서 이런 문제들을 다루면서 예술 일반, 특히 건축은 이해를 넘어 직접적인 경험을 제공한다고 제안했다.

칸의 교육과 초기 경력 동안 대립했던 두 가지 양식인 보자르와 근대건축을 살펴보았고, 이들의 철학적 함의를 비교했다. 보자르 건축은 과거 특히 르네상스와 바로크를 통해 해석된 그리스-로마의 과거에 뿌리를 두고 발전해 온 역사적인 존재로 우리를 보았다. 이 양식은 기념비성, 견고함, 유럽 전통을 전달한다. 20세기가 되어 보자르의 방식은 과학적 발견, 민주화, 세계화, 산업화의 세계를 다루기에 부적절하다는 것이 분명해졌고, 이에 근대건축이 등장했다.

근대건축에는 여러 경향이 있지만, 칸에게 가장 큰 영향을 미친 국제주의 양식은 유물론적이며, 과학적 세계관에 부응한다. 우리를 종교, 전통, 과거가 아니라 물질적인 현재와 이성, 관용, 탐구의 자유에 뿌리내린 존재로 본다. 인간을 자연의 힘에 의해 움직이는 생물로 보며 이런 힘은 사회과학에 의해 이해되고 심지어 통제할 수 있듯이, 자연도 자연과학에 의해 이해되고 통제될 수 있다고 본다. 이 관점은 인간이 특별한 창조물이 아니라 자연 선택의 우연적 사고 결과이며, 우리가 존재하지 않았을 수도 있다는 허무주의적 성격을 지닐 수 있다. 또한 우리가 문화를 구축하는 것은 미적인 비전에서 비롯된 것이 아니라 물질적 힘에 대한 반응이며, 우리의 행태는 고귀한 인간적 사업의 진보에 의해 이끌리는 것이 아니라 사회적 제약 속에서 생물학적 욕구를 충족하기 위한 신경세포의 발화에 의해 좌우된다는 것이다.

이 유물론과 그에 반응하여 나타난 강철과 유리로 된 건축양식은 한동안 신선하고 자극적이었지만, 1960년대에 이르러서 일부 사람들이 이 건축이 얇은 벽 두께만큼이나 문화적으로도 빈약하고 비실체적이라는 사실을 깨닫게 되었다.

"포스트모던" 건축의 다양한 형태가 등장했다. 일부는 역사적 양식으로 돌아갔고, 다른 일부는 언어학 이론에 주목했으며, 다른 일부는 시적 풍부함을 추구했다. 칸의 접근 방식은 모더니즘 전통 안에 머무르되 정신적 깊이를 더하는 것이었다. 칸은 건축의 근원을 역사가 아니라 건축 자체에서 찾으려 했고, 그 탐색은 우리의 시설과 우리 자신에게도 적용되었다. 건물이 봉사해야 할 시설에 대한 칸의 진술을 다시 보자.

결론

이 건물은 무엇이 되고 싶은가?

이 건물이 지어질 재료들:
벽돌은 "난 아치가 좋아"라고 말한다.

그리고 우리 인간성에 대한 그의 탐구:
건물은 그 건물을 만드는 과정의 기록이다.
사람은 그 사람을 만드는 과정의 기록이다.

칸의 탐구는 그가 질서^{Order}라고 부르는 존재의 본질에 이르고, 사물이 존재하는 과정, 즉 그가 침묵^{Silince}이라 부르는 잠재력의 영역에서, 빛^{Light}이라 부르는 실현의 영역으로 이동하는 과정을 이끈다.

"침묵, 측정할 수 없는 것, 존재하려는 열망, 표현하려는 욕망, 새로운 필요의 근원이 되는 빛, 측정할 수 있는 것, 존재의 부여자, 의지와 법칙에 의해, 이미 만들어진 것들의 척도와 만나는 곳, 이 만남의 문턱은 영감이며, 예술의 성소이자 그림자의 보고다."

Silence, the unmeasurable, Desire to be, Desire to express, the source of new need, meets Light, the measurable, giver of presence, by will, by law, the measure of things already made, at a threshold which is inspiration, the sanctuary of art, the Treasury of Shadow.

칸은 자신의 시대에 대응했고, 그의 시대는 확실히 역동적이었다. 그는 두 차례의 세계 대전과 유럽 제국의 붕괴를 경험했으며, 20세기 전반 75년 동안의 과학적, 기술적, 지적 격변을 목격했다. 1901년에 칸이 태어났을 당시, 우주는 아마도 항상 존재해 왔을 은하수로 여겨졌다. 다윈의 이론은 불과 몇십 년밖에 되지 않았으며, 대부분 사람은 여전히 창조주의 총애 받는 존재로 여겨졌다. 유럽은 제국들이 지배했고, 그중 일부는 자신을 로마 제국의 후손으로 여겼다. 이 사실은 당시의 건축으로 기념되었다. 또한 대부분 사람은 정해진 사회적 역할을 가지고 태어났다.

1974년 칸이 죽었을 때, 은하는 수십억 개 중 하나에 불과하고, 우주는 빅뱅에서 시작되어 팽창하고 있었다. 우리는 무수한 종 중 하나로, 자연 선택의 우연한 결과로 여겨졌다. 유럽의 제국들은 사라졌고, 관료주의 국가로, 일부는 민주주의 국가로, 또 일부는 전체주의 국가로 대체되었다. 또한 모더니즘, 실존주의, 페미니즘, 인간 잠재력 운동은 사람들이 경직된 사회적 역할을 거부하도록 요구했다. 칸은 그의 경력 초기에 이런 격변에 대한 진보적인 접근 방식을 자신의 사고와 건축에 통합하려고 시도했다. 그러나 우리가 보았듯이, 1960년대에 접어들면서 그는 진보적인 사회적 입장을 거부하고, 시대를 초월한 접근 방식을 선택했다. 그는 보자르의 전통주의와 근대건축의 유물론을 초월하여 원형주의archetypalism로 나아갔다.

칸은 형태Form와 디자인Design이라는 용어를 사용했다. 형태는 단순히 모양이 아니라 건물의 근원적인 존재-의지, 즉 원형archetype이다. 디자인은 클라이언트의 요구, 예산, 대지, 재료 및 시공법 등 상황 속에서 형태를 표현하는 것이다. 따라서 디자인은 원형의 구현이다. 리처드연구소와 솔크연구소가 동일한 형태Form를 가지고 있지만, 디자인Design은 매우 달랐다.

이 원형적 접근 방식에 대해 이해하는 데 도움이 될 만한 비슷한 개념을 신화학자 조셉 캠벨의 사상에서 볼 수 있다. 칸이 말하는 형태와 디자인을, 캠벨은 원형archetype과 발현manifestation이라 한다. 캠벨은 1949년에 출간한 대표작 "천의 얼굴을 가진 영웅"에서 원형적인 영웅의 여정을 다음과 같이 설명한다. 영웅이 일상적인 현실의 세계를 떠나 모험을 감행하여 초자연적인 경이의 영역으로 들어가는 문턱을 넘는다. 그곳에서 믿기지 않은 힘을 만나 결정적인 승리를 거둔다. 그후 영웅은 세상을 풍요롭게 할 힘을 가지고 돌아온다. 이 원형적 영웅 여정의 발현으로 모세, 부처, 그리스도, 그리고 모하메드의 이야기가 있다. 오디세우스와 신밧드의 이야기도 포함된다. 이것은 "잭과 콩나무"와 같은 수많은 동화의 줄거리이며, 토마스 만Thomas Mann의 "마법의 산"과 같은 소설들, 그리고 수천 편 영화의 줄거리가 여기에 해당한다. "스타워즈"에서 루크 스카이워커는 농장(일상적인 현실의 세계)을 떠나 우주(초자연적인 경이의 영역)로 여행을 떠난다. 그 곳에서 "포스"를 만나고 죽음의 별(결정적인 승리)을 파괴하여 반란군의 정당한 대의를 도와 세계를 풍요롭게 한다.

그래서 "영웅"은 원형이고 오디세우스, 잭, 루크 스카이워커 등은 그 원형을 발현한 인물이다. 캠벨은 이렇게 썼다.

결론

... 영웅의 첫 번째 임무는 부차적인 결과가 나타나는 세계의 무대에서 물러나 어려움이 실제로 존재하는 심리의 인과적 영역으로 들어가는 것이다. 그 곳에서 실제로 존재하는 어려움들을 명확히 하고, 자신의 내면에서 그것들을 근절한다. 그리고 융$^{C. G. Jung}$이 "원형적 이미지"라고 부른 왜곡되지 않은 직접적인 경험과 동화를 향해 돌파한다...

따라서 영웅은 개인적, 지역적, 역사적 한계를 극복하고 보편적인 형태로 싸워나간 남자 또는 여자다. 이런 사람의 비전, 아이디어, 영감은 인간 존재의 근원에서 비롯된다. 따라서 그들은 현재 붕괴되고 있는 사회와 심리가 아닌 사회가 재탄생하는, 소멸되지 않은 원천에 대해 웅변한다. 영웅은 현대인으로서 죽었지만, 완전하고, 특정되지 않으며, 보편적인 인간으로 다시 태어났다. 따라서 그의 두 번째 신성한 임무와 행위는... 그렇게 변모하여 우리에게 돌아와 새롭게 된 삶에 대해 배운 교훈을 가르치는 것이다.

그러므로 우리에게 전해져 온 신화적 인물들의 온전한 가치를 이해하려면 이들이 무의식의 체계(사실 모든 인간의 생각과 행동이 그러하듯이)가 아니라 특정한 영적 원리들의 통제되고 의도된 진술이라는 것을 이해해야 한다. 이 영적 원리들은 인류 역사 전반에 걸쳐 인간 신체의 형태와 신경 구조만큼이나 일정하게 유지되어 왔다. 간단히 말해, 보편적인 교리는 세상의 모든 가시적 구조물, 즉 모든 사물과 존재들이 어디에서 나왔는지, 그 징후가 나타나는 동안 무엇이 그들을 지탱했는지, 궁극적으로 그 힘 속으로 다시 해체되는지를 설명한다.[49]

따라서 캠벨의 원형적인 접근 방식은 전통 문화의 문자주의^{literalness}와 유물론의 허무주의를 초월하여 제3의 길을 제시한다. 마찬가지로 건축에 대한 칸의 원형적인 접근 방식은 특히 건축과 문화 전반을 그리스-로마-서구 전통에 뿌리를 두고 있다고 주장했던 보자르의 문자주의와 우리에게는 전통이 없고 물질적인 상황만이 있다는 허무주의적인 모더니즘의 입장을 초월한다. 칸의 접근 방식에서 위대한 건축 전통의 깊은 가치는 문자의 형태가 아니라 우리 시설과 우리 자신 속에서 원형적인 잠재력으로 유지된다.

그렇다면 칸이 그의 접근 방식을 공식화한 지 반세기가 지난 지금, 우리는 그가 오늘날 우리에게 무엇을 제공할 수 있는지 궁금해 할 수 있다. 재료와 시공 측면에서 오늘날 많은 건물들은 그의 것과 크게 다르지 않다. 우리는 여전히

49. 1 Joseph Campbell, The Hero with a Thousand Faces, 2nd ed. (Princeton: Princeton University Press, 1968), 17–18.

유리(훨씬 더 많은 유리), 강철 및 콘크리트를 사용하지만, 새로운 복합 재료를 도입하기 시작했고 컴퓨터화된 문서와 심층 데이터베이스를 활용한 건설 정보 시스템은 칸이 사용했던 두루마리 청사진을 뛰어넘었다.

건축에서 전통을 버렸던 칸의 시대에도, 더 넓은 문화적 측면에서 우리는 칸이 건축학교를 졸업하고 마주하게 된 전통과 모더니즘 사이의 충돌에 여전히 직면해있다. 전통에서는 정체성, 안정, 뿌리를 찾지만, 이는 자유, 지식, 번영, 진보, 개성, 창의성 측면에서 대가를 치르고 얻은 것이다. 모더니즘은 우리에게 번영, 이성, 과학, 기술, 부를 가져다주지만, 또한 자유낙하의 상태와 자연의 우연적 사고의 결과로서 인간에 대한 개념, 그래서 어쩌면 허무주의까지도 가져다준다. 하지만 제 3의 선택이 있다면 어떨까? 전통을 견고한 것이 아니라 우리의 건물과 우리 각자에게 구현될 수 있는 원형의 존재 의지로 보는 것이다.

칸과 당대 이론과의 관계

1960년대와 1970년대, 칸이 성숙한 작품을 만들어 가던 때, 실무와 이론 모두에서 건축 지형이 변화하기 시작했다. 칸을 도와 일했던 로버트 벤투리는 복합성에 대한 분석, 역사적 이미지를 다루는 새로운 접근, 대중문화에 관한 관심, 지역에 대한 반응을 소개했다. 아키그램과 같은 실험적인 집단은 전자적 유추를 탐구했고 제임스 스털링은 새로운 재료로 가벼운 건물을 만들었다. 새로운 세대의 비평가들, 그들 중 대표였던 제인 제이콥스Jane Jacobs는 도시 재생과 대규모 프로젝트의 영향을 비판했고, 일부 건축가들은 빈곤과 도시 정책에 초점을 맞추기 시작했다. 현상학, 구조주의, 기호학, 마르크스주의, 포스트모더니즘, 포스트구조주의, 해체주의를 포함한 유럽 이론들의 연속적인 물결이 미국으로 밀려오기 시작했다. 유머, 하드웨어, 네온. 초기 모더니즘, 자신이 좋은 디자이너가 아니라는 것을 받아들일 수 없었던 건축가들을 위한 디자인 방법론, 페미니즘과 푸코의 권력에 대한 분석, 레이트모던 건축이 지배적인 권력 구조의 현상 유지를 지속하는 역할에 대한 정치적인 관점이 아니라 사회적, 문화적 관점에서 이루어졌다.

1961년 제인 제이콥스는 '미국 대도시의 죽음과 삶'을 출판하여 근대건축이 도시 구조의 미시 사회적 생태에 민감하지 않음을 비판했다. 어떤 의미에서, 칸은 이미 그 비판을 수용하여 1952년부터 1962년까지 진행된 밀 크릭 프로젝트 이후 공공 주택에 대한 프로젝트를 중단했다. 르 코르뷔지에에게 영감을 받은 필라델피아 중심부를 무너뜨리기 위한 마지막 대규모 계획은 1962년의 것이다. 칸은 근대 도시 계획에 대한 제이콥스의 비판을 명확히 표현하지는 않았지만, 당시 그런 비판을 다루었던 CIAM 회의에 참여했다.[50] 그러나 그는 도시계획에 대한 혐오감을 표현하기 시작했고, 도시계획을 아카데미가 아닌 시장의 원리라며 그것의 학문적 본거지가 건축학교가 아닌 경영대학이어야 한다고 제안했다.

1977년 수잔나 토레Susana Torre가 기획한 "미국 건축의 여성들" 전시회와 동반된 책은 근대건축에 대한 페미니스트인 비평의 개요를 설명했다. 이 비판은 건축이 남성과 여성이 어떻게 다른 역할을 한다고 가정하는 방식에 대한 의문을 포함하고 있다.

1975년 프랑스 이론가 미셸 푸코Michel Foucault의 "감시와 처벌"이 영어로 출간되었다. 이 책에서 계몽주의가 신체적 고문을 줄이는 데 기여한 진보가 문화 일반과 특히 건축이 행태를 조건화하고 개인을 순응하도록 조종한다고 제안했.

1974년 칸이 사망한 것은 이런 출판물 중 일부가 출시되기 전이지만, 그

50. CIAM (Congrès internationaux 53 Ockman, 13.d'architecture moderne) was an organization founded in 1928 by Le Corbsuier, Sigfried Giedion, and others that held events and contvenings until disbanding in 1959.

배후에 있는 아이디어들은 이미 이전부터 유포되고 있었다. 칸은 20세기 건축이 확립된 패권적 구조를 다양한 방식으로 도전하는 실용적이고 추상적인 이론의 부상에 대해 관심이 없었다. 만약 도전을 받았다면, 그는 더 많은 시대를 초월한 문제들을 다루고 있다고 말했을 것이다. 그의 격언 중에 "도시는 어린 소년이 평생 자신이 하고 싶은 일을 발견하는 곳이다", "사람은 그 사람이 만들어지는 과정의 기록이다"가 있다. 그리고 그는 과학에서 측정 가능한 것과 측정 불가능한 것의 역할을 조사했지만, 리처드연구소의 창문 없는 방에 갇혀 계속 짖는 개들에게 행해지는 실험에 대해서는 의문을 제기하지 않았다.

디자인에 대한 칸의 접근 방식은 이러한 접근 방식을 흡수하지 않았으며, 그들과 대화하지도 않았고, 심지어 그들을 비판하지도 않았다. 그는 그저 무시했다. 그는 자신이 가장 자신 있어 하는, 시간 외부에 뿌리를 둔 건축에 대한 접근 방식을 발견했다.

조안 옥크먼Joan Ockman은 건축선집 "1943년부터 1968년까지 건축문화"의 서문에서 전후 건축을 지배하게 된 주제들을 다음과 같이 열거했다.

1. 기능주의와 인문학적 관심사간의 화해와 통합: 상징적 표상, 유기주의, 미적 표현성, 맥락적 관계, 사회적, 인류학적, 심리학적 주제
2. 전근대적 및 반근대적 주제의 회복: 특히 역사와 그에 따른 기념비성, 픽처레스크, 대중 문화, 지역 전통, 반비이성주의 경향, 장식 등- "진화"의 관점으로
3. 기능주의를 구조주의, 기호학 및 사회학 등 다른 이론들로 대체하여 형태의 "과학적" 결정을 위한 새로운 기반으로 삼음
4. 네오-아방가르드 주의: 모더니즘의 비판적 급진성을 재확인하되, 더 아이러니하고 디스토피아적인 맥락에서
5. 모더니즘의 이념에 대한 완전한 거부: 도시 개발과 근대화의 병폐와 치명적으로 연결되어 있다고 보며, 그리고 정치 또는 (반대로) 미학주의와 자율성에 의뢰[51]

이 목록은 전후 지적 맥락을 구성했던 수많은 힘에 대한 간결하면서도 정확한 개요다. 이 다섯 가지 항목을 그들의 구성 요소로 나누어 칸이 어떻게 관련되었는지 살펴보겠다.

51. Ockman, 13.

기능주의와 인문학적 관심사간의 화해와 통합
Reconciliation and integration of functionalism with more Humanistic concerns
그렇다. 칸의 원형적 접근 방식은 더 깊게 인간을 탐구했고, 그것을 건축에 통합하려고 했다.

상징적 표상 Symbolic representation
아니다. 모더니즘은 어떤 종류의 표상이나 역사적 참조도 거부했고, 칸은 그 입장을 고수했다.

유기주의 Organicism
아니다. 그리고 그렇다. 칸은 합리주의를 엄격히 고수했고 생물학과 유사한 새로운 재료나 프로세스에는 관심이 없었다. 그러나 그의 건물(특히 리처드연구소)의 구조와 HVAC에 대한 그의 관심은 거의 유기적이었다. 리처드연구소는 거대한 "호흡하는 기계"로 해석될 수 있다.

미적 표현성 Aesthetic expressiveness
아니다. 칸은 모더니즘의 규칙을 지켜 건물의 공간, 구조, 재료 속에서 비롯된 표현만을 허용했다.

맥락적 관계 Contextual relationships
그렇다. 칸의 건물은 여러 대지에 설계되었지만, 성공의 정도는 다르다. 리처드연구소는 펜실베이니아 대학 캠퍼스에 잘 어울리지만, 엑서터도서관은 거대한 벽돌 큐브가 뉴잉글랜드 캠퍼스에 놓여 있다.

사회적, 인류학적, 심리학적 주제
Social, anthropological, and psychological subject matter
첫째, 사회적: 그렇다와 아니다. 1930년대부터 1950년대까지의 근대건축은 사회적 문제에 깊이 관여했다. 일반적으로 자본주의와 개인주의를 비판하고, 사회주의와 공동체를 옹호했다. 1930년대에 칸은 학교에서 배웠던 보자르 접근 방식을 버리고 국제주의 양식의 방식으로 근대건축의 사회적 프로그램에 집중하기 시작했다. 그는 대공황 시기 사회 문제에 대해 글을 쓰고 건축가들을 조직했다. 그의 초기 건물들은 주거 프로젝트, 유대교 회당, 정신건강 센터, 그리고 노동조합 본부 등을 망라한다. 그러나 1952년에 시작된 그의 밀 크릭 공공 주택 프로젝트는 이런 다른 많은 프로젝트보다 나을 것이 없었고, 결국 파괴되었다.

나중에 칸은 "사회적" 관심사를 버리고, "문화적" 관심사로 눈을 돌린다. 이 책에서 강조된 건물들은 아이비리그 대학의 생물학 연구소인 리처드연구소, 현재는 개발이 금지된 태평양을 바라보는 라 호야 절벽에 위치한 생물학 연구소인 솔크연구소, 뉴햄프셔의 사립 고등학교의 도서관인 엑서터도서관, 로마 빌라를 연상시키는 포트워스 박물관 공원의 킴벨미술관, 그리고 아이비리그 대학에 위치하고 영국 예술 및 필사본을 위한 박물관으로 영국의 장원을 연상케 하는 예일영국센터 등이다. 이 건물들은 보통의 사회적 관심사들을 다루지 않았다.

다음으로, 인류학: 아니다. 오크만이 "인류학적"이라 말할 때, 그녀는 알도 반 아이크의 아프리카 도곤 부족 연구를 포함한 "토착건축 indigenous architecture"에 대한 관심을 언급하고 있다. 20세기 중반까지, 급격한 근대화가 공허하고 소외된다고 느낀 일부 사람들은 전근대적인 문화에서 본질을 찾으려 했다. 칸은 근대 생활에 대한 이러한 불만을 공유하지 않았지만, 더 깊은 영적 탐구로 풍요롭게 할 수 있다고 생각했다. 그러나 칸의 영적 관심을 모더니즘과 동떨어진 것으로 보아서는 안 된다. 간단한 조사만으로도 클레 Paul Klee, 칸딘스키 Wassily Kandinski, 브랑쿠시 Constantin Brâncuși와 같은 예술가들, 조이스 James Joyce와 만 Thomas Mann, T. S. 엘리엇 Eliot과 파운드 Ezra Pound도 모두 모더니스트이며, 이들 모두가 영적 관심을 가지고 있음을 알 수 있다. 프랭크 로이드 라이트는 항상, 미스 반 데어 로에는 적은 저술에서, 르 코르뷔지에는 간헐적으로(가끔, 예를 들어 "직각의 시" Poem of the Right Angle처럼) 모두 깊이 있는 영적인 방식으로 글을 썼다. 그래서 영적 탐구가 모더니즘의 일부 흐름을 정의하고 있다고 말할 수 있고, 칸의 영적 탐구도 그를 그 흐름의 중심에 놓여 있다고 할 수 있다.

마지막으로, 심리학: 아니다. 환경심리학이라는 분야는 1960년대와 70년대에 심리학적 연구를 통해 건축이 인간의 필요에 더 민감하게 반응할 수 있도록 하는 것을 목표로 발전했다. 칸은 이 접근 방식에 관심이 없었고, 이 방향은 일반적으로 큰 성과를 보이지 못했다.

전근대적 그리고 반근대적 주제의 회복
Recovery of premodernist and antimodernist themes

그렇다와 아니다. 칸의 접근 방식을 설명하는 한 가지 방법은 그가 보자르의 많은 원리들을 근대적인 수단을 통해 되살렸다는 점이다. 그러나 칸은 결코 반근대주의자가 아니다. 그는 자유 평면을 제외한 근대건축의 많은 기본적인 교리를 고수하고, 이를 더욱 발전시킨다.

역사 History
그렇다와 아니다. 칸은 형태를 모방한 것이 아니라 과거의 원리로부터 배워야 한다는 르 코르뷔지에의 생각을 공유했다. 또한 칸은 역사적 건축, 특히 고대 로마의 건축에 깊은 영향을 받았다. 판테온의 반사된 빛, 피라네시^{Piranesi}가 그린 로버트 아담$^{Robert\ Adam}$의 로마 지도에 나타난 형태, 하드리아누스 빌라 계획의 풍부한 복잡성 등이 그것이다. 그러나 칸은 일부 건축가들, 특히 로버트 벤투리처럼 역사적 이미지를 사용하지는 않았다.

기념비성 Monumentality
그렇다. 우리는 이것에 대해 자세히 논의했다. 근대건축에 기념비성을 재도입할 때, 보통 칸이 언급된다. 그러나 앞서 논의한 바와 같이 칸은 단지 더 큰 규모의 건물을 추구하는 것이 아니라, 더 깊은 질서^{Order}를 찾고 있었다.

픽처레스크 Picturesque
아니다. 칸은 장식과 마찬가지로 픽처레스크에 대한 근대주의의 거부감을 공유했다. 에로 사아리넨은 1962년 예일대학의 스타일스&모스 칼리지의 평면에서 임의적인 불규칙성과 거대한 돌을 콘크리트 벽의 골재로 사용하여 스코틀랜드의 성을 연상시키게 했다. 스타일스 앤 모스는 픽처레스크다. 같은 시기(1960-65) 칸은 스코틀랜드의 성에서 영감을 받아 브린 모어대학에서 에드먼 홀을 설계하고 있었다. 그러나 칸의 불규칙성은 건물 내 활동의 미묘한 조건에 대한 반응에서 비롯되었으며, 그의 벽은 얇고 근대적이지만 접혀 있어 오래된 두꺼운 벽처럼 빛을 조작한다. 칸은 피상적인 장치가 아니라 건물의 활동에서 진정한 복잡성을 찾아 풍요로움을 만들어낸다.

대중문화 Popular culture
아니다. 칸은 1960년대와 70년대에 나타난 간판, 네온사인, 텔레비전으로 표현되는 대중문화의 부상에 관심이 없었다. 칸은 다른 근대건축가들처럼 "고급 문화"에 진지하게 헌신했다. 필라델피아가 새로운 축구 경기장을 건설하고 있을 때, 디자인을 승인해야 하는 위원회의 일원으로서 칸은 경기장에 거대한 텔레비전 화면을 설치하는 것을 거부했다. 사람들이 축구 경기에 오는 이유가 텔레비전을 보기 위해서가 아니라 전투 중인 검투사들을 보기 위해서라고 언급했다.

지역적 전통 Regional traditions
그렇다와 아니다. 칸은 문화와 대지에 민감하게 반응하며 건축했지만, 근대건축이 세계적으로 적용 가능하다는 근대주의 개념을 공유했다. 리처드연구소와 솔크연구소는 모두 콘크리트로 지어진 근대적인 건축물이지만, 리처드연구소의 벽돌 외관은 필라델피아와 펜실베이니아 대학 캠퍼스의 벽돌 전통을 반영했고, 솔크연구소의 노출 콘크리트는 태평양을 내려다보는 절벽 위의 대지와 관련이 있다.

반이성주의적 경향 Antirationalist tendencies
그렇다와 아니다. 그의 평면과 구조가 매우 합리적인 반면, 칸의 영적 철학은 분명히 반이성주의자로 간주될 수 있다.

장식 Decoration
아니다. 칸은 근대건축의 반장식 입장을 공유했고, 종종 잘 디자인된 조인트가 우리 시대의 장식이라고 말하곤 했다.

"진화"의 관점 A perspective of "evolution"
아니다. 진화는 프로세스를, 생성^{Becoming}을 의미한다. 칸은 플라톤적 의미에서 '존재'^{Being}를 위해 '생성'을 거부했으며, 그의 디자인은 원형이 존재하며 그것에 참여한다고 보았다.

기능주의의 대체 A replacement of functionalism
그렇다와 아니다. 칸은 기능주의를 결코 거부하지 않고 오히려 그것에 추가했다. 그의 디자인은 요청된 기능에 직접적으로 대응하지만, 그 기능들의 의미를 먼저 다룬 후에야 그렇게 한다.

구조주의 Structuralism
아니다. 여기서 구조주의란 특정 패턴이 문화에서 반복적으로 발견된다는 개념이다. 더 구체적으로는 문화인류학자 클로드 레비-스트로스$^{Claude\ Lévi-Strauss}$에 의해 확인된 패턴을 의미하며, 이러한 패턴의 분석이 건축을 이해하는 데 도움이 될 것으로 생각했다. 칸은 이런 생각들에 관심이 없었다.

기호학 Semiology
아니다. 좁게 보면 기호학은 언어학자 페르디난드 드 소쉬르$^{Ferdinand\ de\ Saussure}$의 언어 이론을 가리킨다. 넓게 보면, 기호학은 건축이 상징적이거나 무언가를 의미할 수도 있다는 개념을 가리킨다. 칸은 어느 쪽에도 관심이 없었다. 칸을 로버트 벤투리와 대비하여 본다면, 벤투리의 작품과 기호학을 연관될 수 있지만 칸의 작품은 그렇지 않다. 벤투리의 작품이 "의미를 나타낸다"고 말하는 반면, 칸의 작품은 "존재한다"고 말할 수 있다.

사회학 Sociology
아니다. 칸은 모더니즘의 강력한 사회학적 전통을 가지고 있고, 대공황 시기에 뉴딜 프로그램에 참여했다. 르 코르뷔지에의 전통을 따라 필라델피아를 위한 공상과 같은 대규모 계획을 구상했다. 1952년에 그는 밀 크릭이라고 불리는 대규모 공공 주택 프로젝트에 착수했다. 이는 그 시대의 다른 대규모 공공 주택 프로젝트들처럼 형편없었다. 그 이후 칸의 작업은 거의 전적으로 문화시설에만 전념했다. 칸은 자신이 그 쪽으로 방향을 바꾼 것에 대해 실망스럽다거나 안도하는 등 어떤 태도도 표명하지 않았다.

형태의 "과학적" 결정 A "scientific" determination of form
아니다. 칸은 "디자인방법론"에 관심이 없었다. 설계에 대한 과학적 접근 방식은 측정 가능한 것을 다루지만, 측정 불가능한 것을 놓친다. 칸은 두 가지 모두의 필요성을 보았지만, "측정할 수 없는 것"을 가장 중요하게 여겼다.

네오-아방가르드주의 Neo-avant-gardism
아니다. 이는 일부 건축가들이 초기 모더니즘, 특히 초기 르 코르뷔지에에 관심을 갖는 것을 의미한다. 칸은 자신을 르 코르뷔지에와 끊임없는 대화 속에 있다고 보았으며, "코르뷔, 내가 잘하고 있나요?"라고 묻곤 했지만, 그의 초기 작업에 특별히 집중하지는 않았다.

모더니즘의 비판적이고 급진적인 측면 The critical radical side of modernism
아니다. 1950년대 이후로 칸은 문화적으로나 미학적으로 급진적이지 않았다. 그는 당시 모더니즘 전통에 편안히 있었지만, 거기에 영적 깊이를 더했다.

아이러니하고 디스토피아적인 맥락 Ironic and dystopian context
아니다. 칸은 빈정대거나 비꼰 적이 없다. 항상 진지했다. 그리고 그는 결코 디스토피아적이지 않았다. 유토피아적이지는 않았지만, 건축이 그 프로그램을 충족하고 인간 정신을 고양시키는 능력에 대해 낙관적이었다.

도시개발과 근대화의 병폐와 치명적으로 연관된 모더니즘 이데올로기에 대한 전면적인 거부

An outright rejection of modernist ideology as fatally linked to the ills of urban development and modernization
아니다와 그렇다. 칸은 1930년대에 대해 "나는 코르뷔라는 도시에 살았다"고 말했고, 1939년부터 1962년까지 필라델피아의 철거와 재건을 위한 몇 가지 대규모 계획을 세웠다. 칸은 이 초기 접근 방식을 절대 비판하지 않았지만, 이후에는 이를 무시했다. 예외는 방글라데시 다카의 수도 복합단지를 위한 그의 마스터 플랜이다.

정치적 의지 Recourse to politics
아니다. 칸의 후기 경력은 베트남 전쟁과 그에 수반된 시위의 정치적 혼란과 겹쳤다. 일부 건축가와 다른 창작 분야의 전문가들은 전쟁과 당시의 사회적 병폐가 너무 심각해서 "통상적인 업무"를 완전히 중단하고, 전쟁이 끝날 때까지 정치적 항의를 유일한 명예로운 활동으로 삼아야 한다고 주장했다. 즉, 건축가들은 평화 운동가가 되어야 한다는 입장이었다. 다른 사람들은 사회적, 정치적 영역이 개혁이 불가능하며, 특히 건축을 통한 개혁은 불가능하다고 보고 건축은 이런 영역을 무시하고 내부 미학에 초점을 맞추어야 한다는 태도를 보였다.(아래 참조). 칸은 첫 번째 입장은 이상주의적이고 두 번째 입장은 허무주의적이라며 거부했다. 칸은 제도가 건축을 정의하는 것이라고 믿었지만, 그는 제도가 부패한다는 것을 인식했다. 따라서 우리가 제도를 거부해야 한다는 것이 아니라, 우리가 그것들을 개선하기 위해 지속적으로 고군분투해야 한다는 것을 의미한다.

미학과 자율성 Aestheticism and autonomy
아니다. 이것이 인간의 상태에 봉사하는 것에서 벗어나 이론의 밀실에 기대는 것을 의미한다고 가정하면, 칸은 그렇게 하지 않았다. 위에서 지적했듯이, 그는 건축이 더 나은 세상에 이바지할 수 있다고 항상 낙관했다.

루이스 칸에 대하여

루이스 이시도어 칸은 1901년 2월 20일에 당시 러시아 제국의 일부였으나, 지금은 에스토니아에 속한 파르누^{Pärnu}에서 이체-라이프 슈밀로프스키^{Itze-Leib Schmuilowsky}라는 이름으로 태어났다. 어린 시절, 그가 뜨거운 석탄을 나르다 불이 붙은 앞치마로 인해 얼굴에 화상을 입었다. 그는 1906년 부모와 함께 필라델피아로 이민을 가 그곳에서 가난하게 살았다. 그의 성장배경은 엄격한 교리를 따르지는 않았지만, 전통적인 유대교였다. 이후 그의 지식 추구는 항상 탈무드적 질문을 가지고 있었다. 칸은 화가와 음악가로 재능이 있었고, 미술을 공부할 장학금을 받았지만 고등학교 마지막 해에 건축에 관한 강연을 듣고 건축가가 되기로 결심했다.

1920년부터 1924년까지 그는 보자르 전통에 있는 펜실베이니아 대학교의 건축대학에 다니며, 존경받는 건축가이자 스승인 폴 필립 크레^{Paul Philippe Cret}의 지도를 받았다. 당시 많은 학교, 특히 펜실베이니아 대학은 학생들의 작품을 뉴욕 전국 대회에 출품했고, 펜실베이니아 대학이 주요 수상자였다. 칸은 탁월한 학생이었으며, 이 책에 언급된 쇼핑센터로 수상했고 졸업 후에는 중요한 사무실에서 일했다. 그는 유럽의 역사적인 건축물들을 보기 위해 여행을 다녔다. 대공황 시기 실직상태의 건축가와 엔지니어로 구성된 연구 그룹을 조직했다. 이 시기 칸의 접근 방식은 사회에 뿌리를 두었으며, 여러 주택 프로젝트를 설계했지만 실현되지 않았다.

칸의 학교 친구인 노먼 라이스^{Norman Rice}는 르 코르뷔지에 사무실에서 일한 첫 번째 미국인이었고, 다수의 르 코르뷔지에의 책을 가져왔다. 칸은 그 책들을 꼼꼼히 읽으며, 1930년대에 대해 "나는 코르뷔라는 도시에 살았다."고 말했다. 칸의 필라델피아 프로젝트는 르 코르뷔지에의 영향을 받아 도시의 많은 부분을 철거하여 근대적인 주택의 건설하며 교통의 흐름을 합리화하는 것을 제안했다.

칸이 받은 보자르 교육은 그가 근대건축에 적응하는 것을 어렵게 만들었고, 비록 그가 명백한 사상가이자 이론가가 되었지만 그의 초기 건물들은 국제주의 양식이었고 특별할 것이 없었다. 그러다 1950년에 그는 다시 유럽과 북아프리카를 여행했는데, 이탈리아, 그리스, 이집트의 고대 건축물 유적들에 영감을 받아 국제주의 양식에서 벗어나 기본 기하학과 원초적인 재료의 건축을 탐구하게 되었다.

칸의 접근 방식의 이런 변화는 스타일의 문제 그 이상이었다. 그것은 사회적 개선을 위한 수단으로서의 건축에서 벗어나 우리 인간성의 심오한 표현으로서의 건축으로 나아가는 것이었다. 그리고 그는 회사의 이름을 'Louis I. Kahn and Associates'에서 'Louis I. Kahn, Architect'로 바꾸었다. 건축을 사회학이 아닌 예술로 보고 있음을 보여준다. 어떤 의미에서 칸이 한 일은 역사적 양식을 사용하는 것이 아니라 그리스에서 시작된 건축 전통의 근본적인 뿌리인 보자르로 돌아가는 것이었다. 동시에 칸의 글에서 표현된 그의 관심은 병원과 지역사회 센터에 대한 논의에서 질서^{Order}에 대한 탐구로 바뀌었으며, 그는 이를 침묵과 빛의 은유를 통해 접근했다.

1947년부터 1957년까지, 칸은 예일대학교에서 가르쳤다. 1951년부터 1953년에 예일미술관을 설계하면서 그의 성숙한 건축의 씨앗을 담은 작품을 통해 실천가보다는 사상가로서 명성을 얻었다. 그 후, 1957년부터 1961년에 필라델피아에 있는 펜실베이니아 대학교의 리처드 의학연구소를 설계했고 이 건물이 근대건축에 대한 중요한 기여로 인식되었다. 리처드연구소를 건설하는 동안 소문이 퍼져 유럽 건축가들이 미국을 방문할 때 필라델피아에 들러 거대한 프리캐스트 콘크리트 보가 설치되는 것을 보곤 했다. 리처드연구소가 완공된 후, 많은 이들이 이곳을 방문한 후 몇 블록을 걸어서 포스트모더니즘의 전조로 평가되는 로버트 벤투리의 그랜드 레스토랑을 보러 가곤했다. 건축가이자 역사가인 필립 존슨은 MoMA에서 건축과 디자인 부문을 설립했다. 그는 건축가들의 지속적인 지지자였으며 가끔 칸의 사무실을 방문했다. 칸이 리처드연구소를 작업하는 동안 들르기도 했는데, 칸은 그에게 도면을 보여주기 위해 그를 뒷방으로 데려갔다. 사무실에서 일하는 누군가가 나중에 한 말에 따르면, 그들이 그 방을 나오면서 존슨이 "뉴욕으로 가는 기차를 타야 해요. 이 건물이 완공되면 당신은 이 나라에서 가장 저명한 건축가가 될 것이고, MoMA에서 전시될 것입니다"라고 했다고 한다.

이 책에서 보듯, 칸의 성숙한 접근 방식은 건물을 어떻게 만들어지는지를 통해 그의 의도를 전달하는 것이었다. 이를 인정받아, 1961년 MoMA의 리처드연구소 전시회는 사람들이 그것들을 넘겨보며 마모될 때마다 주기적으로 교체해 주어야만 하는 청사진 도면을 포함했다. 칸은 60세에 인정을 받았고, 건축이 늦게 거장이 되는 분야라고 하더라도 나이가 많았다.

1957년부터 1974년 사망할 때까지, 칸은 펜실베니아대학에서 가르쳤다. 그 시절 대부분, 그의 스튜디오는 필라델피아의 저명한 건축가 프랭크 퍼네스$^{Frank\ Furness}$의 도서관인 퍼네스 빌딩의 꼭대기에 있는 아름다운 볼트가 있는 공간에 있었다. 지금은 피셔미술도서관Fisher Fine Arts Library으로 알려져 있다. 일주일에 두 번 그와 노먼 라이스, 프랑스 엔지니어 로버트 르리콜라Robert LeRicolais를 포함한 동료 비평가들은 전 세계에서 온 학생들과 만나곤 했다. 그 수업들은 활기차고 깊이 있는 토론으로 유명해졌으며, 종종 밤 늦게까지 이어졌고 때때는 근처 식당이나 아파트로 자리를 옮기기도 했다.

칸은 학교가 다시 미국 최고의 건축학교의 위상을 찾게 되었을 때, 칸은 학교의 정신적인 지도자였다. 이 학교는 또한 필라델피아 도시의 재생과 건축 전문직의 부흥의 중심에 있었다. 학교, 도시, 이런 전문직의 융합은 칸 외에도 학교를 함께 운영한 홈즈 퍼킨스G. Holmes Perkins학장, 포스트모더니즘의 아버지인 로버트 벤투리, 미국 대중문화를 유럽 도시이론과 결합한 데니스 스콧 브라운, 현대 필라델피아를 만든 계획가 에드먼드 베이컨Edmund Bacon, 조경이자 근대생태학의 선구자 이안 맥하그Ian McHarg, 나중에 콜럼비아 대학의 학장이 된 로말도 지오골라; 프린스턴 건축대학 학장이 된 로버트 게데스Robert Geddes등을 포함하여 '필라델피아 학파'로 알려지게 되었다.

칸은 복잡한 개인사는 웬디 레서Wendy Lesser의 전기, "You Say to Brick: The Life of Louis Kahn"과 그의 아들 나다니엘 칸Nathaniel Kahn의 영화 'My Architect: A Son's Journey'에 묘사되어 있다. 이 영화는 칸과 함께 일했거나 그를 알고 있는 주요 인사들과의 인터뷰를 통해 칸의 건축과 그의 직업적 위상을 아름답게 보여준다.

칸은 60대와 70대에 예술, 종교, 정부, 과학, 산업, 극장, 교육, 주거 등 주요 시설을 위한 건물과 프로젝트를 설계했다. 그의 건물들은 건축과 문화에 큰 기여를 했고, 몇몇은 최고 수준의 건축물로 평가받는다. 그는 선도적인 근대건축가 중 한 명으로 인정받았고, 금메달과 다른 상들을 받았다. 많은 동시대 사람들은 칸이 가장 강력한 건축적 지성을 가진 인물 중 한 명으로서, 건축의 가장 깊은 의미와 정신을 포괄하는 인물에게 영향을 받은 것을 다행으로 여겼다. 그러나, 칸은 자신에게 가장 소중했을 의뢰인 펜실베이니아 대학 건축학부 새 건물을 위한 의뢰는 받지 못했다. 리처드연구소의 설계 기간 그의 사무실의 비효율성 때문에 캠퍼스 내에서 더 이상 프로젝트를 수행하지 못하게 했다.

칸은 건축 실무에 몰두했고 운 좋게도 많은 의뢰를 마쳤지만, 그의 상황은 때때로 어려웠다. 종종 느린 작업 방식으로 인해 이익에 의미를 두는 의뢰인들로부터는 의뢰를 받지 못했다. 칸의 사무실에서의 사업적인 비효율성과 인도와 파키스탄의 의뢰는 막대한 비용을 쓰고, 때로는 무산되면서 그에게 엄청난 부채를 지게 했다. 놀라운 것은 그가 타협하지 않고, 건축을 최고의 예술로서 실현했고, 생존을 넘어 아주 탁월한 건물들을 완성할 수 있었다는 것이다.

칸은 1974년 3월 17일 심장마비로 사망했다. 73세의 나이에도 불구하고, 그의 죽음은 그의 재정적 압박, 잘 진행되지 않는 작업, 그리고 잘 풀리지 않던 인도와 파키스탄을 오가는 스트레스로 인해 극심한 압박을 받았기 때문으로 너무 빨리 사망한 것으로 여겨졌다. 그는 창조적인 힘의 절정에 있었고, 사망 당시 그의 최고 작품들 중 일부를 설계하고 있었다.

다음은 칸이 사망한 직후 필라델피아와 뉴욕에서 열린 추모식에서 나온 발언 중 일부이다.

그는 내가 아는 가장 완벽한 지성인이었다. 그의 지성이 너무 강해서 그의 온몸에 퍼져 있었기 때문이다. 그의 몸은 그의 마음이 아는 것을 알고 있었고, 이것이 그가 위대한 건축가였던 이유 중 하나라고 생각한다. 아무도 그만큼 많은 빛을 낸 적이 없다. 그것은 그의 상상력의 활동과 지성의 생동감이 그의 모든 모공을 통해 나오는 물리적인 빛이었다.
- Vincent Scully

칸은 개인의 실현, 그의 귀환과 떠남, 장소와 자연에 대한 그의 규모 내에서 작업하고 있었다. 몇몇 건축가들만이 인간 활동의 미묘한 전환에 더 많은 관심을 기울였다. 일에서 휴식으로, 놀이로, 안락함으로의 전환, 분리나 구별 없이 삶의 행위에서 단순한 존엄성을 추구했다.
- Romaldo Giurgola

본질은 위장이 아니라 창조적 의지력의 불굴의 용기다.
- Robert Le Ricolais

루이스 칸은 그의 눈에 보이는 건축 작품들뿐만 아니라 그가 아름답게 표현한 원칙들을 통해 모든 건축가에게 실질적으로 영향을 미쳤다.
- Norman Rice

작품목록 1926-74

By William Whitaker
© The Architectural Archives, University of Pennsylvania

Palace of Fashion, Sesquicentennial International Exposition. South Broad Street and Pattison Avenue, Philadelphia, Pennsylvania 1926; built. George F Pawling Construction Company (Kahn, design consultant)

Textile Industries Exhibit, Sesquicentennial International Exposition. Palace of Fashion, South Broad Street and Pattison Avenue, Philadelphia, Pennsylvania 1926; built. Kahn, associated with Herman Polss

Prototypical Service Station (submitted to Shell Eastern Petroleum Products, Inc.) 1930; unbuilt. Kahn & Kopelan

Lenin Memorial, competition
Port of Leningrad, USSR 1932; unpremiated. Architectural Research Group (Kahn, designer)

Stockholm City Planning, competition
lower Norrmalm district, Stockholm, Sweden 1932-33; unpremiated. Architectural Research Group

Model Slum Rehabilitation Project (exhibited at the Better Homes Exhibit)
South Philadelphia, Pennsylvania 1933; unbuilt. Architectural Research Group (Kahn, designer)

Model Housing Block Project, competition (sponsored by the Phelps Stokes Fund) New York, New York 1933; unpremiated. Architectural Research Group

Indirect Slum Clearance Project (submitted to the Philadelphia Housing Authority) Site bound by Castor, Magee, Unruh Aves. and Rutland St., Philadelphia, Pennsylvania 1933; unbuilt. Architectural Research Group (Kahn, designer), associated with Magaziner & Eberhard

Northeast Philadelphia Housing Corporation Housing Project (submitted to the Public Works Administration)
Site bound by Algon Avenue, Faunce Street, Elgin Avenue, Frontenac Street and Cottman Avenue, Philadelphia, Pennsylvania 1933; unbuilt. Architectural Research Group (Kahn, designer), associated with Magaziner & Eberhard

Weisbrod and Hess (interior alterations) Philadelphia, Pennsylvania 1934; built. Architectural Research Group

M Buten Paint Store (alterations) 6711 Germantown Avenue, Philadelphia, Pennsylvania 1934; built (demolished). Kahn, associated with Hyman Cunin

St. Katherine's Village Housing Project Between Frankford Avenue and Pennsylvania Railroad right-of-way at Liddonfield Station, Philadelphia, Pennsylvania 1935; unbuilt. Kahn, associated with Magaziner & Eberhard

Unidentified Housing Project
Philadelphia, Pennsylvania 1935; unbuilt. Group 1, Allied Housing Architects of Philadelphia (Kahn, associated with Clarence C Zantzinger, Edmund R Purves, John Graham, Jr, Edwin H Silverman and Abraham Levy)

Jersey Homesteads (housing, factory, school, stores, pumping station and sewage plant) Roosevelt, New Jersey
1935-7 (Kahn's employment); houses and factory built, sewage plant and school built to Kastner designs. Kahn, assistant principal architect and co-designer with Alfred Kastner as employees of the Resettlement Administration

Ahavath Israel Synagogue (now Grace Temple) 6735-37 North 16th Street, Philadelphia, Pennsylvania 1935-38; built

Medical Offices (for E Cohen and N Smolens; alterations) 3114 Frankford Avenue, Philadelphia, Pennsylvania 1936; built

Unidentified Housing Project 1936; unbuilt. Kahn, associated with Magaziner & Eberhard

Unidentified House c.1936; unbuilt. Kahn, associated with Magaziner & Eberhard

Dental Offices (for Dr David K Waldman; alterations) 5203 Chester Avenue, Philadelphia, Pennsylvania 1937; built

Prefabricated House Studies (sponsored by Samuel Fels) 1937-8; unbuilt. Kahn, with Louis Magaziner and Henry Klumb

Horace Berk Memorial Hospital (now Philadelphia Psychiatric Hospital; alterations and additions) 1218-48 North 54th Street, Philadelphia, Pennsylvania 1937-8; unbuilt

Glenwood Low-cost Housing Project, competition (for the Philadelphia Housing Authority) Ridge Avenue, West Glenwood Avenue, Page Street and North 25th Street, Philadelphia,

Pennsylvania 1938; unpremiated. Architectural Design Group #8 (George Howe, architect in charge; Kahn, Kenneth M Day and others)

Art Center, Wheaton College, competition (sponsored by the Museum of Modern Art, New York and Architectural Forum) Norton, Massachusetts
1938; unpremiated. Kahn, associated with Oscar Stonorov and Rudolph Mock

U.S. Post Office and Court House, competition Covington, Kentucky 1938; unpremiated

Old Swedes' (or Southwark) Housing Project (for the U.S. Housing Authority and the Philadelphia Housing Authority; housing and community building)
Catherine Street, Swanson Street, Washington Avenue, 2nd Street, Christian Street and Front Street, Philadelphia, Pennsylvania 1938–40; unbuilt. Kahn, associated with Kenneth
M Day

Pennsylvania Hospital (or Kirkbride's) Housing Project (for the U.S. Housing

Authority and the Philadelphia Housing Authority; housing and community building) Haverford Avenue, 42nd Street, Market Street and 46th Street, Philadelphia, Pennsylvania
1939–40; unbuilt

Illustrations for United States Housing Authority Booklets: Housing Subsidies: How Much and Why?; Tax Exemption of Public Housing; The Housing Shortage; Public Housing and the Negro; Housing and Juvenile Delinquency 1939; published

Housing in the Rational City Plan (panels for the exhibition 'Houses and Housing', organized by the United States Housing Authority) Museum of Modern Art, New York, New York
1939; executed

Philadelphia Psychiatric Hospital Ford Road and Monument Avenue, Philadelphia, Pennsylvania 1939; unbuilt (commission reassigned to Thalheimer & Weitz)

Van Pelt Court Apartments (for E T Pontz; alterations) 231 South Van Pelt Street, Philadelphia, Pennsylvania
1939-40; unbuilt

Unidentified House (interior alterations) 2007 Delancey Street, Philadelphia, Pennsylvania 1939-40; unbuilt

Metalworker Shop and Apartments (for David Aukburgh; interior alterations)
2008 Chancellor Street, Philadelphia, Pennsylvania 1939-40; unbuilt

Battery Workers Union, Local 113 (now Commandment Keepers of the House of God; alterations) 1903 West Allegheny Avenue, Philadelphia, Pennsylvania 1939-40; built

Dental Office and Apartments (for Archie Abrahams; additions and alterations) 5105 Wayne Avenue, Philadelphia, Pennsylvania 1939-40; built

Jacob and Augusta L. Sherman House and Office (interior alterations)
Philadelphia, Pennsylvania 1940; unbuilt

Jesse and Ruth Oser House 628 Stetson Road, Elkins Park, Pennsylvania 1940-2; built (altered)

South Philadelphia Rehabilitation Project Site bordered by Wharton, Front and Broad Streets and Oregon Avenue, Philadelphia, Pennsylvania 1941; unbuilt

Pine Ford Acres (for the Federal Works Agency and the Federal Public Housing Authority; housing, community building and maintenance building) Middletown Borough, Dauphin County, Pennsylvania
1941–3; built (housing demolished). Howe & Kahn

Pennypack Woods (for the Federal Works Agency and the Federal Public Housing Authority; housing, community building and stores) Crispin Street, Holme Avenue, and Pennypack Street, Philadelphia, Pennsylvania 1941-3; built. Howe, Stonorov & Kahn

Louis and Rae Broudo House Stetson Road, Elkins Park, Pennsylvania 1941-2; unbuilt

Carver Court (or Foundry Street Housing) (for the National Housing Agency and the Federal Public Housing Authority; housing and community building) Foundry Street, Coatesville, Pennsylvania 1941–3; built. Howe, Stonorov & Kahn

M Shapiro and Sons Prefabricated Houses Newport News, Virginia 1941-2; unbuilt. Stonorov & Kahn (Stonorov in charge)

Stanton Road Dwellings (housing and community building) Site bordered by Bruce Place, Stanton Road, Alabama Avenue and 15th Street SE, Washington, DC 1942-7; unbuilt. Howe & Kahn

작품목록

Willow Run (or Bomber City), Neighborhood III (for the Union of Automobile Workers and Federal Public Housing Authority; housing and school)

Washtenaw County (near Ypsilanti), Michigan 1942-3; unbuilt. Stonorov & Kahn

Lincoln Highway Defense Housing (for the National Housing Agency and the Federal Public Housing Authority; housing and community building) Toth, Johnson, Fox Aves., and Quarry St., Coatesville, Pennsylvania 1942-4; built. Howe, Stonorov & Kahn

House for 194X (sponsored by Architectural Forum) 1942; not submitted, unbuilt. Stonorov & Kahn

Lily Ponds Housing (for the United States of America, acting through the Alley Dwelling Authority; housing and community building) Anacostia Avenue, Eastern Avenue and Kenilworth Avenue NE, Washington, DC 1942-3; built (housing demolished). Stonorov & Kahn

Thermostore Refrigerator Unit (for Gimbels Department Store) 1942-3; mock-up built. Stonorov & Kahn (Stonorov in charge)

Hotel for 194X (sponsored by Architectural Forum) 1943; published, unbuilt. Stonorov & Kahn

International Ladies Garment Workers Union Health Center (now law offices) 2136 South 22nd Street, Philadelphia, Pennsylvania 1943-5; built. Stonorov & Kahn

Model Neighbourhood Rehabilitation Project (for publication in: Why City Planning is Your Responsibility. New York: Revere Copper and Brass, 1943 Site bound by Morris St., McKean St., South 20th St., and South 22nd Street, Philadelphia, Pennsylvania 1943; unbuilt. Stonorov & Kahn (Stonorov in charge)

Design For Postwar Living House, competition (sponsored by California Arts and Architecture) 1943; submitted, unbuilt. Stonorov & Kahn

Model Neighborhood Rehabilitation Project (sponsored by Architects' Workshop on City Planning, Philadelphia Housing Association and Citizens Council on City Planning) Site bound by Moore Street, Howard Street, Water Street, Snyder Avenue and Moyamensing Avenue, Philadelphia, Pennsylvania 1943; model built and published in You and Your Neighborhood: A Primer for Neighborhood Planning (New York: Revere Copper and Brass, 1944). Stonorov & Kahn

Industrial Union of Marine and Shipbuilding Workers of America, Local 1 (alterations) 2332-4 Broadway, Camden, New Jersey 1943-5; built. Stonorov & Kahn (Stonorov in charge)

Phoenix Corporation Houses Bridge Street, Phoenixville, Pennsylvania 1943-4; unbuilt. Stonorov & Kahn (Stonorov in charge)

Philadelphia Moving Picture Operators' Union Vine and 13th Streets, Philadelphia, Pennsylvania 1944; unbuilt. Stonorov & Kahn

Parasol Houses (for Knoll Associates Planning Unit) 1944; unbuilt. Stonorov & Kahn

Model Men's Shoe Store and Furniture Store (for Pittsburgh Plate Glass) 1944; published, unbuilt. Stonorov & Kahn

Dimitri and Ethel Petrov House (alterations and additions) 713 North 25th Street, Philadelphia, Pennsylvania 1944-5; unbuilt. Stonorov & Kahn

National Jewish Welfare Board (clubhouse furnishings) Washington, DC 1944; built. Stonorov & Kahn (Stonorov in charge)

Paul W. and Charlene Darrow House Route 202 near Mill Road, Buckingham, Pennsylvania 1944-6; unbuilt. Stonorov & Kahn

Leonard and Nora Lionni House (alterations and additions) 7053 McCallum St., Philadelphia, Pennsylvania c.1944-45; unbuilt

Philadelphia Psychiatric Hospital (new wing) Ford and Monument Roads, Philadelphia, Pennsylvania 1944-6; unbuilt. Stonorov & Kahn, associated with Isadore Rosenfeld, hospital consultant

Borough Hall (alterations) Phoenixville, Pennsylvania 1944; unbuilt. Stonorov & Kahn (Stonorov in charge)

Alexander and Dora Moskalik House (alterations and additions) 2018 Spruce Street, Philadelphia, Pennsylvania 1944-5; built. Stonorov & Kahn

Offices, Radbill Oil Company (interior alterations and furnishings) 1722-4 Chestnut Street (second floor), Philadelphia, Pennsylvania 1944-7; built (not extant). Stonorov & Kahn

Westminster Play Lot Site bordered by Markoe Street, Westminster Avenue and June Street, Philadelphia, Pennsylvania
c.1945; unbuilt. Stonorov & Kahn

Unidentified House c.1945; unbuilt. Stonorov & Kahn

Edward Gallob and Tana Hoban House and Studio (alterations) 2036 Rittenhouse Square, Philadelphia, Pennsylvania 1945–7; unbuilt. Stonorov & Kahn

Gimbels Department Store (interior alterations) Market and 8th Streets, Philadelphia, Pennsylvania 1945–6; built (demolished). Stonorov & Kahn (Stonorov in charge)

House for Cheerful Living, competition (sponsored by Pittsburgh Plate Glass and Pencil Points) 1945; submitted, unbuilt. Stonorov & Kahn

Business Neighborhood in 194X (advertisement for Barrett Division, Allied Chemical and Dye Corporation) 1945; published, unbuilt. Stonorov & Kahn

Bernard A. and Reba Bernard House (addition) 195 Hare's Hill Road at Camp Council Road, Kimberton, Pennsylvania
1945-6; built. Stonorov & Kahn

Department of Neurology, Jefferson Medical College (interior alterations)
1025 Walnut Street, Philadelphia, Pennsylvania 1945–6; built. Stonorov & Kahn

Samuel and Frances Radbill Residence (alterations) 224 Bowman Avenue, Merion, Pennsylvania 1945–6; partially built. Stonorov & Kahn

William H Harman Corporation Prefabricated Houses 420 Pickering Road, Charlestown, Chester County, Pennsylvania; and Rosedale Avenue and New Street, West Chester, Pennsylvania 1945-7; built (demolished). Stonorov & Kahn (Stonorov in charge)

Arthur and Lea Finkelstein House (alterations and additions) 645 Overhill Road, Ardmore, Pennsylvania 1945–8; unbuilt. Stonorov & Kahn

Pennsylvania Solar House (for Libbey-Owens-Ford Glass Company) 1945–7; published, unbuilt. Stonorov & Kahn

Action for Cities (panel for 'American Housing' exhibition) France 1945–6; executed

Thom McAn Shoe Store (alterations) 72 South 69th Street; Upper Darby, Pennsylvania 1945–6; unbuilt. Stonorov & Kahn

Two Dormitories, Camp Hofnung Old Easton Rd., south of Spruce Hill Rd., Pipersville, Pennsylvania 1945-7; built (demolished). Stonorov & Kahn

Philadelphia Building at Camp Unity House (for the International Ladies Garment Workers Union) Bushkill Falls Rd., Bushkill Township, Pennsylvania
1945–7; built. Stonorov & Kahn

Philip Q. and Jocelyn Roche House 2101 Harts Lane, Whitemarsh Township, Pennsylvania 1945, 1947–9; built. Stonorov & Kahn

Arthur Upshur and Edith Ferry Hooper House (alterations and additions) 5820 Pimlico Road, Baltimore, Maryland 1946; unbuilt. Stonorov & Kahn

Container Corporation of America (cafeteria, offices and paper stock depot) Nixon and Fountain Streets, Manayunk, Philadelphia, Pennsylvania 1946; unbuilt. Stonorov & Kahn

Memorial Playground, Western Home for Children 715 Christian Street, Philadelphia, Pennsylvania 1946–7; built (demolished). Stonorov & Kahn

Triangle Redevelopment Project Site bordered by Benjamin Franklin Parkway, Market Street and Schuylkill River, Philadelphia, Pennsylvania 1946–8; unbuilt. Associated City Planners (Kahn, Oscar Stonorov, Robert Wheelwright, Markley Stevenson and C Harry Johnson)

Greenbelt Co-op Shopping Center (for Greenbelt Consumer Services, Inc.)
Greenbelt, Maryland 1946–8; built. Ross and Walton, architects (Kahn, design consultant)

Coward Shoe Store 1118 Chestnut Street, Philadelphia, Pennsylvania 1947–9; built (altered). Stonorov & Kahn (Stonorov in charge)

X-Ray Department, Graduate Hospital, University of Pennsylvania (interior alterations) Lombard and 19th Streets, Philadelphia, Pennsylvania. 1947–8; built

Harry A. and Emily Ehle House Mulberry Lane, Haverford, Pennsylvania 1947–8; unbuilt. Kahn in association with Abel Sorensen

Jefferson National Expansion Memorial, competition (first stage) St Louis, Missouri. 1947; unpremiated

Morton and Lenore Weiss House
2935 Whitehall Road, East Norriton Township, Pennsylvania 1947–50; built

Winslow T. and Anne Tompkins House
Lot 18, Apologen Road, Philadelphia, Pennsylvania 1947–9; unbuilt

M Buten Paint Store (alterations) Kaighns and Haddon Avenues, Camden, New Jersey 1947–8; built (demolished). Kahn associated with George Von Uffel, Jr

Harry and Sadie Kitnick House
East Norriton Township, Pennsylvania 1948–9; unbuilt

Joseph and Mildred Rossman House (alterations) 1714 Rittenhouse Square, Philadelphia, Pennsylvania 1948–9; unbuilt

Jewish Community Center (now Holcombe T Green Jr Hall, Yale University)
1156 Chapel Street, New Haven, Connecticut 1948–54; built (altered). Weinstein & Abramowitz, architects (Kahn, consultant architect)

Bernard S Pincus Occupational Therapy Building, Philadelphia Psychiatric Hospital (additions) Ford Road, Philadelphia, Pennsylvania 1948–51; built. Kahn associated with Isadore Rosenfeld, hospital consultant

Samuel Radbill Building, Philadelphia Psychiatric Hospital (alterations and additions) Ford Road, Philadelphia, Pennsylvania 1948–54; built (altered). Kahn associated with Isadore Rosenfeld, hospital consultant

Samuel and Ruth Genel House
201 Indian Creek Road, Wynnewood, Pennsylvania 1948–51; built

Jewish Agency for Palestine Emergency Housing Israel 1949; unbuilt

Jacob and Augusta L. Sherman House (alterations) 414 Sycamore Avenue, Merion, Pennsylvania 1949–51; unbuilt

Nelson J. and Bobette Leidner House (alterations and additions to former Oser House) 628 Stetson Road, Elkins Park, Pennsylvania 1950–1; built (addition demolished)

Ashton Best Corporation Garden Apartments 200 Montgomery Avenue, Ardmore, Pennsylvania 1950; unbuilt

American Federation of Labor Health Center, St Luke's Hospital (now Girard Medical Center; alterations) Franklin and Thompson Streets, Philadelphia, Pennsylvania 1950–1; built (demolished)

Southwest Temple Redevelopment Area Plan Columbia Avenue, 9th Street, Girard Avenue and Broad Street, Philadelphia, Pennsylvania 1950–2; implemented. Architects Associated (Kahn, with Kenneth M Day, Louis E McAllister Sr, Douglas George Braik and Anne G Tyng; consulting architects for the Philadelphia City Planning Commission)

East Poplar Redevelopment Area Plan Girard Avenue, 5th Street, Spring Garden Avenue, 9th Street, Philadelphia, Pennsylvania 1950–2; implemented. Architects Associated (Kahn, with Kenneth M Day, Louis E McAllister Sr, Douglas George Braik and Anne G Tyng; consulting architects for the Philadelphia City Planning Commission)

University Redevelopment Area Plan
Philadelphia, Pennsylvania 1951; partially implemented. Architects Associated (Kahn, with Kenneth M Day, Louis E McAllister Sr, Douglas George Braik and Anne G Tyng; consulting architects for the Philadelphia City Planning Commission)

Row House Studies Roosevelt Boulevard, Holme Avenue and Rhawn Street, Philadelphia, Pennsylvania 1951–3; not implemented. Architects Associated (Kahn, with Kenneth M Day, Louis E McAllister Sr, Douglas George Braik and Anne G Tyng; consulting architects for the Philadelphia City Planning Commission)

Traffic Studies (submitted to the American Institute of Architects, Philadelphia Chapter, Committee on Municipal Improvements) Philadelphia, Pennsylvania 1951–3; not implemented

Yale University Art Gallery and Design Center 1111 Chapel Street, New Haven, Connecticut 1951–3; built (design centre relocated c.1961). Douglas Orr and Louis I Kahn, associated architects

Manufacturing Building, Container Corporation of America Longford Road, Oaks, Upper Pottsgrove Township, Pennsylvania 1951–2; built. Kahn, design architect; Howard Hill Carter, associated architect

H. Leonard and Barbara Fruchter House North 51st Street, between City Ave. and Overbrook Ave., Philadelphia, Pennsylvania 1951–2; unbuilt

Penn Center Studies Philadelphia, Pennsylvania 1951–8; unbuilt

Mill Creek Project (first-phase housing) 46th and Aspen Streets, Philadelphia, Pennsylvania 1951–6; built (demolished 2003). Kahn; associated with Kenneth M Day, Douglas G Braik and Louis E McAllister

Greenbelt Knoll (for Morris Milgram; housing development) Longford Road at Holme Ave., Philadelphia, Pennsylvania 1952–7; built. Montgomery & Bishop, architects (Kahn, consultant)

Leonard A. Cinberg House (alterations) 5112 North Broad Street, Philadelphia, Pennsylvania 1952; built

Offices, Zoob and Matz (interior alterations) 1600 Western Saving Fund Building, Philadelphia, Pennsylvania 1952; built

City Tower Project Philadelphia, Pennsylvania 1952–7; unbuilt Kahn, associated with Anne G. Tyng

Apartment Redevelopment Project New Haven, Connecticut c.1953; published in Perspecta 2

Riverview competition (housing for the elderly) State Road at Rhawn Street, Philadelphia, Pennsylvania 1953; unpremiated

Ralph and Suzanne Roberts House Apalogen Road, Germantown, Philadelphia, Pennsylvania 1953; unbuilt

Wheaton Co-op Shopping Center 11111 Georgia Avenue, Wheaton, Maryland 1953–4; built (without Kahn's recommendations). John Hans Graham, architect and Sweet & Schwartz, associated architects (Kahn, consulting architect)

Benjamin and Ida Goldstein Jaffe House Sussex Road, Wynnewood, Pennsylvania 1954; unbuilt

Francis H and Marti Adler House Davidson Road, Philadelphia, Pennsylvania 1954–5; unbuilt

Weber Gerharte and Eleanor Brooks DeVore House Montgomery Avenue, Wyndmoor, Pennsylvania 1954–5; unbuilt

Adath Jeshurun Synagogue and School Building 6730 Old York Road, Philadelphia, Pennsylvania 1954–5; unbuilt

American Federation of Labor Medical Services Building 1326–34 Vine Street, Philadelphia, Pennsylvania 1954–7; built (demolished in 1973)

Jewish Community Center (bathhouse, day camp and community building) 999 Lower Ferry Road, Ewing Township (near Trenton), New Jersey 1954–9; bathhouse and day camp built. Kahn, architect; John M Hirsh and Stanley R Dube, supervising architects; Louis Kaplan, associated architect

Francis H and Marti Adler House (kitchen remodeling) 7630 Huron Avenue, Philadelphia, Pennsylvania 1955; built

Wharton Esherick Workshop (alterations and additions) Horseshoe Trail, Paoli, Pennsylvania 1955–6; built

Lawrence and Ruth Morris House Laurel Hill Place, Armonk, New York 1955–8; unbuilt

Washington University Library, competition St Louis, Missouri 1956; unpremiated

Enrico Fermi Memorial, competition Site bound by North State, Wabash, Illinois and Hubbard Streets, Chicago, Illinois 1956–7; unpremiated

Civic Center Studies Philadelphia, Pennsylvania 1956–7; unbuilt

Research Institute for Advanced Science (RIAS) Near Baltimore, Maryland 1956–8; unbuilt

Mill Creek Project (second-phase housing and community centre) 46th Street and Fairmount Avenue, Philadelphia, Pennsylvania 1956–63; built (demolished 2003)

Irving L. and Dorothy E. Shaw House (alterations and additions) 2129 Cypress Street, Philadelphia, Pennsylvania 1956–9; built

Norman and Ida Dissin House Cheltenham Township, Montgomery County, Pennsylvania 1956; unbuilt

Bernard and Norma Shapiro House 417 Hidden River Road, Narberth, Pennsylvania 1956–62; built. (addition by Kahn and Anne G Tyng, associated architects, built 1973–5)

Thermofax Sales Offices 153 North Broad Street, Philadelphia, Pennsylvania 1957–9; unbuilt

Eugene and Margaret Lewis House 2018 Rittenhouse Square, Philadelphia, Pennsylvania 1957; unbuilt

American Federation of Labor Medical Center (Red Cross Building; remodelling of hospital and office building) 253 North Broad Street, Philadelphia, Pennsylvania 1957–9; unbuilt

Fred E and Elaine Cox Clever House 417 Sherry Way, Cherry Hill, New Jersey 1957–62; built

Herbert and Roseline Gussman House 4644 S. Zunis Ave., Tulsa, Oklahoma 1957; unbuilt

Alfred Newton Richards Medical Research Building and Biology Building (now David Goddard Laboratories), University of Pennsylvania 3700 Hamilton Walk, Philadelphia, Pennsylvania 1957–60 (phase I – Richards Building), built; 1957–65 (phase II – Biology Building), built

Biology Services Building (now Florence and David Kaplan Memorial Wing) and Leidy Laboratories Room 201, University of Pennsylvania (alterations and additions) 415 University Avenue, Philadelphia, Pennsylvania 1957–60; built (altered, second storey added)

Mount St Joseph Academy and **Chestnut Hill College** Chestnut Hill, Philadelphia, Pennsylvania 1958; unbuilt

Offices, Zoob and Matz (interior alterations) Western Saving Fund Building (14th floor), Philadelphia, Pennsylvania 1958; built

Tribune Review Publishing Company Building 622 Cabin Hill Drive, Greensburg, Pennsylvania 1958–62; built (altered)

M Morton and Mitzi Goldenberg House Frazier Road, Rydal, Pennsylvania 1959; unbuilt

Robert H and Janet Fleisher House Fisher Road, Elkins Park, Pennsylvania 1959; unbuilt

Space Environment Studies (for General Electric Co, Missile and Space Vehicle Department) 1959. Kahn, consultant architect

Awbury Arboretum Housing Development (for the International Ladies Garment Workers Union) Walnut Lane, Ardleigh Street and Tulpehocken Street, Philadelphia, Pennsylvania 1959–60; unbuilt

Margaret Esherick House 204 Sunrise Lane, Chestnut Hill, Philadelphia, Pennsylvania 1959–62; built

U.S. Consulate and Residence Luanda, Angola 1959–62; unbuilt

William L. Ten Cate House (alterations and additions) 16–18 West Evergreen Avenue, Philadelphia, Pennsylvania 1959; unbuilt. Kahn, architect with Wharton Esherick

Salk Institute for Biological Studies (laboratory, meeting house and housing) 10010 North Torrey Pines Road, La Jolla, California 1959–65; laboratory built

First Unitarian Church 220 South Winton Road, Rochester, New York 1959–62; built (school wing addition by Kahn, 1965–9)

Fine Arts Center, School and Performing Arts Theater (now Performing Arts Center) 303 East Main Street, Fort Wayne, Indiana 1959, first contact; 1961–73, theatre and offices built. Kahn, architect; T Richard Shoaff, supervising architect

Bristol Township Municipal Building 2501 Oxford Valley Road, Levittown, Pennsylvania 1960–1; unbuilt

General Motors Exhibit, 1964 World's Fair Grand Central Parkway and Long Island Expressway, New York, New York 1960–1; unbuilt

Barge for the American Wind Symphony Orchestra River Thames, England 1960–1; built

Market Street East Studies Philadelphia, Pennsylvania 1960–3; unbuilt

Chemistry Building, University of Virginia Charlottesville, Virginia 1960–3; unbuilt. Kahn, design architect; Stainback and Scribner, architects

Eleanor Donnelley Erdman Hall, Bryn Mawr College Morris and Gulph Roads, Bryn Mawr, Pennsylvania 1960–5; built

Philadelphia College of Art (now the University of the Arts) Broad and Pine Streets, Philadelphia, Pennsylvania 1960–6; unbuilt

Franklin Delano Roosevelt Memorial, competition West Potomac Park, Washington, DC 1960; unpremiated

Norman and Doris Fisher House 197 East Mill Road, Hatboro, Pennsylvania 1960–7; built

Warehouse and office building, Carborundum Company Peachtree Industrial Blvd. at John Glenn Dr., Atlanta, Georgia 1961; unbuilt

Warehouse and office building, Carborundum Company Chicago, Illinois 1961; unbuilt

Manufacturing Plant expansion and modernization, Carborundum Company, Globar Division (additions and alterations / now Kanthal Globar) 3425 Hyde Park Blvd., Niagara Falls, New York 1961-2; built

Warehouse and office building, Carborundum Company Mountain View, California 1961; unbuilt

Office of Louis I Kahn, Architect (interior alterations) 1501 Walnut Street, Philadelphia, Pennsylvania 1961–72; built (demolished)

Plymouth Swim Club Gallagher Road, Montgomery County, Pennsylvania
1961; unbuilt

Shapero Hall of Pharmacy, Wayne State University Detroit, Michigan 1961–2; unbuilt

Gandhinagar, Capital of Gujarat State, India Gandhinagar, India 1961–6; unbuilt

Levy Memorial Playground Between West 102nd and West 105th Streets in Riverside Park, New York, New York 1961–6; unbuilt. Isamu Noguchi, sculptor; Louis I Kahn, architect

St Andrew's Priory Hidden Valley Road, Valyermo, California 1961–7; unbuilt

Mikveh Israel Synagogue Commerce Street, between 4th and 5th Streets, Philadelphia, Pennsylvania 1961–72; unbuilt

Lawrence Memorial Hall of Science, competition Berkeley, California 1962; unbuilt

Elfrieda Marie Klauder Parker House (alterations and additions to Margaret Esherick House) 204 Sunrise Lane, Chestnut Hill, Philadelphia, Pennsylvania 1962–4; unbuilt

Delaware Valley Mental Heath Foundation, Family and Patient Dwelling 833 Butler Avenue, Doylestown, Pennsylvania 1962–71; unbuilt

Indian Institute of Management Vikram Sarabhai Road, Ahmedabad, India 1962–74; built. Kahn, associated with Balkrishna Doshi and Anant Raje

Sher-e-Bangla Nagar, Capital of Bangladesh Dhaka, Bangladesh 1962–83; built. Kahn, architect; design and construction completed after Kahn's death by David Wisdom & Associates

Peabody Museum, Hall of Ocean Life, Yale University (alterations and additions) New Haven, Connecticut 1963–5; unbuilt

President's Estate, First Capital of Pakistan Islamabad, Pakistan 1963–6; unbuilt

Interama Community B Miami, Florida
1963–9; unbuilt. Kahn, architect; Watson, Deutschman & Kruse, associate architects

Barge 'Point Counterpoint' (for the American Wind Symphony Orchestra) Pittsburgh, Pennsylvania 1964–7; built

Louis I. and Esther Kahn Residence (alterations and additions) 921 Clinton Street, Philadelphia, Pennsylvania 1964–67; built

Maryland Institute College of Art Site bordered by Park Avenue, Howard Street and Dolphin Street, Baltimore, Maryland 1965–9; unbuilt

Marjorie Walter Goodhart Hall, Bryn Mawr College (interior alterations and furnishings for Commons Room) Bryn Mawr, Pennsylvania 1965; built

The Dominican Motherhouse of St Catherine de Ricci Providence Road, Media, Pennsylvania 1965–9; unbuilt

Library and Dining Hall, Phillips Exeter Academy Exeter, New Hampshire 1965–72; built

Broadway United Church of Christ and Office Building Broadway and Seventh Avenue, between 56th and 57th Streets, New York, New York 1966–8; unbuilt

Max L. and Mary Raab House Site bordered by Waverly, Addison and 21st Streets, Philadelphia, Pennsylvania
1966–8; unbuilt

Olivetti-Underwood Factory 2801 Valley Road, Harrisburg, Pennsylvania 1966–70; built (facade altered beyond recognition, ca. 1997)

Philip M and Helen Stern House 2710 Chain Bridge Road, Washington, DC 1966–70; unbuilt

Kimbell Art Museum 3333 Camp Bowie Boulevard, Fort Worth, Texas 1966–72; built. Kahn, architect; Preston Geren, associate architect

Memorial to the Six Million Jewish Martyrs Battery Park, New York, New York 1966–72; unbuilt

Temple Beth-El Synagogue 220 South Bedford Road, Chappaqua, New York
1966–72; built (partially demolished 2010)

Kansas City Office Building Site 1, Walnut, 11th and Grand Streets; site 2, Main, Baltimore, 11th and 12th Streets, Kansas City, Missouri 1966–73; unbuilt

Rittenhouse Square Housing Philadelphia, Pennsylvania 1967; unbuilt

Hurva Synagogue Jerusalem, Israel 1967–74; unbuilt

작품목록

Hill Renewal and Redevelopment Project (housing and school) New Haven, Connecticut 1967–74; unbuilt

Albie Booth Boys Club New Haven, Connecticut 1968; unbuilt

Palazzo Dei Congressi Site 1, Giardini Publici; Site 2, Arsenale, Venice, Italy
1968–74; unbuilt

DuPont–Columbia Journalism Award, Columbia University 1968–74; unexecuted

Wolfson Center for Mechanical and Transportation Engineering (mechanical and electrical buildings) Tel Aviv, Israel 1968–77; mechanical engineering building built. Kahn, architect; design and construction completed after Kahn's death by J Mochly-I Eldar, Ltd.

Raab Dual Movie Theate 2021–3 Sansom Street, Philadelphia, Pennsylvania
1969–70; unbuilt

Art Center, Rice University Houston, Texas 1969–70; unbuilt

Inner Harbor, Project no. 1 (for the Hammerman Corporation and Gateway Developers) Pratt and Light Streets, Baltimore, Maryland 1969–73; unbuilt. Kahn, architect; Ballinger Company, associate architects

Yale Center for British Art 1080 Chapel Street, New Haven, Connecticut 1969–77; built. Kahn, architect; design and construction completed after Kahn's death by Pellecchia & Meyers

Art Library Study, Yale University Chapel Street, New Haven, Connecticut 1969; not implemented

John F Kennedy Hospital (addition) Philadelphia, Pennsylvania 1970–1; unbuilt

President's House, University of Pennsylvania (alterations and additions) 2216 Spruce Street, Philadelphia, Pennsylvania 1970–1; built

Family Planning Center and Maternal Health Center Ram Sam Path, Kathmandu, Nepal 1970–5; partially built. Kahn, architect; design and construction completed after Kahn's death by David Wisdom & Associates

Treehouse, Eagleville Hospital and Rehabilitation Center Eagleville, Pennsylvania 1971; unbuilt

Washington Square East Unit 2 Redevelopment Philadelphia, Pennsylvania 1971; unbuilt

International Bicentennial Exposition Master Plan (for the Philadelphia 1976 Bicentennial Corporation) Eastwick, Southwest Philadelphia 1971–3; not implemented. Kahn; Bower & Fradley; Eshback, Glass, Kale & Associates; Mitchell/Giurgola; Murphy Levy Wurman; and Venturi & Rauch

Steven and Toby Korman House 6019 Sheaff Lane, Fort Washington, Pennsylvania 1971–3; built

Harold A. and Lynn Honickman House Sheaff Lane, Fort Washington, Pennsylvania 1971–4; unbuilt

Government House Hill Development (housing and hotel) Jerusalem, Israel
1971–3; unbuilt

Graduate Theological Union Library (now Flora Lamson Hewlett Library) Ridge Road and Scenic Avenue, Berkeley, California 1971–87; built.

Kahn, architect; design and construction completed after Kahn's death by Esherick Homsey Dodge & Davis and Peters Clayberg & Caulfield

De Menil Foundation (now Menil Collection) Site bordered by Yupon, Sul Ross, Mulberry and Branard Streets, Houston, Texas 1972–4; unbuilt

Independence Mall Area Redevelopment (in conjunction with Bicentennial) Philadelphia, Pennsylvania 1972–4; unbuilt

Pocono Arts Center Luzerne County, Pennsylvania 1972–4; unbuilt

Rabat Project (cultural and commercial complex) Bou-Regreg zone on the River Oued, Rabat, Morocco 1973–4; unbuilt

Franklin D. Roosevelt Four Freedoms Park Roosevelt Island, New York
1973–2012; built. Kahn, architect; design and construction completed after Kahn's death by David Wisdom & Associates in association with Mitchell / Giurgola Associates

Abbasabad Development (financial, commercial and residential areas) Tehran, Iran 1973–4; unbuilt. Kahn, in association with Kenzo Tange

Bishop Field Estate Lenox, Massachusetts 1973–4; designed and built after Kahn's death based on Kahn's site plan

Ridgway Library (alterations and additions) 901–33 South Broad Street, Philadelphia, Pennsylvania 1973; unbuilt

Simone Swan House Southold, New York 1973–74; unbuilt

선택된 참고문헌

Kahn에 관한 훌륭한 책이 수십 권 있고, 계속해서 출판되고 있다. 이 목록의 몇 권은 이용 가능한 대표적인 책이나. 이 중요한 건축가에 대한 깊이 있는 공부에 도움이 될 것이다.

Lesser, Wendy. You Say to Brick: The Life of Louis Kahn. New York: Farrar, Straus and Giroux, 2017.

칸의 세 여성과의 가정을 포함한 복잡한 관계와 그의 삶을 포괄적으로 다루었다. 그의 건축이나 철학에 관한 내용은 다른 자료들에 비해 강조되지는 않았지만, 칸의 건축이 어떤 삶에서 나왔는지를 이해하는 데 필수적이다. 칸의 죽음에 대한 세부 사항에 관심이 있는 사람이라면 반드시 읽어야 할 책이다.

Wiseman, Carter. Louis I. Kahn: Beyond Time and Style: A Life in Architecture. New York: W. W. Norton & Company, 2007.

칸의 또 다른 훌륭한 전기로, Lesser의 책보다 건축물에 더 중점을 두고 있다

칸의 작품 개관

McCarter, Robert. Louis I. Kahn. London: Phaidon Press, 2009 (revised edition)

칸에 대한 종합적인 소개. 방대한 참고자료로 Kahn의 건축과 그 배경에 관한 필수 소장 도서다. 칸은 프랭크 로이드 라이트의 건축을 좋아하지 않는다고 공언했지만, McCarter는 라이트와 칸 사이의 강한 유사점을 있다는 것을 보여준다.

Curtis, William. Louis Kahn: The Power of Architecture. Weil am Rhein: Vitra Design Museum, 2012.

이 책은 2013년 비트라 디자인 미술관에서 시작되어 여러 해 동안 순회한 동일한 이름의 전시회 카탈로그이다. 아름다운 삽화와 사진으로 장식된 훌륭한 책으로, 여러 에세이을 포함하고 있다. William Curtis, Mateo Kries, Jochen Eisenbrand, and Stanislaus von Moos의 짧은 글과 칸의 동료들과의 간략한 인터뷰가 포함되어 있다. 칸에 관한 가장 최근의 생각들을 담고 있다.

Brownlee, David B. Louis I. Kahn: In the Realm of Architecture. New York: Rizzoli, 2005.

칸의 경력을 개관하고 그의 주요 건축물을 조사한 주요한 책이다. 이 책은 Roberto Schezen이 촬영한 새로운 사진들로 구성되어 있으며, 그 중 백 장은 컬러다.

Marcus, George H. and William Whitaker. The Houses of Louis Kahn. New Haven: Yale University Press, 2013.

이 책에서 나는 규모있는 건물에 초점을 맞추었지만, 칸은 여러 주택도 설계했다. 이 책은 주택들에 대한 종합적인 소개로, 시공과정과 Kahn이 그의 고객들과 나눈 상호작용을 포함하고 있다.

Larson, Kent, et al. Louis I. Kahn: Unbuilt Masterworks. New York: The Monacelli Press, 2000.

칸의 많은 프로젝트는 건설되지 않았다. 그 중 솔크연구소 미팅하우스는 중요한 프로젝트 중 하나로 여겨진다. 이 책은 디지털 렌더링을 통해 미팅하우스와 칸의 다른 여러 미완성 건축물을 시각화한 이미지를 보여준다. 또한 판테온에서의 빛의 역할과 칸의 건축물에서 빛이 유사하다는 것을 소개하고 있다.

Scully, Vincent Jr. Louis I. Kahn. New York: George Braziller, 1962.

이 책은 시리즈의 일부로, 칸이 리처드연구소를 완성한 후에 쓰였지만 그의 다른 중요한 건축물을 지어지기 전에 써져 현재로서는 다소 시대에 뒤떨어진다. Scully의 분석은 항상 읽는 재미를 준다.

Kahn's Philosophy

Lobell, John and Kahn, Louis I. Between Silence and Light: Spirit in the rchi tecture of Louis I. Kahn. 2nd ed. Boston: Shambhala, 2008.

이 책의 전작이며, 한 쌍을 이룬다. "루이스 칸: 철학 같은 건축"에서 설명한 바와 같이, 칸은 본질과 원형의 철학 속에서 작업했다. 현대 학계의 많은 부분이 이 둘 다를 거부하기 때문에 칸의 철학을 진지하게 다루는 책은 드물다. 일부 학계에서 그의 철학을 "기껏해야 형편없는 시이며 최악으로는 혼란스러운 형이상학"이라 평한다. 이 책은 칸의 말을 진지하게 받아들이고 세부적으로 분석한다.

Giurgola, Romaldo and Mehta, Jaimini. Louis I. Kahn. Boulder: Westview Press, 1975.

Kahn의 건물과 철학에 대한 정교하고 난해한 소개서다. 칸의 동료였으며 대륙 철학에 대한 배경을 가진 Giurgola는 칸의 깊은 인간미를 아름답게 포착했다.

Tyng, Alexandra. Beginnings: Louis I. Kahn's Philosophy of Architecture. Hoboken: Wiley-Interscience: 1984.

참고문헌

칸의 철학에 초점을 맞춘 몇 안 되는 책 중 하나입니다. 그의 딸인 Tyng은 칸의 건축적 접근 방식에 대해 깊은 통찰을 가지고 있다.

Goldhagen, Sarah Williams. Louis Kahn's Situated Modernism. New Hav en: Yale University Press, 2001.

이 책은 칸의 초기 작업 접근 방식을 사회에 기반을 둔 것으로 설명하며, 그의 후기 작업에서는 건축을 인간 조건의 문화적 구현으로 나아간다고 주장한다. Goldhagen은 이 해석이 신화라고 주장하며, 칸의 작업은 그의 경력 내내 사회적 뿌리를 유지했다고 말한다. 나는 Goldhagen의 견해에 동의하지 않는다. 그러나 그녀가 칸의 초기 작업과 그 당시 건축 환경을 설명한 부분은 훌륭하다.

Built Works

Johnson, Nell E. Light Is the Theme: Louis I. Kahn and the Kimbell Art Muse um. Revised ed. Fort Worth: Kimbell Art Museum, 2012.

Loud, Patricia C., The Art Museums of Louis I. Kahn. Durham: Duke University Press, 1989.

칸의 개별 작품에 관한 책이 많이 있다. 일부는 그 건물을 소유한 기관에서 발행한 간략한 개요이고, 일부는 광범위한 학술 연구의 결과다.

Construction

Komendant, August E. 18 Years with Architect Louis I. Kahn. Englewood, NJ : Aloray, 1975.

코멘던트는 프리스트레스트 콘크리트에서 탁월한 엔지니어였다. 그는 칸의 리처드연구소와 솔크연구소, 킴벨미술관 등의 엔지니어였으며, 몬트리올에 있는 Moshe Safdie의 Habitat 67의 엔지니어이기도 했다. Komendant는 자기중심적일 수 있지만, 매우 유익하며 건축물의 구성 방식에 관심이 있는 사람들에게 이 책은 보물과도 같다.

Leslie, Thomas: Louis I. Kahn: Building Art and Building Science. New York: George Braziller, 2005

칸의 건축 작품을 프로그램, 디자인, 엔지니어링, 건설 측면에서 훌륭하게 소개하고 있으며, 칸의 작업에 참여한 다른 사람들에게도 공로를 돌리고 있다.

Drawings

Hochstim, Jan. Paintings & Sketches of Louis I. Kahn. New York: Rizzoli, 1991.

칸은 스케치와 수채화로 유명하다. 특히 역사적 건물을 방문하는 동안 그린 작품이 특별하다.

Writing

Wurman, Richard Saul, ed. What Will Be Has Always Been: The Words of Louis I. Kahn. New York: Rizzoli, 1986.

Latour, Alessandra, ed. Louis I. Kahn: Writings, Lectures, Interviews. New York: Rizzoli, 1991.

Twombly, Robert, ed. Louis Kahn: Es sential Texts. New York: W. W. Norton & Company, 2003.

이 세 책은 칸의 강연, 글, 인터뷰, 그리고 학술지 기재 내용 등을 담고 있다. Twombly의 책이 가장 최신이다. "침묵과 빛 사이"에서 칸의 말을 내가 편집한 버전이다. 이 책들은 칸의 말을 그대로 담고 있다. "말"이라고 표현한 이유는 칸이 글을 거의 쓰지 않았기 때문이다. 이 책들에 포함된 대부분의 내용은 그의 강연 녹취록이다.

Films

Kahn, Nathaniel. My Architect: A Son's Journey. New York: New Yorker Films, 2003.

Nathaniel Kahn은 돌아가신 아버지에 대해 더 알고자 하는 아들의 발상으로 칸의 삶과 작품을 소개한다. 아카데미의 다큐멘터리 부문에서 수상했다. 그는 Frank Gehry, B. V. Doshi, Philip Johnson 등과 칸의 건축에 대해 인터뷰하고, Harriet Pattison, Anne Tyng, Sue Ann Kahn, Alexandra Tyng 과 칸의 개인 생활에 대해 인터뷰했다. 이 영화는 칸의 생애와 건축물을 훌륭하게 소개하는 매력적인 작품이다.

Other Works

Campbell, Jospeh. The Hero with a Thousand Faces. Princeton: Princeton University Press, Second edition, 1968.

이 고전적인 책에서 Campbell은 영웅의 여정을 소개합니다. 전형적인 패턴에서 영웅은 평범한 현실을 떠나, 놀라운 힘이 존재하는 영역으로 여행을 떠나, 결정적인 승리를 거두고, 세상을 풍요롭게 하려고 돌아온다. 이 패턴은 수많은 신화, 전설, 이야기 속에서 현실 세계에 나타난다. 이는 원형적인 패턴인 Form과, 현실 세계에서 실현된 건축물인 Design이라는 칸의 개념과 유사하다.

Conrads, Joseph, ed. Programs and Manifestoes on 20th-Century Architec ture. Cambridge: MIT Press, 1970.

우리 모두는 "장식은 범죄다" 등 근대건축의 주요 선언문들의 일부를 접해본 적이 있다. 그러나 Conrad의 선집은 이러한 주요 선언문들을 완전한 형태로 소개한 첫 책 중 하나다. Wright, Le Corbusier, Mies, Sant'Elia 등 많은 인물이 포함되어 있다.

Ockman, Joan. Architecture Culture 1943–1968. New York: Columbia Books of Architecture/Rizzoli, 1993.

Conrad의 선집과 일부 같은 기간을 다루고 있지만, Ockman의 책은 건축 이론에 대한 관심이 증가하고 있음을 반영하여 훨씬 더 깊게 다루었다.

Curtis, J. R. Modern Architecture Since 1900. London: Phaidon Press; 3rd edition, 1996.

1940년대부터 1960년대까지 근대건축을 정의하는 결정적인 책은 Sigfried Giedion의 『Space, Time and Architecture』 이다. Giedion의 글 중에서 일부는 오늘날에도 여전히 유용하다. 하지만 처음 이 책을 쓴 이후로 많은 일이 일어났으며, 그가 의도적으로 빠뜨린 것이 많다. Giedion의 책을 대체한 많은 책들 중에서 Curtis의 책은 가장 뛰어난 것 중 하나다.

Le Corbusier. Toward an Architecture (Texts & Documents), John Goodman trans. Getty Research Institute, 2007.

근대건축의 기초가 된 중요한 작품 중 하나다. 이 책 중 하나는 건축의 다섯 가지 원리를 설명하면서 구조 그리드가 내력벽을 대체하는 것이 있다. 칸은 그리드를 사용하면서도 기둥이 건축적 조직에서 축소된 역할을 한다는 르 코르뷔지에의 개념에 반대했다.

Scully, Vincent Jr. Frank Lloyd Wright. New York: George Braziller, 1960.

라이트에 대한 Scully의 책은 칸의 대한 내용도 담고 있다. Scully는 건축을 포용적인 시각에서 바라보며, 건축가들을 당대의 실존적 문제와 씨름하는 영웅적 인물로 제시한다

Credits

375parkavenue.com 60a; AgnosticPreachersKid via Wikimedia Commons under CC BY-SA license 19b; ArtResource, 52a; Reyner Banham, Architecture of the Well-Tempered Environment (Chicago: University of Chicago Press, 2nd edition, 1984) 82a; Edward R. Ford, The Details of Modern Architecture, Volume 1, figs. 8.31, 9.14 © 1990 Massachusetts Institute of Technology, by permission of The MIT Press 84b, 157c; Edward R. Ford, The Details of Modern Architecture, Volume 2, figures, 9.11, 9.29, 9.42 © 1996 Massachusetts Institute of Technology, by permission of The MIT Press 37a, 37b, 37c, 64a; © Lionel Freedman Archives 199; Louis I. Kahn Collection, Architectural Archives, University of Pennsylvania 30–31, 33, 45a–b, 45d, 46b–c, 47c, 48a–b, 49d, 50e–h, 51a–b, 53a–d, 55a–d, 57a–b, 58a–d, 59e, 60d, 61a–d, 62a, 63b, 64b, 66a, 67a–b, 76, 78a, 79a, 81a–e, 89c, 90b, 96, 97–99, 101a, 103a–b, 105a, 108c, 114, 117, 120, 123, 130, 133b, 133 d–g, 135b, 136b, 139b–c, 143d, 144d, 147, 150, 151b–c, 152b–c, 155a–b, 157a–b, 160a, 162f; Courtesy the Kimbell Art Museum 127–29; August E. Komendant, 18 years with architect Louis I. Kahn 100a, 100c–d, 135a; John Lobell 37c, 56a, 92–94, 111–13, 148–49; Louis Sullivan, A System of Architectural Ornament (New York: Eakins Press, 1967) 39

감사의 글

먼저, 이 책을 세상에 내놓는 데 도움을 준 The Monacelli Pres와 모든 내용을 이해할 수 있도록 도와준 편집자 Alan Rapp, 그리고 훌륭한 디자인을 한 OverUnder의 Chris Grimley와 Ed Wang에게 감사드린다.

이 책은 필라델피아 학파에서 비롯되었다. 필라델피아 학파는 20세기 중반 펜실베이니아 대학교의 건축 프로그램에서 시작된 운동으로, 루이스 칸이 주요 참여자였다. 이 프로그램은 퍼킨스[G. Holmes Perkins]에 의해 전통적인 보자르 교육 방식을 현대화하기 위해 만들어진 것으로, 그는 나의 건축 이론에 대한 관심을 지지해주었다.
퍼킨스 학장과 훌륭한 교수진들 덕분에 멋진 교육을 받을 수 있었다. 깊은 감사를 드린다.

펜실베이니아 대학교 건축 아카이브의 큐레이터 겸 컬렉션 매니저인 William Whitaker와 디지털 아카이브 담당자인 Allison Olsen 에게 감사의 말씀을 전한다. 그들은 많은 선생님과 동료들의 작업을 보존해주었으며, 이 책을 위한 칸의 작품 대부분의 도면과 사진을 제공해주었다.

마지막으로, 제가 오랜 기간 동안 건축학과에서 가르쳐 온 프랫 인스티튜트에도 감사드린다.(특히 칸에 관한 강의). 전 학장 Tom Hanrahan과 재정 지원을 해준 교무처장 Kirk Pillow에게도 감사의 인사를 전한다.

존 로벨 John Lobell

로벨은 뉴욕 브루클린에 있는 프랫 인스티튜트에서 건축 교수로 재직 중이다. 루이스 칸의 건축과 철학을 강의했다.

로벨은 1959년부터 1966년까지 칸이 가르쳤던 펜실베이니아대학에서 공부했다. 당시 교수진은 로버트 벤투리, 데니스 스콧 브라운, 에드먼드 베이컨, 홈즈 퍼킨스, 로말도 지우르골라, 로버트 게데스 등 필라델피아 학파의 주요 건축가들이 포함되어 있었다.

건축교육을 받은 이후 신화학자 조셉 캠벨, 사회 비평가 폴 굿맨 Paul Goodman, 티베트 불교 스승 초감 트렁파, 로버트 서먼 Robert Thurman, 달라이 라마, 샤먼 마이클 하너 Michael Harner, 태극권 스승 쳉 만칭 등 여러 중요한 문화 인물들과 함께 공부했다. 이런 공부는 로벨이 칸의 철학을 해석하는데 중요한 역할을 했다.

로벨의 폭넓은 관심사와 연구는 우리 삶에서 창의성의 근본적인 역할과 새로운 기술이 우리의 의식을 어떻게 변화시키는지에 대해 다룬다. 그는 수많은 글을 쓰고 여러 웹사이트에 기고했으며, 전 세계에서 강연을 해왔다. 그는 "침묵과 빛 사이: 루이스 I. 칸의 건축에서 정신", "Joseph Campbell: The man & his ideas", "Joseph Campbel: Visionary Creativity: How New Worlds Are Born"을 포함한 여러 책의 저자다.

이효원

전남대학교에서 공부했다. '루이스 칸의 건축사유와 개념체계'라는 논제로 1997년 박사학위를 받았다. 1996년 서남대, 1999년 동신대, 2003년부터 전남대학교 건축학부에서 근대건축사와 현대건축이론, 건축설계를 가르치고 있다.

대한건축학회 논문편집위원, 광주전남지회 부회장, 한국건축역사학회 부회장, 도코모모 코리아 호남지회장, 대한민국건축문화제 위원장(2014), 광주디자인비엔날레 큐레이터(2015), 대통령 소속 국가건축정책위원회 위원(2020-2022), 대한건축학회 건축문화위원회 위원장(2022), 중앙건설기술심의위원회 위원 등을 역임했다. 건설교통부 장관 표창(2012), 문화체육관광부 장관 표창(2012), 광주광역시장 표창(2015, 2021) 등을 수상했다.

저역서로는 <루이스 칸의 빛과 공간>(2002), <문화도시의 도시재생과 문화콘텐츠>(2005), <권력과 건축공간>(2006), <루이스 칸: 철학 같은 건축> 등이 있다. 건축작품으로는 <동신대 건축관>(2000), <전남 대학교 용지관>(2005), <해남 명랑대첩해전사기념관>(2015), <김남주 기념홀>(2019) 등이 있다. 대한민국 건축대전 초대작가전(1999, 2002, 2005), 국제초대전 <2015 100인의 건축가>전에 출품했다.

광주 시민자유대학의 이사로 활동하고 있으며 <건축의 안과 밖 10강>(2016), <건축인문학 8강>(2017) 등 대중에게 건축이 다루는 것들에 대해 강의를 해오고 있다.

루이스 칸, 철학 같은 건축
Louis I. Khan Architecture as Philosophy

원본 발행
The Monacelli Press(a division of Phaidon Press)
6 West 18th Street
New York, New York 10011, U.S.A
Copyright(c)2020
John Lobell and The Monacelli Press
[본서 한글판 P212에 수록된 도판 소유권 내역은 본서의 원본 Louis I. Khan Architecture as Philosophy P194의 내용에 따라 연이어지는 형식으로 표기되어 있습니다.]

한국어판 발행일 : 2025년 3월 31일

저자 : John Lobell
편집 디자인 : Chris Grimley / Ed. Wang
한글판 편집 디자인 및 표지 디자인 : 한범구
한글 번역 : 이효원

한글판 발행인 : 유정오
발행사 : 엠지에이치북스社 (MGHBooks Company)
출판등록 : 1997년 3월 25일 25100-2009-103
주소 : 서울특별시 송파구 충민로 52, Garden5, Works관 B동 5층 511호
　　　(우) 05839
전화 : (02) 2047-0360, 팩스 : (02) 2047-0363
이메일 : mghbooks513@gmail.com
http://www.mghbook.com

한글판 저작권 소유©엠지에이치북스社 (MGHBooks Company)

본 저작물은 저작권법의 보호를 받습니다. 본서를 발행한 출판사의 사전 허가 없이는 어떤 유형의 판권 침해 행위 역시 금지됨을 공지합니다.

ISBN : 979-11-86655-68-9
정가 : 39,500원

Printed in Korea